智能网络

姚海鹏 / 著

INTELLIGENT NETWORK

人民邮电出版社

北　京

图书在版编目（CIP）数据

智能网络 / 姚海鹏著. -- 北京：人民邮电出版社，2025. -- ISBN 978-7-115-65931-6

Ⅰ．TP393

中国国家版本馆CIP数据核字第2025DE5981号

内 容 提 要

本书旨在全面阐述人工智能在网络技术中的应用，并探讨其未来发展方向。在人工智能与复杂网络环境的交织下，智能网络成为信息技术、计算机科学和通信工程等领域的重要研究方向。本书通过对软件定义网络、网络功能虚拟化、机器学习算法在网络管理与优化中的应用等核心技术的深入解析，详细介绍了智能网络的基础设施、路由与拥塞控制、QoS/QoE管理、网络安全及网络大模型等内容。

本书既适合作为网络工程、计算机科学、通信工程及人工智能等专业的本科生、研究生的教材，也为相关领域的研究人员和从业者提供了一份系统的参考资料，有助于他们了解智能网络的基础理论、技术应用和未来趋势。

♦ 著　　　　姚海鹏
　　责任编辑　邢建春
　　责任印制　马振武
♦ 人民邮电出版社出版发行　北京市丰台区成寿寺路11号
　　邮编　100164　电子邮件　315@ptpress.com.cn
　　网址　https://www.ptpress.com.cn
　　北京天宇星印刷厂印刷
♦ 开本：787×1092　1/16
　　印张：12.75　　　　　　　2025年5月第1版
　　字数：302千字　　　　　　2025年7月北京第2次印刷

定价：139.80元

读者服务热线：(010)53913866　印装质量热线：(010)81055316
反盗版热线：(010)81055315

目 录

第1章 智能网络概述 ··· 1
   1.1   国内外研究现状 ·· 2
   1.2   本书组织结构 ·· 2
   参考文献 ··· 4

第2章 智能网络基础设备 ··· 5
   2.1   引言 ·· 5
       2.1.1   SDN 的诞生 ·· 5
       2.1.2   智能网络 ·· 6
       2.1.3   大数据处理和人工智能技术 ·· 7
   2.2   新型网络技术 ·· 7
       2.2.1   SDN ·· 8
       2.2.2   NFV ·· 13
       2.2.3   可编程数据平面 ·· 16
   2.3   网络感知技术 ·· 24
       2.3.1   sFlow ·· 24
       2.3.2   INT ·· 27
       2.3.3   DPI ·· 30
   2.4   DPU 和智能网卡 ··· 33
       2.4.1   DPU ·· 33
       2.4.2   智能网卡 ·· 33
   2.5   总结 ·· 34
   参考文献 ··· 34

第3章 机器学习 ··· 36
   3.1   人工智能与机器学习发展概述 ·· 36

第3章

3.1
- 3.1.1 人工智能的提出和发展 ············ 36
- 3.1.2 机器学习——人工智能的实现方式 ············ 37
- 3.1.3 机器学习算法分类 ············ 38

3.2 监督学习 ············ 39
- 3.2.1 监督学习算法选择 ············ 39
- 3.2.2 线性回归 ············ 40
- 3.2.3 逻辑回归 ············ 41
- 3.2.4 神经网络 ············ 44
- 3.2.5 SVM ············ 47

3.3 无监督学习 ············ 50
- 3.3.1 K-means ············ 50
- 3.3.2 DBSCAN ············ 51
- 3.3.3 层次聚类 ············ 52
- 3.3.4 PCA ············ 52
- 3.3.5 LDA ············ 53

3.4 强化学习 ············ 54
- 3.4.1 Q-learning ············ 55
- 3.4.2 Sarsa ············ 57
- 3.4.3 深度Q网络 ············ 59
- 3.4.4 策略梯度 ············ 60

3.5 总结 ············ 62
参考文献 ············ 62

第4章 网络路由 ············ 64

4.1 路由问题概述 ············ 64
- 4.1.1 传统路由简述 ············ 65
- 4.1.2 路由信息协议 ············ 65
- 4.1.3 开放最短路径优先协议 ············ 66
- 4.1.4 边界网关协议 ············ 67

4.2 分布式路由策略 ············ 68
- 4.2.1 Q-routing路由算法简述 ············ 68
- 4.2.2 基于模型的Q-learning路由机制 ············ 69
- 4.2.3 面向自组织网络的自适应路由机制 ············ 72

4.3 集中式路由策略 ············ 75
- 4.3.1 基于最小二乘策略迭代的路由机制 ············ 76
- 4.3.2 面向SDN的自适应路由机制 ············ 78

4.4 总结 ············ 81
参考文献 ············ 82

第5章 拥塞控制 ... 83

5.1 拥塞控制概述 ... 83
5.1.1 拥塞控制状态机 ... 83
5.1.2 拥塞控制算法 ... 84

5.2 丢包分类 ... 86
5.2.1 基于朴素贝叶斯算法的丢包分类方法 ... 86
5.2.2 隐马尔可夫模型的丢包分类方法 ... 89

5.3 队列管理 ... 90
5.3.1 基于模糊神经网络的队列管理方法 ... 91
5.3.2 基于模糊 Q-learning 的队列管理算法 ... 93

5.4 CWND 更新 ... 95
5.4.1 基于学习自动机的 CWND 更新方法 ... 95
5.4.2 基于 Q-learning 的 CWND 更新方法 ... 98

5.5 拥塞诊断 ... 100
5.5.1 基于灰色神经网络预测网络流量 ... 101
5.5.2 一种 SVR 预测 RTT 的方法 ... 104

5.6 总结 ... 106
参考文献 ... 106

第6章 QoS/QoE 管理 ... 108

6.1 QoS/QoE 概述 ... 108
6.1.1 QoS/QoE 概念 ... 108
6.1.2 QoS/QoE 区别 ... 109

6.2 QoS/QoE 预测 ... 111
6.2.1 基于用户聚类算法和回归算法的 QoS 预测方法 ... 111
6.2.2 基于 ANN 的 QoE 预测方法 ... 113

6.3 QoS/QoE 评估 ... 116
6.3.1 基于 SVM 的 QoS 评估方法 ... 117
6.3.2 基于 KNN 的 QoE 评估方法 ... 119

6.4 QoS/QoE 相关性 ... 121
6.4.1 QoS/QoE 的相关性 ... 121
6.4.2 基于机器学习的 QoS/QoE 相关性分析 ... 122

6.5 总结 ... 125
参考文献 ... 125

第7章 故障管理 ... 127

7.1 故障管理概述 ... 127

7.2 故障预测 · · · · · · 128
7.2.1 基于网络建模技术的故障预测分析算法 · · · · · · 128
7.2.2 基于流形学习技术提取故障特征并生成故障预测的算法 · · · · · · 131
7.3 故障检测 · · · · · · 133
7.3.1 基于聚类的网络故障检测性分析算法 · · · · · · 133
7.3.2 基于循环神经网络（RNN）的故障检测机制 · · · · · · 135
7.4 根因定位 · · · · · · 138
7.4.1 基于决策树学习方法的根因定位 · · · · · · 138
7.4.2 基于离散状态空间粒子滤波算法的根因定位技术 · · · · · · 140
7.5 自动缓解 · · · · · · 142
7.5.1 基于主动故障预测的自动缓解 · · · · · · 142
7.5.2 基于被动故障预测的自动缓解 · · · · · · 144
7.6 总结 · · · · · · 146
参考文献 · · · · · · 146

第8章 网络安全 · · · · · · 148
8.1 网络安全概述 · · · · · · 148
8.1.1 网络安全 · · · · · · 148
8.1.2 入侵检测系统 · · · · · · 149
8.2 基于误用的入侵检测 · · · · · · 150
8.2.1 基于神经网络的误用检测 · · · · · · 150
8.2.2 基于决策树的误用检测 · · · · · · 153
8.3 基于异常的入侵检测 · · · · · · 155
8.3.1 基于流量特征的异常检测 · · · · · · 156
8.3.2 基于有效负载的异常检测 · · · · · · 159
8.4 机器学习在入侵检测中的综合应用 · · · · · · 161
8.4.1 基于集成学习的入侵检测 · · · · · · 161
8.4.2 基于深度学习的入侵检测 · · · · · · 162
8.4.3 基于强化学习的入侵检测 · · · · · · 165
8.5 总结 · · · · · · 167
8.5.1 问题与挑战 · · · · · · 167
8.5.2 入侵检测系统的发展趋势 · · · · · · 167
参考文献 · · · · · · 168

第9章 网络大模型 · · · · · · 169
9.1 网络大模型概述 · · · · · · 169
9.1.1 网络大模型 · · · · · · 169
9.1.2 网络大模型的生命周期 · · · · · · 170

9.2 GAI 赋能网络大模型 ··· 173
9.2.1 GAI 方法 ··· 174
9.2.2 基于扩散模型优化强化学习 ··· 180
9.2.3 GAI 赋能 6G 网络 ··· 181
9.3 网络支持 GAI ··· 182
9.3.1 网络集成大模型技术 ··· 184
9.3.2 网络大模型服务的部署 ··· 188
9.3.3 可编程数据平面赋能网络大模型 ··· 190
9.4 总结 ··· 192
9.4.1 问题与挑战 ··· 192
9.4.2 网络大模型的发展趋势 ··· 192
参考文献 ··· 193

第 10 章 总结 ··· 194

第1章 智能网络概述

如今，互联网产业已在国民经济中发挥着重要的创新引领作用。自1996年起，以信息检索、传播、聚合等为主要功能的资讯互联网拉开了互联网时代的大幕；1998年起，阿里巴巴、京东等公司的成立，标志着互联网进入以实物电商、在线服务等个人消费为主要功能的消费互联网时代；2016年起，互联网逐渐进入了以生产活动为应用场景、提升产业链效率为主要功能的产业互联网时代[1]。随着这些新兴的服务和应用场景（如工业物联网和虚拟现实技术/增强现实技术）的出现和发展，网络规模和网络带宽的需求呈现爆发式增长，对服务质量（QoS）/体验质量（QoE）的要求也越来越严苛，要求网络服务质量从尽力转向准时、准确。这种不断增加的网络复杂性使网络管控变得极其困难。目前依赖于人工预设的控制系统的可扩展性和鲁棒性较差，难以应对当今复杂的网络环境，迫切需要更有效的方法来应对网络中所面临的挑战。

近年来，人工智能（AI）推动了各行各业的发展，已成为国家战略。2018年10月31日，中共中央总书记习近平在主持中共中央政治局第九次集体学习时强调，人工智能是新一轮科技革命和产业变革的重要驱动力量[2]。目前，人工智能的研究和应用结合了很多领域，例如语音识别、人脸识别、自然语言处理、无人驾驶等，人工智能在各个领域大放异彩，已经成为近年来炙手可热的话题。与传统基于建模的控制策略相比，人工智能技术在网络管理与控制中体现出了巨大的优势。其一，人工智能技术提供了一套通用的模型和统一的学习方法，实现了对差异化业务的统一学习与优化；其二，人工智能技术能够自适应高动态复杂的网络环境，并通过与网络环境的交互自主学习和演化策略，从而实现对网络状态的动态响应；其三，人工智能技术能够有效地处理海量高维动态数据，及时响应海量网络状态。

新网络技术的发展为人工智能的部署提供了强有力的支撑。如今，随着软件定义网络（SDN）、第五代移动通信及网络功能虚拟化（NFV）等技术的发展，网络正在经历着深刻的重组和变革。新兴的网络技术和架构打破了原有对专用硬件网络设备的过度依赖，使得网络更加灵活。此外，新兴的网络感知技术、网络大数据处理技术等也为人工智能的部署奠定了基础。例如，2015年提出的网络带内遥测技术实现了网络端到端毫秒级感知；2017年Cisco公司发布的网络数据分析平台（PNDA）实现了跨域网络大数据实时处理。因此，新兴的网络技术和海量的业务驱动共同构筑了智能网络的发展。下面将介绍智能网络的国内外研究现状。

1.1 国内外研究现状

近年来，智能网络受到了学术界、产业界和标准化组织的广泛关注。在学术界，智能网络的研究进展迅速，大量成果涌现于近期 SIGCOMM、ToN、JSAC 等国际顶尖学术会议及期刊。其中，ACM SIGCOMM 2018 Workshop on Network Meets AI & ML (NetAI) 成为历史上首次人数破百的会议。将人工智能概念应用于网络是由 Clark 等人[3]于 2003 的论文 *A knowledge plane for the Internet* 中首次提出的。在文章中，作者提出了智能网络平面这个概念。然而，受制于当时网络封闭的黑盒硬件，智能网络发展相对缓慢。近年来，随着软件定义网络、可编程数据平面的发展，智能网络在学术领域取得了飞速进展。2017 年，Mestres 等人[4]提出了基于 SDN 架构的知识定义网络架构。在该架构中，知识平面叠加在现有 SDN 的控制平面上。通过网络感知与 OpenFlow 技术，实现了网络智能控制闭环。并通过部署在智能平面上的机器学习（ML）算法，实现了网络控制策略的自适应与自学习。此外，针对网络中面临的不同挑战，大量基于人工智能的解决方案被提出。例如，2016 年，Sun 等人[5]设计了基于数据驱动的视频业务吞吐量预测系统 CS2P。相关实验表明，CS2P 系统的吞吐量预测的误差比现有技术降低 50%，并在此基础上通过动态自适应算法提高了 14% 业务 QoE。2018 年，Chen 等人[6]利用深度强化学习自动优化数据中心流量工程。在该系统中，采用了 Multi-Level Feedback Queueing 技术来管理流，并通过深度强化学习实现对网络控制策略的动态优化。实验结果表明，系统平均流完成时间（AFCT）降低 48.14%。

智能网络在产业界同样引起了极大的关注。2018 年 2 月，中兴通讯[7]发布了《人工智能助力网络智能化——中兴通讯人工智能白皮书》，该白皮书全面说明了"网络自治、预见未来、随需而动、智慧运营"的未来智能化网络的架构、方案及场景，并描述了近年来热点应用场景，例如智能运维、智能化 5G、智慧运营、智能优化、智慧家庭。2019 年，中国联通[8]在 MWC19 发布了《网络人工智能应用白皮书》，聚焦 5G＋AI、智能运维及行业创新。2019 年，中国电信[9]在 MWC19 发布了《中国电信人工智能发展白皮书》，主要关注网络部署、运维、节能、业务及应用创新。

在标准化组织中，国际标准化组织持续关注智能网络的发展。2017 年 11 月，ITU-T SG13 正式成立未来网络（包括 5G）机器学习焦点组（FG-ML5G）[10]。该项目重点着眼于未来网络中机器学习应用，其中包括对网络架构、接口协议、数据结构及算法等方面开展深入的规范性研究。2017 年 6 月，3GPP SA2 正式立项网络自动化使能（eNA），目标是基于 3GPP 5G 网络架构，聚焦人工智能等技术在 5G 网络自动化中应用的研究[11]。2019 年 8 月，国际电信联盟（ITU）正式发布了 5G+AI 国际标准《机器学习应用于未来网络（含 5G）中的架构框架》，该标准为"把机器学习以成本低但收效大的方式集成到 5G 系统和未来网络中"奠定了基础。

1.2 本书组织结构

随着网络复杂度的提升和需求差异化的日益显著，人工智能成为解决复杂网络流量控制的重要手段。本书将详细描述人工智能在各个网络领域的应用。

第 2 章介绍新兴的网络技术对智能网络的助力。首先展现网络如何从封闭一步步走向开放。然后介绍 SDN、NFV 和可编程数据平面这 3 个新型网络技术的相关知识。同时也将介绍网络感知的相关技术,通过流采样技术(sFlow)、带内网络遥测(INT)和深度包检测(DPI)这 3 种不同类别的典型技术,展现网络研究人员如何从网络中实时准确地采集状态,进而助力网络管理与控制。

第 3 章介绍人工智能与机器学习算法的基础知识。从监督学习、无监督学习及强化学习这 3 个方面入手,分别介绍现有的人工智能主流技术,并针对典型算法给出详细的理论推导和证明。

第 4 章介绍智能路由算法。首先对路由算法的概念和 3 种常见的传统路由协议进行简单介绍。在此基础上,以分布式和集中式方法作为分类依据,介绍几个经典的智能路由算法,例如 Q-routing 算法、d-AdaptOR 算法等。同时,分别评估分布式路由和集中式路由策略的优势与缺陷,介绍基于多层递阶控制结构的自适应路由(QAR)智能路由算法,通过多控制器结构实现对大规模网络的有效控制,提高控制系统的鲁棒性和可扩展性。

第 5 章介绍机器学习是如何解决拥塞控制中存在的问题的。首先介绍拥塞控制状态机和拥塞控制算法等网络拥塞控制基础知识。而后,针对现有网络拥塞控制中的一些具体问题,例如丢包分类、队列管理、拥塞窗口(CWND)更新、拥塞诊断等进行具体讲解。在此基础上,介绍机器学习在网络拥塞控制中的应用及经典算法,例如基于朴素贝叶斯算法和隐马尔可夫模型(HMM)的丢包分类方法、基于模糊神经网络的队列管理方法等。

第 6 章介绍机器学习算法在 QoS/QoE 管理中的应用。首先介绍 QoS/QoE 相关概念。然后介绍如何用机器学习算法解决 QoS/QoE 预测问题,其中包括基于用户聚类算法和回归算法的 QoS 预测方法、基于人工神经网络(ANN)的 QoE 预测方法。接着介绍如何用机器学习算法解决 QoS/QoE 评估问题,其中包括基于支持向量机(SVM)的 QoS 评估方法、基于 K 近邻算法(KNN)的 QoE 评估方法。最后讨论 QoS/QoE 相关性的问题。

第 7 章从 4 个方面论述机器学习对于故障管理的应用。首先,在故障预测中,介绍在蜂窝网络下采用的几种机器学习算法,以及一种基于流形学习技术的故障预测方法。接着,在故障检测中,介绍基于聚类的网络故障检测性分析算法和基于循环神经网络的故障检测机制。然后,在根因定位中,分别介绍基于决策树学习的算法和基于离散状态空间粒子滤波的算法。最后,在自动缓解中,介绍基于主动故障预测的自动缓解机制和基于被动故障预测的自动缓解机制。

第 8 章介绍人工智能在网络安全中的应用。首先,介绍入侵检测系统(IDS)的功能与工作过程,依据检测方法把它划分成误用检测和异常检测两大类。接着,探讨机器学习算法在误用检测和异常检测中的典型应用,如神经网络、决策树等。最后,进一步探讨深度学习和强化学习在入侵检测系统中的应用。

第 9 章介绍人工智能在网络大模型中的应用。首先,介绍网络大模型的概念与生命周期管理,包括预训练、微调、缓存与推理。接着,探讨生成式人工智能方法赋能网络大模型的典型技术,如生成对抗网络(GAN)、变分自编码器(VAE)和扩散模型等。最后,进一步探讨网络本身结构在支持生成式人工智能应用方面的发展。

第 10 章对本书内容进行总结。

参考文献

[1] 中华人民共和国国务院新闻办公室. 中国互联网状况[R]. 2010.

[2] 崔亚东, 叶青, 刘晓红, 等. 上海市法学会. 世界人工智能法治蓝皮书-2020[M]. 上海: 上海人民出版社, 2020.

[3] CLARK D D, PARTRIDGE C, RAMMING J C, et al. A knowledge plane for the Internet[C]//Proceedings of the 2003 Conference on Applications, Technologies, Architectures, and Protocols for Computer Communications - SIGCOMM '03. New York: ACM, 2003: 3-10.

[4] MESTRES A, RODRIGUEZ-NATAL A, CARNER J, et al. Knowledge-defined networking[J]. ACM SIGCOMM Computer Communication Review, 2017, 47(3): 2-10.

[5] SUN Y, YIN X Q, JIANG J C, et al. CS2P: improving video bitrate selection and adaptation with data-driven throughput prediction[C]//Proceedings of the 2016 ACM SIGCOMM Conference. New York: ACM, 2016: 272-285.

[6] CHEN L, LINGYS J, CHEN K, et al. AuTO: scaling deep reinforcement learning for datacenter-scale automatic traffic optimization[C]//Proceedings of the 2018 Conference of the ACM Special Interest Group on Data Communication. New York: ACM, 2018: 191-205.

[7] 中兴通讯股份有限公司. 人工智能助力网络智能化-中兴通讯人工智能白皮书[R]. 2018.

[8] 中国联通, 中兴通讯股份有限公司. 网络人工智能应用白皮书[R]. 2019.

[9] 中国电信集团公司. 中国电信人工智能发展白皮书[R]. 2019.

[10] Focus group on machine learning for future networks including 5G[EB]. 2017.

[11] YAO H P, JIANG C X, QIAN Y. Developing networks using artificial intelligence[M]. Cham: Springer International Publishing, 2019.

第 2 章 智能网络基础设备

随着信息时代的到来,新兴的网络应用不断改变着人们的生活状态。这些层出不穷的应用对网络基础设备提出了巨大的挑战。近年来,随着 SDN、NFV、可编程数据平面等技术的发展,网络技术也迎来了新的生机。本章将通过介绍网络技术的演化来阐述智能网络发展的根基。

2.1 引言

计算机技术的普及和应用使人类迈向了数字化信息时代,计算机网络的出现将全球凝聚成一个地球村。在万物互联的时代,设备之间相互连接,计算机、手机,甚至汽车都已成为互联网的一部分。千里之外,手机支付,转账收款瞬间完成;万里之遥,语音视频,亲朋好友近在咫尺。

近年来,许多新型技术的出现改变了人们的生活方式,例如大数据、云计算、人工智能和 5G 通信。依靠对海量数据的分析,服务供应商为人们提供了各种定制化服务,无处不在的互联网便利和丰富了人们的生活。然而,这些海量的数据也给现有的网络基础设备带来了巨大的挑战。它们对网络带宽和资源管理的需求不断地提升,甚至已经赶上了对计算能力的需求。为了应对这些挑战,越来越多的协议和算法被叠加在现有互联网中,使得传统的互联网协议(IP)网络不堪重负,变得复杂且难以管理。

传统网络设备可以看成一个封闭的黑盒系统,在这个系统中,网络硬件设备、操作系统、网络应用被各个设备供应商牢牢把握,3 个部分紧密结合。一般来说,整个系统是由同一家网络设备供应商生产的。如果只对网络设备中某一部分的功能进行优化或者升级,那么势必影响整个系统的其他部分,导致整个系统无法正常协同工作。因此,网络管理人员既难以根据预定义的策略配置网络,又难以对其进行重新配置以解决故障或者更新升级。

2.1.1 SDN 的诞生

研究人员一直在思考:究竟是什么原因,让计算机产业能得到如此飞速的发展,而网络产业却发展得这般缓慢？美国斯坦福大学的 McKeown 教授团队通过对计算机产业及网络产业的创新模式进行研究和对比，认为计算机产业的发展离不开三大要素。

- 通用的硬件底层：使得计算机的功能能够通过软件定义的方式实现。
- 软件定义功能：使得计算机有更灵活的可编程能力，软件的种类得到了爆炸式的增长。
- 开源模式：催生出大量的开源软件，软件的普及又带动了计算机的发展。

那么进一步考虑，网络的发展如果也有类似的要素，是否也能够获得更快的发展速度呢？

为此，McKeown 教授团队提出了 SDN 架构。在这种新型网络架构中，McKeown 教授团队也尝试提出了网络发展的三要素。

- 网络设备采用通用的硬件底层设备，不被出厂时的固化配置所束缚。
- 控制平面与数据平面相分离，控制平面负责网络业务逻辑的规划，数据平面根据控制平面的操作指令完成存储转发。
- 开发 SDN 应用，推动网络发展。

另一位 SDN 的创始人 Shenker 教授，也试图从计算机发展的角度来思考网络的发展。在计算机软件编程发展的过程中，高级语言抽象化了硬件的细节，以及操作系统、文件系统和面向对象的概念。由此，Shenker 教授受到启发，如果引入 SDN 控制平面和数据平面抽象模型，那么网络能具有更强大的可编程能力，可编程能力是网络实现自动化和智能化的关键。在 SDN 数据平面中，由各种协议匹配表组成多字段匹配表，用户只需在控制平面上编程控制网络中的流量表项匹配，而不必考虑具体数据平面是如何实现转发功能的。

现在，SDN 已经成为一种主流的网络架构，在复杂的网络运维和网络虚拟化中发挥了重要的作用。全世界的网络设备供应商也逐渐意识到 SDN 的发展趋势，寻求团结合作，设计并制造更加开源的网络设备。

2.1.2 智能网络

所谓智能网络，就是指网络能自主感知和学习所处的外界环境，并根据所学调整自身的配置，从而实现对网络环境的自适应。智能网络可以极大地提高网络部署和配置的效率。在出现异常或故障的情况下，网络也能自我排查和修复。网络的自适应、自我排查和修复功能使网络运维的效率得到了大幅度提升，提高了网络运维工作的自动化程度，工作人员的工作量被大幅度减少。

近年来，SDN 的出现和普及为智能网络的建设提供了很大帮助，它所倡导的网络数控分离和可编程使智能网络的部署不再受物理基础设备的限制，网络从硬件向软件和虚拟化的架构转变，具有了更大的发展潜力。SDN 由控制器集中掌控和管理整个网络，而智能网络则是在控制器获得网络全局信息的基础上，加强了对网络的监管和控制，能实时地监控网络运行的相关状态。除此之外，SDN 中的某些应用，例如防火墙、广域网优化等也将成为智能网络的一部分。

智能网络控制的前提是感知。网络在运行的时候对网络用户是不可见的，要想知道网络中发生了什么，必须使用遥测的方法获知网络中的状态。现有的网络遥测的方法可以分为主动遥测、被动遥测和混合遥测。主动遥测技术通过控制器向网络发送探测报文，并根据返回报文受到网络的影响推测网络的状态，通常主动遥测的网络性能分析指标为网络带宽、丢包率、生存时间（TTLL）等。被动遥测是指网络设备自主地收集网络中的网络信息并向控制器上报，或者网络设备主动向控制器报告自身的故障。混合遥测就是两种方法的结合使用。

当控制器收到遥测信息后，会根据当前网络状态做出相应的动作。例如，如果遥测信息表明网络某处发生拥塞，控制器会变更网络配置，将流量切换到其他正常的链路中；如果发现网络设备自身的故障，会对故障设备进行隔离操作。

2.1.3 大数据处理和人工智能技术

智能网络的部署和实现离不开大数据处理和人工智能技术。

大数据这个术语在 20 世纪 90 年代就有了，但一直不温不火。直到 2012 年，大数据才引起了业界的关注，涉及物理学、生物学、环境生态学、金融学和通信等多个学科和领域的大数据已经成为热门研究方向之一。

那么什么是大数据？大数据一开始并没有一个明确的定义，只是表示需要处理的数据量很大。早期在处理海量数据时，大多数计算机内存不足，迫使工程师设计新的数据处理方法，改进现有的数据处理工具。受此影响，谷歌 MapreDuce 和开源 Hadoop 平台的出现，极大地增加了人们可以处理的数据量，提高了处理大量数据的能力。

预测是大数据的核心，预测系统在海量数据的基础上，结合相关的数学和算法，对一些特殊事件的概率进行估计。这些预测系统的关键在于它们建立在大量数据的基础上。数据越多，相关的算法就越能改善和提升性能。除此之外，数据本身的质量也是需要考虑的。

人工智能概念最初是在 1956 年的 Dartmouth 学术会议上被提出的。经过一代代研究人员的探索和研究，人工智能已然从纸上的公式变成了身边的各种智能设备，为大众所知。顾名思义，人工智能是解释和模拟人类智能、智能行为及其规律的学科。

虽然大数据和人工智能已经被细化成两个不同的领域，但是却相辅相成，互相促进发展。人工智能的决策需要基于大量数据才能得出正确的判断，而大数据的分析又涉及人工智能的算法。

在信息化的时代，大数据和人工智能技术能够拓宽公司的业务，加速公司的发展，为很多公司带来惊人的商业效益。可以推测，大数据和人工智能技术将会是各个产业的核心竞争力，谁能够用好这些技术，谁就能脱颖而出。

网络有了大数据和人工智能的加持，将变得极具智能化，既能节约成本、解放人力，又能为人们带来更优质的应用和更快捷的服务。

2.2 新型网络技术

这一节将介绍一些在过去 10 年中彻底改变了网络的新技术，包括 SDN、NFV 和可编程数据平面技术。通过本节内容，可以了解目前网络尖端技术的发展情况。

2.2.1 SDN

SDN 模型如图 2-1 所示，可以分成 3 层，自下（南）向上（北）分别是数据平面、控制平面和应用平面。

数据平面由基础转发设备组成，这些转发设备通过无线链路或有线电缆连接。控制平面中最重要的是 SDN 控制器，SDN 控制器集中管控着整个 SDN，相当于 SDN 的神经中枢。应用平面包含了各类网络应用，使网络能提供多样化的业务功能。

除了 3 个平面，SDN 还有两个非常重要的接口，负责平面和平面之间的信息传递和交互，这两个接口分别是南向接口和北向接口。数据平面和控制平面之间的是南向接口，负责数据平面网络单元和控制平面 SDN 控制器之间的数据交换和互操作，在众多面向南向的接口协议中，最著名的协议是 OpenFlow。控制平面和应用平面之间的是北向接口，应用平面通过北向接口获取下层网络的资源，并通过北向接口将数据发送到下层网络。

在传统的网络设备中，控制功能和转发功能是紧密联系在一起的。在 SDN 体系结构中，控制功能与网络设备分离并转移到控制平面，网络设备只剩下简单的包转发功能。数据包的转发是基于流的，控制器为每个流创建转发规则，数据平面根据转发规则匹配转发的流。流是在一段相同的时间内，具有相同的源端口号、目的端口号、协议号、源 IP 地址和目的 IP 地址（即相同内容的五元组）的数据包。通过在网络操作系统（NOS）上运行应用程序，网络管理人员可以像在计算机上一样改变网络的功能。

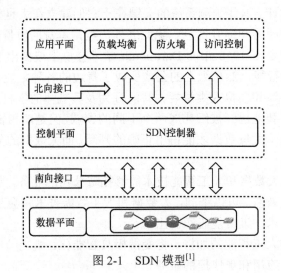

图 2-1　SDN 模型[1]

1. 南向接口

南向接口作为数据平面和控制平面的连接接口，对 SDN 架构的演进非常重要。南向接口可以理解成一个数据平面的通信接口，这个通信接口支持的可编程能力直接决定了整个 SDN 架构的可编程能力，也决定了 SDN 方案中用户的最大编程能力。如此关键的接口自然成了网络设备供应商的必争之地，谁能获得这个接口的标准制定权，谁就能在 SDN 甚至下一代网络中占主导地位。

在众多南向接口协议中,最具影响力的是 OpenFlow 协议。在 OpenFlow 协议中,控制器可以将流表(流表的内容详见下文的 SDN 数据平面)下发至数据平面,数据平面也可以将信息反馈给控制器。OpenFlow 支持 3 种消息类型:控制器—交换机、异步和对称。每种消息类型都由几种子消息类型组成。控制器—交换机消息由控制器启动,用于获取 OpenFlow 的状态或管理 OpenFlow;异步消息由 OpenFlow 启动,它的作用是将自身交换的状态或者网络中发生的事件上报至控制器;对称消息由交换机或者控制器启动,用于交换机和控制器的连接或者一些额外的功能。

OpenFlow 只是众多的南向接口协议之一,还有其他的应用程序接口(API)协议:OpFlex、OVSDB、POF、ForCES、OpenState、ROFL、HAL、PAD 等。下面选择其中的几种进行简单的介绍。

思科的 OpFlex 协议是南向接口的代表协议。与 OpenFlow 相反,OpFlex 的核心思想是将管理网络的部分复杂性分配给转发设备,通过 OpFlex 协议远程下发策略,控制网络设备去实现某种网络策略,以提高可扩展性。控制平面制定的策略由 OpFlex 下发至数据平面,但不会给定实现这个策略的方式,具体的实现方式由数据平面的设备自己决定。简单点说就是控制平面通过 OpFlex 告诉数据平面要做什么,而具体怎么做由数据平面自己决定。所以,OpFlex 具有一定的可编程能力,但也只是相对受限的可编程能力,无法做到更细致的数据平面编程,属于一种广义的南向接口协议。

OVSDB 是一种为 Open vSwitch 提供高级管理功能的南向接口协议。OVSDB 协议主要管理的对象是 OVSDB 数据库,并提供可编程的接口。它允许控制元素创建多个虚拟交换机实例,并在接口上设置服务质量策略,将接口连接到交换机之后,在 OpenFlow 数据路径上配置隧道接口,进而管理队列及收集统计信息。因此,OVSDB 是 OpenFlow 的补充协议。

还有一种特殊的南向接口协议:完全可编程南向接口协议,例如华为提出的 POF 协议。虽然 OpenFlow 具有一定的可编程能力,支持软件定义的方式进行网络数据处理,但无法对数据平面进行数据解析和编程。而 POF 和 P4 语言可以在数据平面上实现协议分析和数据处理,具有更细粒度和更全面的数据平面编程能力,支持协议无关转发,是完全可编程的南向接口协议。P4 语言提出了一种通用流指令集(FIS),实现数据平面的协议无关转发。作为一种网络编程语言,P4 可以通过编程控制底层配置和转发逻辑的交换机。POF 和 P4 语言的更精确的分类是完全可编程的通用抽象模型,因为它们同时支持软件定义的数据平面和控制平面。对比 OpenFlow,POF 和 P4 语言更全面地解放了数据平面的可编程能力,广义上属于更灵活的南向接口协议。更多有关 POF 和 P4 语言的内容,将在 2.2.3 节进行更为详尽的介绍。

2. SDN 控制平面

在传统的网络架构中,操作系统并没有像计算机那样对设备进行抽象化处理,而是以透明的方式使用通用的硬件设备。为此,网络管理人员常常反复解决相同的问题,完成一些重复性很高的工作。SDN 将传统网络中的控制平面和数据平面分离,极大地提高了网络的可扩展性,也使得网络管理人员能更好地对网络进行管理。与传统操作系统一样,SDN 的网络操作系统也为网络管理人员提供了基本服务所用的通用 API,允许网络管理人员在了解网络状态和网络拓扑信息的同时进行网络配置。

在 SDN 架构中，控制平面是逻辑集中的，既通过南向接口将控制信息交给数据平面，控制其转发逻辑，又通过北向接口与应用平面的应用进行信息交互。因此，SDN 的控制平面可以说是 SDN 架构的核心部分，就像是人体的大脑。控制平面对 SDN 架构的集中控制，使网络在部署和配置上变得简单化和智能化。在受到计算机在通用硬件上编程的启发后，SDN 的数据平面在功能上也变得简单，只有最基本的转发功能。因此，网络管理人员在通过控制平面制定网络策略时，可以不再关心路由元素之间数据分发的底层细节。

SDN 的控制平面不但需要满足对南向接口及北向接口的支持，还要求具有良好的数据处理能力，实现数据流重定向、网络报文过滤等功能。当 SDN 的数据平面收到未知的数据包且不知道怎么处理时，会把这个消息报告给控制平面，控制平面经过分析和计算后，会将处理的结果（流表项）由南向接口协议 OpenFlow 下发至交换机的流表中，指导数据平面处理这个数据包（为这个数据包添加新的流表转发项或者丢弃该数据包）。另外，网络管理人员可以通过 SDN 控制平面获得全局的网络视角，相比传统网管工作中逐个网络设备的调试和监测，在 SDN 架构下，网络管理人员能够更加便捷地实现对网络设备的统一监控和管理。

一般来说，一个 SDN 控制平面由一个或多个 SDN 控制器组成。目前，市场上有多家供应商设计并改进了各种各样的 SDN 控制器。下面简单地介绍几种常见的 SDN 控制器。

（1）NOX 控制器

作为全球第一款开源的 SDN 控制器，NOX 控制器在推动 SDN 的发展这一过程中，具有里程碑式的意义。整个 NOX 控制器由 C++和 Python 语言实现，其中，C++实现了 NOX 控制器的核心架构及关键部分。

（2）POX 控制器

POX 控制器是一款基于 OpenFlow 的控制器，由 NOX 控制器分割演变而来，使用 Python 语言开发，特点是操作灵活，能支持 Linux、Windows、macOS 等多种操作系统。

（3）Ryu 控制器

Ryu 控制器是一款开源控制器，由日本 NTT 公司使用 Python 语言开发完成，采用 Apache License 标准，支持多种管理网络配置的协议，是基于组件的 SDN 架构。Ryu 控制器提供了完备良好的 API，管理人员使用这些 API 能轻松地对网络进行管理和配置[2]。

（4）Floodlight 控制器

Floodlight 控制器是一款出现较早且知名度较广的开源 SDN 控制器，遵循 Apache 2.0 软件许可，基于 Java 开发，除了提供网络拓扑、部署数据的服务，还提供了前端 Web 界面。通过 Web 界面，用户可以方便地查看网络拓扑和交换机等信息。

（5）OpenDayLight 控制器

OpenDayLight 控制器是一个模块化的开放平台，能够自定义、自动化部署到任何规模的网络。OpenDayLight 控制器具有高度灵活、可插拔和模块化等特点，在任何 Java 平台上都可以部署 OpenDayLight 控制器。OpenDayLight 控制器起源于 SDN，极力推动了网络可编程性的发展。OpenDayLight 控制器在设计之初就是为商业界提供解决方案，目前，OpenDayLight 控制器在商用领域中已经有着广泛的应用。

3．SDN 数据平面

和传统的网络设备不同的是，SDN 数据平面只具备一些简单的转发功能，网络控制已从数据平面设备移至控制平面的控制器中。在数据平面和控制平面之间有连接转发和控制功能的南向接口,其中最著名的协议是 OpenFlow 协议。OpenFlow 交换机的定义是支持 OpenFlow 协议的交换机,每个交换机都有一张或者多张流表,用于包的匹配和转发。交换机通过一个安全信道和外部控制器相连,通信时采用 OpenFlow 协议,交换机和控制器的连接如图 2-2 所示。

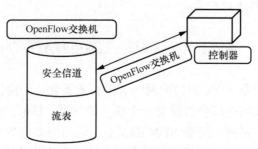

图 2-2 交换机和控制器的连接[3]

OpenFlow 转发设备是基于流表转发的,其中流表的每个条目都包含 3 个部分,流表结构如图 2-3 所示。

- 匹配规则(图 2-3 中画了 9 个匹配域,随着 OpenFlow 的修订,匹配域的个数不断增加)。
- 对匹配的数据包执行的动作。
- 保留匹配数据包统计信息的计数器。

其中对数据包可能执行的动作如下。

- 将数据包转发到输出端口。
- 将其封装并转发给控制器。
- 丢弃。
- 送到正常处理管道中。

当新的数据包到达 OpenFlow 设备时,从第一个表开始查找,当匹配项匹配成功或者找不到该数据包的匹配规则(匹配失败)时匹配过程结束。如果匹配成功,执行相应的动作;如果匹配失败,执行无匹配流表项的默认动作。默认动作一般有转发给控制器或者上传中央处理器(CPU)、发送至下一张流表和丢弃等。如果流表中不存在无匹配流表项,则该数据包将会被丢弃。

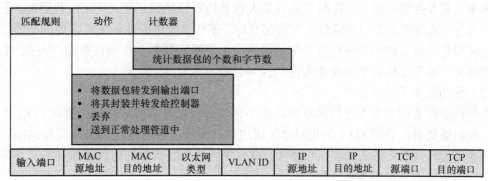

图 2-3 流表结构[3]

由于 SDN 的巨大成功，网络设备厂商已经生产制造了各种各样的 OpenFlow 设备。这些设备有小型的 GbE 交换机，也有大型数据中心网络设备；有边缘的 OpenFlow 设备，也有核心的 OpenFlow 设备。总而言之，交换机的软件化和虚拟化正在成为网络架构部署最有前途的方案。而且，在 SDN 数控分离的推动下出现了"裸机交换机"和"白盒交换机"，它们的硬件和软件可以单独出售和使用。这就意味着用户将不再受制于设备厂商，能自由地选择搭配软/硬件，拥有更大的选择权利。

4．北向接口

北向接口的作用是为厂商或者运营商提供一些通用的 API，使他们能够利用这些接口便捷地完成对网络的管理。

北向接口和南向接口是 SDN 架构的两个关键抽象概念。南向接口已经存在被广泛接受的协议——OpenFlow，北向接口仍然没有一个统一的标准。目前，标准的北向接口仍在研究中。但无论如何，可以预料到，随着 SDN 的发展，通用的北向接口一定会出现。毕竟只有当网络的应用程序不依赖于特定的接口和设备时，才能发挥出 SDN 的最大优势。北向接口和南向接口一样，也应该是一种软件接口，而且对于不同的控制器和应用程序，也应该有很好的可移植性和互操作性。目前，市场上有各种各样的 SDN 控制器，这些控制器的开发经验有助于北向接口的研究。

虽然北向接口协议的市场愿景是美好的，但是由于控制器厂商众多，竞争激烈，还没有一个统一的 SDN 北向接口规范。现有的控制器（例如 Floodlight、Trema、NOX、Onix 和 OpenDayLight 控制器）都提出并定义了自己的北向接口，它们各有各的特定定义。由于不同网络中的网络应用程序是不一样的，所以目前不太可能出现某个单一的北向接口能达到 OpenFlow 在南向接口中的地位。

5．SDN 应用平面

SDN 的网络应用程序运行于应用平面上。网络的应用程序实现控制逻辑，通过北向接口，将逻辑提交给 SDN 控制器，然后由 SDN 控制器转化成数据平面中相应的转发规则。现有的网络应用程序不但能够执行路由、负载均衡、安全策略等传统功能，还实现了一些新的功能，例如 QoS、网络虚拟化、移动管理等。虽然网络的应用种类繁多，但是总体上可以分为 5 类：流量工程、移动性和无线性工程、测量和监视工程、安全性和可靠性工程、数据中心网络工程。

（1）流量工程

流量工程是指经过设计，使网络能够最大程度地降低功耗，最大化网络利用率，最优化负载均衡等。通过流量工程对流量进行合理分配，使网络能更好地避免或减轻网络瓶颈对所提供计算服务的运行影响。在所有类型的网络中，流量工程都是相当重要的。而在 SDN 架构的部署下，流量工程有望出现革命性的技术创新。

（2）移动性和无线性工程

信号在小区之间需要考虑切换机制，在小区内部需要考虑负载均衡。随着 SDN 的渐进部署，我们需要考虑基于 SDN 无线网络区域的移动无线网络问题。SDN 为无线网络提供可编程和灵活的堆栈层，将无线协议和硬件分离，这样使无线信号的切换算法变得更容易改善和优化，网络资源块也更容易分配。

(3) 测量和监视工程

为了实时了解网络的相关状态信息，控制平面需要收集数据平面的信息并加以统计。如果网络应用程序也能实现数据的采样和估计，那么将大幅度减轻控制平面的负担。在测量和监视网络的同时，网络应用程序提供实时、低时延和灵活的监视，避免影响控制平面的负载和性能。其中比较著名的有 sFlow，sFlow 通过采样技术来监视高速网络，并灵活地收集松散耦合（即插即用）组件收集的数据，以提供抽象的网络视图。

(4) 安全性和可靠性工程

在 SDN 的背景下，已经出现了多种针对网络安全性和可靠性的解决方案。大多数人利用 SDN 来改善保护系统和网络安全所需的服务和策略（例如访问控制、防火墙等）。通过 SDN 的可编程设备，网络安全得到了保障，具有恶意行为的应用程序会在进入网络的关键区域之前被阻止。

(5) 数据中心网络工程

针对传统网络体系的复杂性和不灵活性，SDN 能使数据网络中心在网络管理和迁移、故障排除、优化利用率等方面得到极大提升。另外，SDN 虚拟化技术使网络的迁移和隔离变得容易。

SDN 架构的普及解放了网络管理人员，减轻了他们的工作量，同时加快了网络创新的速度。越来越多的 SDN 应用被开发或改进，为用户提供更快、更优质的服务。未来，SDN 还将继续发展，解决人们更为复杂的需求。

2.2.2 NFV

随着各种各样网络需求的出现，网络硬件设备变得越发复杂。由于传统网络设备的软件需要专用的硬件去适配，往往为了一个新的网络功能或者业务，就需要将整个网络设备的软/硬件一起更新升级。频繁的业务创新使硬件的生命周期变得越来越短，而开发周期反而变得越来越长，生产成本越来越高，进而降低了业务创新和网络创新的速度。为了突破这个困境，网络功能虚拟化（NFV）技术应运而生。

NFV 是一种对传统专用网络硬件上运行的服务进行虚拟化的方法，通过把通用的硬件设备虚拟化成网络定义的软件功能，从而实现功能软件化。NFV 使新的网络服务和应用出现时不需要适配专用的硬件，这极大地提高了网络的可扩展性。

NFV 把网络的控制平面和具体设备进行分离，不同设备的控制平面基于虚拟机构建。云服务提供商向用户提供统一管理的虚拟机云平台，用于部署相应的业务。一个新业务的上线只需要创建新的虚拟机并部署对应的软件功能即可，而这些虚拟机网络管理通过统一的虚拟网络技术接口进行配置和监控。

NFV 取代了传统网络中专用、封闭的网元设备，实现软/硬件的解耦合，使得网络功能可以在通用的硬件上运行，不再受到硬件的限制。虚拟网络功能（VNF）通常是指路由器、防火墙、负载均衡等网络设备的软件化，并可以在不同的服务器上运行，极具灵活性。另外，通用的硬件成本低，加之网络的虚拟化又使每个服务器能同时运行多个功能，这样一来，所需硬件量减少，既降低了物理硬件的总成本，又减少了设备占用的空间。

1. NFV 架构

NFV 架构如图 2-4 所示，其最主要的 5 个组件具体介绍如下。

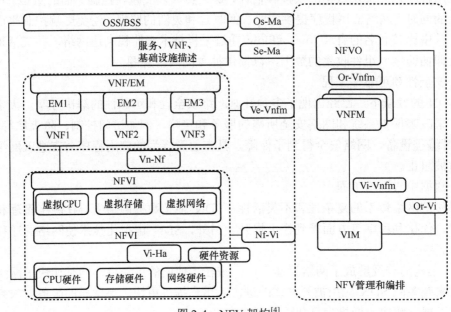

图 2-4　NFV 架构[4]

- **NFVI**：NFV 基础架构，功能是提供 VNF 的运行环境。最下面是实际的物理硬件，包括 CPU 硬件、存储硬件、网络硬件，经过中间的虚拟层虚拟化后抽象为上层虚拟化的虚拟 CPU、虚拟存储、虚拟网络。
- **VNF/EM**：VNF 是一种运行在虚拟化平台上的网元软件，主要提供网络功能（IP 配置、文件共享等）软件。EM 是单元管理系统，可对 VNF 进行管理，一般来说，VNF 和 EM 是一一对应的。
- **VIM**：虚拟化基础架构管理，负责 NFVI 中的物理硬件管理及虚拟机的故障管理和资源分配。著名的云计算管理工具有 OpenStack。
- **VNFM**：VNF 管理，负责 VNF 中的生命周期管理和网络管理（增、删、改、查）。
- **NFVO**：NFV 编排，负责网络业务的部署、管理和编排。

模型左上角还有运营支撑系统/业务支撑系统（OSS/BSS）模块，它们不是 NFV 架构中的功能组件，但 NFVO 需要为 OSS/BSS 提供一个接口。OSS 和 BSS 是相互关联的，不能分离，所以它们也可以被称为业务运营支撑系统（BOSS）。

- **BSS**：业务支撑系统，多指客服系统，包括计费、结算、账务、客服、营业等系统。
- **OSS**：运营支撑系统，多指工程师系统，包括网管、网优等系统。

各组件之间的连接关系和具体作用如下。

- **Vi-Ha**：连接虚拟层和硬件资源的接口，给 VNF 提供不依靠硬件资源的运行环境。
- **Vn-Nf**：连接 NFVI 和 VNF，NFVI 通过 Vn-Nf 为 VNF 提供运行环境。
- **Or-Vnfm**：NFVO 将配置信息通过 Or-Vnfm 发送给 VNFM，然后 VNFM 收集 VNF 的信息，控制 VNF 生命周期。

- Vi-Vnfm：VNFM 控制 VNF 的接口，同时也收集虚拟化的资源配置和状态信息。
- Or-Vi：NFVO 与 VIM 直连的接口，对资源进行分配和保留，收集虚拟化资源的配置信息和状态信息。
- Nf-Vi：通过 Nf-Vi 接口，管理虚拟化基础架构对具体的虚拟资源进行调度，同时收集基础架构中资源的配置和状态信息。
- Os-Ma：OSS/BSS 的接入点。
- Ve-Vnfm：VNFM 管理 VNF 的接口，VNFM 可以通过 Ve-Vnfm 掌管 VNF 的生命周期，对 VNF 进行配置管理，并收集 VNF 的状态信息。
- Se-Ma：用于服务接口管理，连接 OSS/BSS 和 NFVO，目的是支持服务层和编排层之间的管理信息交换。

2．NFV 与 SDN

SDN 的核心思想是将网络的控制平面和转发平面分离，可以通过编程控制平面的方式集中管理网络。而 NFV 的核心思想是从硬件中抽象出网络功能。虽然 NFV 和 SDN 都包含软/硬件分离和虚拟化的思想，但两者之间并没有必然的联系。NFV 并不一定需要 SDN 架构的支撑，在传统的网络架构中也能实现，SDN 也是一个可以独立发展的体系。

虽然 NFV 和 SDN 各自拥有独立的体系，相互之间也不依赖，但是两者可以有机结合，取长补短，融合互补。SDN 的数控分离和可编程使网络变得灵活，NFV 能使网络更好地适应虚拟化环境，节约大量的硬件成本。和传统网络中 NFV 的部署相比，NFV 在 SDN 架构中可以更轻松、更高效地实现，获得更好的性能。同时，NFV 也能为 SDN 提供更好的运行环境，助力 SDN 的实现。例如，SDN 的控制器和服务器都可以利用 NFV 使设备以虚拟化的形式来实现。如果在网络中能同时支持 NFV 和 SDN，则可以创造出一个更加灵活的可编程网络架构。

业内很多人把 SDN+NFV 合称为 SDNFV，NFV 与 SDN 结合有望为网络带来重大发展机遇。未来，随着 SDNFV 的发展和部署，网络将从专用紧耦合转向开放可编程，从以硬件为核心转向以软件为核心。

3．NFV 发展趋势

除 SDN 外，NFV 还和云计算、5G、边缘计算有着紧密的联系。

云计算不但为 NFV 的虚拟化提供了支持，而且为 NFV 提供了灵活的管理平台。云计算有很多标准的 API（例如 OpenStack 等），可以在 NFV 架构的 VIM（负责管理 NFV 的虚拟化基础设施）中部署使用。5G 的发展也离不开 NFV，很多 5G 时代的应用和 NFV 有关，例如物联网、无人驾驶等，它们都离不开 NFV 提供的虚拟网络功能。另外，将 NFV 部署在边缘计算设备中，可以为边缘计算的用户提供更精细的服务。

但目前 NFV 的发展和推广也存在着一些问题和挑战。

- NFV 和其他网络功能的共存兼容问题。NFV 的部署是否会给其他网络功能造成影响，还处于未知状态。
- NFV 的接口不统一。传统的网络设备接口由生产商自己设计，不同生产商的设备接口不同。而 NFV 主张使用通用的硬件设备，如果不能统一接口，会造成不同生产商的设备之间不兼容。

- 性能下降问题。传统网络设备的功能都是和专用适配的硬件结合的，NFV 将专用的适配硬件改成通用的标准硬件，设备的性能会受到影响。为了提升性能，可能会引入额外的开销。
- NFV 的安全性问题。NFV 虽然为网络部署提高了效率、降低了成本，但也存在着一些潜在的风险。在满足日益增长的需求的过程中，NFV 系统需要不断地证明和提升其安全性和可靠性。
- SDN 和 NFV 原本是两个独立的架构体系，相结合成 SDNFV 之后，可能需要重新设计架构。

和别的新技术一样，NFV 的广泛使用也需要过渡期，一边与旧技术兼容共存，一边使自己更加完善。Statista 数据显示，最近几年，生产商和运营商对 NFV 的投入有大幅度提升。未来，NFV 一定会大放异彩，与其他技术有机结合，为我们带来一个更灵活的可编程网络。

2.2.3 可编程数据平面

在传统网络中，虽然可以通过控制平面对网络设备进行配置和修改，但是由于提供的编程接口与功能紧密绑定，用户难以自主升级或者开发新的协议功能。SDN 的出现解决了这一难题，它提供了一套通用的控制平面编程标准，各种网络功能都可以根据配置进行调度，网络的灵活性得到了很大提升。

但是 SDN 只考虑了控制平面的可编程性，并没有考虑数据平面的编程能力，这使网络设备的兼容性成了一个很大的问题。数据包的相关处理还是依靠硬件完成，一般来说，数据包的解析和转发都是芯片固化的，如果出现了新的协议，设备厂商需要重新设计芯片，然后将协议与硬件再次进行绑定。这样一来，设备生产成本高、周期长、扩展能力差，很大程度上限制了网络技术的进一步发展。为了实现真正意义上的 SDN，可编程数据平面应运而生。可编程数据平面打破了硬件对数据平面的限制，允许自由地定义流表的内容、匹配的方式、动作的类型等，用户可以通过编程控制数据包的解析和转发。

接下来介绍两种典型的可编程数据平面技术：P4 语言和 POF。

1. P4 语言

（1）P4 语言和 OpenFlow

McKeown 教授团队的论文 *P4:Programming Protocol-Independent Packet Processors* 的发表，标志着 P4 语言的诞生。P4 是一种数据平面的高级编程语言，通过 P4 语言，用户可以自由地定义数据平面处理逻辑，包括数据的匹配规则、流表的内容等。P4 语言是完全开源的，它的编译器、仿真用的软件交换机、仿真实验的教程及其他相关组件都可以通过 GitHub 免费获取。也许有人会问，在 SDN 架构中，已经能够利用控制平面的编程，然后通过南向接口的 OpenFlow 协议控制数据平面，为什么还需要 P4 语言这样的可编程数据平面技术呢？

如上文所述，虽然 SDN 分离了数据平面和控制平面，但这种分离还是不够彻底。SDN 的提出使控制平面的编程能力得到了增强，但是数据平面的可编程性和灵活性并没有跟上控制平面的发展。随着网络协议越来越多，OpenFlow 的匹配域不断增加，变得越来越冗余。如果按这个趋势发展下去，网络设备的处理逻辑会变得冗长且复杂，可扩展性会变得越来越差。

在 SDN 架构中，由 OpenFlow 指导转发的数据平面还无法被称为完全的可编程数据平面。OpenFlow 是一种南向接口协议，负责控制平面和数据平面之间的交互。而 P4 是数据平面的编程语言，数据平面可以通过编程协议无关地定义数据包的处理逻辑。当 P4 语言设计好数据平面的内容后，控制平面需要利用南向接口来操控数据平面的行为。例如，可以利用 P4 语言来设计自定义的流表内容，之后再编程控制器，通过南向接口添加流表项。用通俗的话来解释，P4 语言允许自由地设计、加工零件，而控制器负责指导组装零件。

（2）P4 语言的 3 个特性

我们已经介绍了使用 P4 语言的数据平面编程和南向接口协议的关系。P4 语言提高了网络编程的抽象能力，且能与现有的南向接口协议很好地结合。为了使数据包在网络中被处理的时候摆脱协议的束缚，P4 语言在设计的时候有以下 3 个特点。

① 协议无关性

网络设备不再局限于某些固定的网络协议，通过 P4 语言可以实现任意已有协议，甚至是解析自定义新协议的功能。通过编写解析器代码，P4 语言可以使用一个有限状态机实现其协议无关性[5]。

② 目标无关性

开发者不需要了解网络设备底层硬件的细节，就可以使用 P4 语言对设备的存储转发逻辑进行修改。P4 的前端编译器会将 P4 语言编写的.p4 文件编译成通用的中间表示（IR）文件，再由设备对应 SDK 中的后端编译器将 IR 文件编译成可执行的二进制描述文件，实现拥有对实际数据包处理的能力。

③ 可重构性

就像手机里的 App 可以被更新升级，P4 交换机中的 P4 程序可以通过特定接口进行更新。通过 SDK 替换掉原有的描述文件，可以轻松地对交换机的功能进行增、删和改。

P4 语言的这 3 个特点，使用户可以自由地设计自己想要的数据平面逻辑，既提升了数据包处理的效率，又减少了网络的负担，节约了成本。这也是 P4 语言能被广泛接受且发展迅速的原因。

（3）P4 交换机的架构

P4 语言可以定义交换机的协议解析流程和数据处理流程。有了 P4 语言，交换设备无须针对特定协议进行出厂前配置，就可以完成数据处理和网络编程，无须关心底层的设备信息，就像常见的编程语言 C 语言、Java 等写上层应用时不需要过多关心设备之间 CPU 的差异。相较于传统的交换机，可编程交换机就像一张没写过字的白纸，本身只有最基本的转发功能，因此可编程交换机有时是一种白盒交换机，网络管理人员可以根据自己的需求定义网络的状态，添加自己期望的功能，从而极大地提高了网络设备功能部署的灵活性。

从 OpenFlow 交换机通用转发模型到可编程数据平面转发模型，无论是学术界还是厂商，都在致力于推动网络可编程的发展。其中最著名的是可编程协议无关交换机架构（PISA）。

2013 年，PISA 作为一种新型可编程数据平面被提出。PISA 是基于 RMT 架构发展的，PISA 如图 2-5 所示，到达 PISA 系统的数据包先经过可编程解析器解析，然后依次通过入口

"匹配-动作"阶段、队列缓冲区（除了排队还有镜像、回环等功能）、出口"匹配-动作"阶段，最后数据包被重新组装发送到输出端口。而 P4 开发者需要做的是根据 PISA，用编程的方式告诉解析器和"匹配-动作"单元如何解析和匹配数据包，在匹配成功后需要执行怎样的动作。

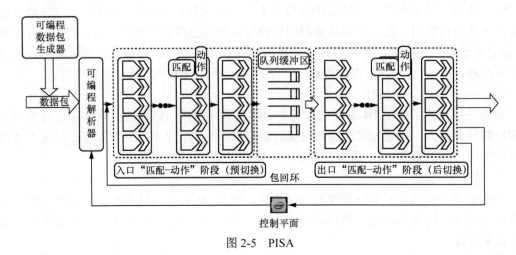

图 2-5　PISA

　　PISA 内部有多个"匹配-动作"单元，包处理阶段以流水线方式工作，每个阶段可以有多个"匹配-动作"单元并行处理。入口和出口的"匹配-动作"阶段，可以分成匹配逻辑和行动逻辑两部分。匹配逻辑由静态随机存储器（SRAM）和三态内容寻址器（TCAM）的混合查找表、计数器、流量计和通用哈希表组成，用于定义数据包的匹配规则；行动逻辑由一组 ALU 标准布尔和算术运算、头修改操作、散列操作等构成，定义了数据包匹配成功时需要执行的动作[6]。

　　除此之外，PISA 还有以下模块。
- 回流路径：回流路径是为某些特殊的数据包准备的，在网络中，这些数据包需要被多次回流到解析器和转发处理流水线。
- 可编程数据包生成器：在某些情况下，网络需要周期性地生成数据包，于是控制平面会把生产这些数据包的任务交给可编程数据包生成器。
- 逆解析模块：数据包在经过 PISA 时被解析，被修改过包头的数据包在被输出之前需要将包头重新组合。需要注意的是，PISA 的逆解析过程也是可编程的。

　　虽然 PISA 在可编程的协议解析和数据包处理上都进行了扩展，但相较于计算机通用硬件的编程能力，PISA 的编程能力仍处在初级阶段。然而，对于网络领域，PISA 是个很了不起的进步，对推动 SDN 的发展有着里程碑式的意义。结合网络数据平面编程语言，网络领域的编程一定会大放光彩。

　　（4）P4 语言组件

　　可编程数据平面允许用户自定义匹配字段、动作类型、流表等。一个 P4 语言编写的程序遵循 PISA。程序中有 5 个常用语言组件：首部、解析器、动作、匹配-动作表、流控制程序。

　　① 首部

　　首部是由具有长度和名称的字段组成的有序列表，拥有对应的首部实例。首部分为包头和元数据。
- 包头：用于描述数据包结构。
- 元数据：用于携带数据和配置信息。元数据又分为自定义元数据和固有元数据。自定义元数据指用户自定义的数据。固有元数据指携带交换机自身的配置信息。在 v1model 体系中定义了很多标准的固有元数据，例如交换机端口、数据包长度等。在编写程序时，导入<v1model.p4>即可直接使用 v1model 中已经定义过的标准固有元数据。

② 解析器

编写 P4 语言程序的第一步，是定义各种数据结构，之后是编写解析器。从 P4 语言程序的角度看，程序需要处理的是各种数据包首部的字段信息，但不是所有的首部都是必要的，也不是所有的数据包都有合法的首部，因此需要解析器先进行过滤和提取的工作。

P4 解析器的工作流程可以看作一个有限状态机，通过设计状态机跳转的条件进行匹配，并抽取合法字段，接收后将提取到的字段拼接成包首部向量（PHV）用于后续处理。以经典的 TCP/IP 五层模型为例，P4 解析器会从下至上，一层层地对数据包进行解析，首先解析以太网的首部，再解析 IPv4 或 IPv6 首部，再解析传输层的传输控制协议（TCP）或用户数据报协议（UDP）首部。P4 解析器甚至可以对应用层协议进行解析，只要在声明数据结构的阶段进行定义，并规划有限状态机。图 2-6 展示了数据包在解析器中的状态迁移过程。

完成解析后的数据包组成 PHV，进入 P4 的匹配-动作流水线进行进一步的处理，在这一步中，非法首部的数据包可能会被丢弃。

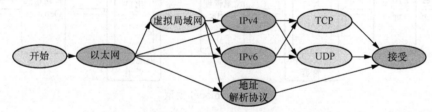

图 2-6　数据包在解析器中的状态迁移过程

③ 动作

P4 语言中的动作主要分为基本动作和复合动作。

基本动作一般由系统定义，可直接调用，主要包括数据包协议首部处理运算符、基本的算术运算符、哈希运算符和统计跟踪运算符（如计量、测量）。

复合动作由基本动作组合而成，用户可以自定义。

④ 匹配-动作表

如果数据包满足表中的匹配规则，认为匹配成功，则会根据表项执行相应的动作。如果不满足，则匹配失败，被称为"失配"，那么定义的默认操作将会被执行。这里介绍 3 种常见的匹配类型，根据匹配的规则分为 exact、ternary、lpm。

- exact：精确匹配，数据包的待匹配内容和 P4 语言程序中的字段完全一样才被认为匹配成功。
- ternary：三重匹配，将 P4 语言程序字段中的值和掩码进行逻辑与运算后，再和数据包匹配。

- lpm：最长前缀匹配，三重匹配的特例。如果有多个表项匹配成功，则掩码最长的表项将作为动作执行的依据。

⑤ 流控制程序

一旦数据包和流表匹配成功，就会执行相应的动作，而流程控制程序用于确定执行动作的执行顺序，执行的逻辑可参考计算机程序中的顺序结构、选择结构等。

P4 语言提供了一种简单易理解的编程模型 v1model，这种模型和前文介绍的 PISA 有些类似。

v1model 模型如图 2-7 所示，可以清楚地知道，P4 语言中的解析器对应 v1model 模型中的解析器，而流控制程序定义了入口和出口中的处理流程。

- Parser：解析器，解析并且提取数据包各个协议首部信息。
- Ingress：入口，可通过表的查询和匹配逻辑决定如何处理数据包。
- Traffic Manager：流量管理，可以完成一些流量控制功能，例如排队、复制、拥塞控制等。
- Egress：出口，可通过表的查询和匹配逻辑决定如何处理数据包。
- Deparser：反解析器，与 Parser 相反，用于重组数据包。由于数据包在处理过程中存在被分解的过程，最后出口处转发的时候需要重组一下。

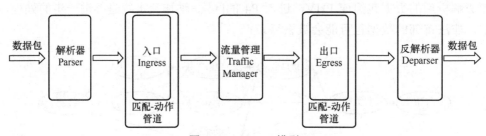

图 2-7　v1model 模型

（5）P4_14 和 P4_16

2014 年 P4 语言诞生，此时的 P4 语言版本为 P4_14。经过两年的发展，P4 语言联盟又将 P4 语言的一些语义和语法做了进一步改进。2016 年，P4 语言联盟推出了 P4 语言的 P4_16 版本。P4 语言版本演变如图 2-8 所示。P4_16 降低了语言的复杂度（例如原来 70 多个关键字减少到少于 40 个），编写了大多数 P4 文件会使用的基本结构库，同时大量的语言特性（包括计数器、校验和单位、仪表等）也被转移到库中。

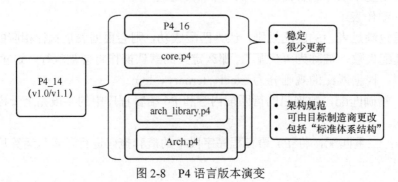

图 2-8　P4 语言版本演变

P4_14 和 P4_16 都是 P4 语言，P4_16 是 P4_14 的改进版。所以，两者在模型、架构、概念上并没有什么区别，但 P4_16 并没有实现对 P4_14 的兼容。P4_16 在使用上有如下优势。

- P4_16 在编写时更像高级语言中的 C/C++/Java，更加符合人们的编程习惯，同时也使熟悉其他语言的人更容易上手。例如 P4_16 使用"="赋值，P4_14 则使用 modify_field() 赋值。
- P4_14 没有参数或返回值，而 P4_16 有方向性的参数 in、out、inout。
- Extern 用于基于 P4_14 的计数器、仪表和寄存器，但在 P4_16 中被定义为便携式交换机体系结构规范中的 Extern 附加组件。

2. POF

POF 是华为提出的一种南向 SDN 协议。参照开放流模型中控制平面的 SDN 控制器和数据平面的 SDN 转发设备，POF 架构中相应的设备称为 POF 控制器和 POF 转发元素。POF 可以被认为是完全分离网络控制平面和数据平面的进一步的开放流程。通过保留的标准接口，网络运营商可以以高级语言编程的方式自由地设计和部署网络，使网络更加灵活，便于实时管理。

POF 有三大特性：目标平台独立、转发协议独立、编程语言独立。数据平面的网络设备不再和网络协议挂钩，网络的行为完全由控制平面负责。也就是说，交换机不用关心复杂的协议，就能完成对数据的处理。这样一来，即使出现了新的协议，底层网络设备也不用像原先那样必须进行硬件更新迭代，这将极大地加快网络的创新速度。

（1）POF 架构

POF 最开始的设计思路来自计算机设计思想的启发，可以把 POF 架构和计算机架构作对比，如图 2-9 所示。POF 上层服务对应计算机的上层应用，POF 的控制器对应计算机的操作系统，POF 的转发元素对应计算机的 CPU。

和计算机一样，POF 只需关心最底层的数据操作，无须关心具体的协议语义。参考计算机操作系统的基本架构，POF 的控制器和操作系统一样，也为上层提供丰富的接口，为下层发送通用指令集，数据平面只管执行的动作，不管具体动作背后代表的应用和协议。

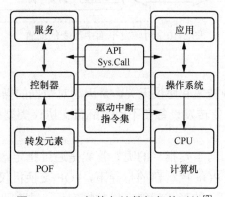

图 2-9 POF 架构与计算机架构对比[7]

在 POF 架构中，管理人员首先需要使用 UI 配置协议和设定元数据（存放不同协议的字段）。其次，将协议和元数据存入协议库。不同的是，元数据由控制器直接存入协议库，而协议是以 POF 特有的{类型（type），偏移量（offset），偏移长度（length）}形式存入协议库，因为使用这种形式能巧妙地避开具体的协议，使最后的转发动作与协议无关。最后是对转发平面中流表的配置，如图 2-10 所示，一般有 3 种流表配置方法。

- 由控制器配置。
- 通过 OpenFlow 通道下载到指定设备。
- 通过控制器上的图形用户界面（GUI）手动配置。

在配置流表时，可以参考协议库来确定流表项的匹配字段和指令。如果匹配的时候出现多层协议的多个字段，则需要引入元数据来解决这个问题。

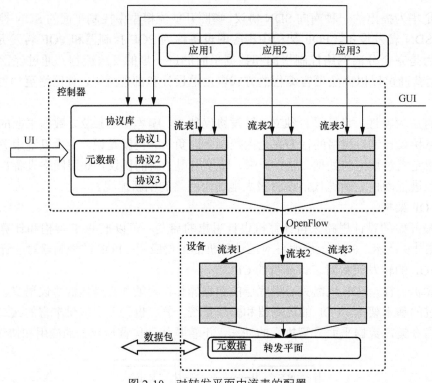

图 2-10　对转发平面中流表的配置

（2）POF 指令

POF 技术之所以能实现转发和协议无关，是因为对数据的操作采用了通用流指令集，转发业务完全由控制器控制，使转发设备在不用了解报文协议类型的情况下，也能执行相应的操作。

那么 POF 控制器又是如何下发指令的呢？答案是通过指定数据的偏移和长度。由于 POF 交换机没有协议的概念，在 POF 控制器的指导下，POF 交换机仅通过{类型（type），偏移量（offset），偏移长度（length）}的形式就能完成数据定位、表项匹配和动作执行。

- 类型（type）：操作字段类型。POF 的操作对象可以是数据包本身，也可以是元数据。
- 偏移量（offset）：操作字段相对分组处理指针位置的偏移量，即指定了操作字段的起始位置。

- 偏移长度（length）：指定操作字段的长度。

写成代码的形式如下。

```
field {
    type;
    offset;
    length
};
```

在图 2-11 中，A、B、C 表示 3 个协议字段，a、b、c 表示字段长度，单位为字节，数据包类型为数据包本身（类型为数据包本身时 type 为 0），则 A、B、C 分别表示为 A{0, 0, 8a}、B{0, 8a, 8(b−a)}、C{0, 8b, 8(c−b)}。

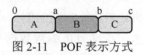

图 2-11　POF 表示方式

又因为 POF 的指令集 Instruction 也是协议无关的，所以通过{类型（type），偏移量（offset），偏移长度（length）}的形式可以完成一些 OpenFlow 协议无法完成的动作。POF 拥有"增、删、改、查"和"与、或、非"等基本操作指令，再由这些基本操作指令相互组合就能完成复杂的动作，操作范围比较广。

例如 POF 中匹配和跳转指令如下。

```
Goto-Table {
        next_table_id; /*下一个表的名字*/
        packet_offset; /*数据包的偏移量*/
        match_field_num; /*匹配字段的个数*/
        fields_array[];/*要匹配的字段*/
}
```

POF 的 Goto-Table 指令与汇编语言的地址跳转有些类似，都是指向指令要执行的地址。这是因为设计 POF 的时候就是定义平台独立的底层指令集，复杂的操作都可以通过组合低级指令来实现，这就使其对设备的操作空间很大，可实现的功能很多。

（3）POF 和 P4 语言

和 P4 语言一样，POF 也是针对 OpenFlow 的不足而设计的。随着 OpenFlow 的版本从 1.0 到 1.3，网络协议越来越多，匹配域从 12 个增加到了 40 个。如果按这个趋势发展下去，协议越来越多，匹配域越来越长，网络设计越来越复杂。SDN 将紧密耦合的数据平面和控制平面分离，极大地增强了控制平面的编程能力，但对数据平面并没有太多的考虑，使这种分离变得不彻底。

对于这个问题，P4 语言和 POF 都有自己的解决方案。P4 是一种数据平面的高级语言，用户使用 P4 语言对底层网络设备进行编程，再通过南向接口协议就可以设计自己想要的功能。虽然 POF 最终实现的功能与 P4 语言类似，但是实现方式有本质区别。简单来说，P4 定位是数据平面的语言，主要通过数据平面的高级语言编程实现转发设备的逻辑，从而实现用户自定义的功能，而 POF 定位和 OpenFlow 一样，可以看作强化版的 OpenFlow，采用通用指令集的方式实现数据转发和协议无关。

3. 可编程数据平面的发展趋势

POF 为以 OpenFlow 为代表的南向接口协议打开了新的思路和方法。但是如果希望 POF 更快地被人接受，就应该考虑与 OpenFlow 的兼容问题。事实上，任何新的产品和技术都需要考虑兼容的问题。另外，还有商业因素，假设 POF 能逐渐接替 OpenFlow 成为新的网络体系架构，那么正如 OpenFlow 模型和 SDN 架构取代传统网络架构一样，会有一个过渡期。开始的时候，业内人士和生产商不一定会看好一项新的技术。尤其对于企业来说，一项新技术可能会影响旧技术所带来的效益。新的技术只有被广泛接受并证明了商业价值后，才能被广泛部署。OpenFlow 和 SDN 在推广初期并不顺利，POF 也将不外如是，POF 的推广还有很长的路要走。

P4 语言解决方案和 POF 解决方案都是为了解决数据平面编程能力不足而产生的，功能相似，在模型和概念上却有很大不同，在功能实现的侧重点上也有不同。但有一点毫无疑问，P4 语言和 POF 都是很有前景的技术，推动着可编程数据平面和新型网络体系的发展。

目前，华为正积极地将 POF 技术与开源控制器相结合，同时又参与了开源组织 P4 语言联盟的 P4 语言标准化工作，持续地在 SDN 领域中探索创新。POF 能否成为开放可编程数据平面倡导的下一代 SDN 的基础和核心，我们拭目以待。

2.3 网络感知技术

新型网络技术的诞生，使用户能够自己设计网络的架构和编写自己想要的网络功能。但是研究人员似乎还不满足于此。一方面，网络的运行必须时刻处于被监管的状态。如果网络出现了故障，网络应该具有查错和纠错的能力。另一方面，网络需要足够智能，能进行自我学习和自我管理，自主地完成数据网络中心的运维工作，进而解放更多的网络管理人员。为了实现这些需求，对网络状态的感知是先决条件。

怎样才能了解网络的状态呢？对网络进行监测是了解网络状态的一个很好的途径，下文要介绍的流采样技术（sFlow）就是一个针对设备端口进行流量监测和采样的方法。不过由于 sFlow 只能监测端口，无法知道网络链路上的状态信息，因此带内网络遥测（INT）技术被提了出来。利用 INT 技术，在数据包转发的过程中，网络管理人员能对网络链路中的出入端口、队列长度、网络利用率等多种信息进行收集。为此，还需要 DPI 技术，DPI 技术能帮助网络管理人员分析每个数据包背后所代表的具体内容。接下来将对这 3 种技术进行具体的介绍。

2.3.1 sFlow

网络流量有时候会出现异常，例如在某一瞬间流量爆炸性增长。为了保证网络的稳定性，网络管理人员需要及时地发现异常流量的位置或攻击流量的来源。因此，网络管理人员希望存在这样一种技术，能够对设备的端口进行采样，从而实时监控流量的状况。sFlow 就是这样的采样技术。

sFlow 全称为 Sample Flow，是 2001 年由 InMon、HP 和 FoundryNetworks 联合开发的一套网络监测工具。sFlow 通过随机对数据流进行采样，从而实现对网络中的 L2～L4 层，甚至整个网络范围内的流量信息进行取样分析，并可视化地呈现在网络管理人员的面前。

sFlow 是一种可扩展技术，通过 sFlow，网络管理人员可以测量、收集、存储流量，获得流量的路由视图，对网络流量传输的性能和使用进行准确、实时、详尽的分析，及时发现流量中的问题。sFlow 的成本低，且不需要额外的内存和 CPU 占用，不会对网络本身造成很大的负担，也不会影响到网络设备的性能，所以在交换机和路由器等网络设备中有着广泛的应用。sFlow 技术已经成了一种行业标准，越来越多的设备供应商生产支持 sFlow 的产品。

1. sFlow 原理

sFlow 代理和 sFlow 采集器如图 2-12 所示，整个 sFlow 系统由两部分组成，一部分是内嵌于交换机或者路由器等转发设备内部的 sFlow 代理，另一部分是作为 sFlow 核心的 sFlow 采集器。sFlow 代理通过特定技术从网络设备中实时获取流量信息，并将合成的 sFlow 报文发送至 sFlow 采集器中进行分析，进而生成流量的可视化图表，从而使网络管理人员能够清晰地了解当前网络的流量状况。

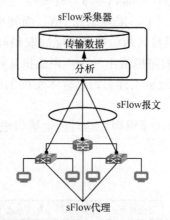

图 2-12 sFlow 代理和 sFlow 采集器

如图 2-13 所示，sFow 代理是嵌入交换机和路由器等转发设备内部的一个软件，属于网络设备内部管理软件的一部分。交换机和路由器的专用集成电路（ASIC）芯片会对数据包进行采样，并记录与被采样数据包有关路由表的条目状态。然后 sFlow 代理将采样所得的流样本及接口计数器收集到的信息组合成 sFlow 报文，并发送给 sFlow 采集器。一般来说，sFlow 代理很少对数据包进行处理，只是将数据打包好，形成 sFlow 报文，然后马上发送出去。这也是 sFlow 技术的优势，能够尽可能减少 sFlow 代理对内存和 CPU 的占用。

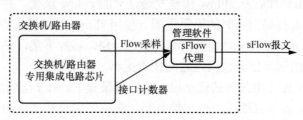

图 2-13 嵌入交换机/路由器中的 sFlow 代理

sFlow 报文采用 UDP 封装，默认的目的端口号为 6343。sFlow 报文首部格式有 4 种，分别是流样本、扩展流样本、计数器样本、扩展计数器样本。其中扩展流样本和扩展计数器样本是 sFlow version5 新增的内容，分别是 Flow sample 和 Counter sample 的扩展，但只能前向兼容。另外，所有扩展的采样内容都将被封装在扩展采样报文首部中[8]。sFlow 报文格式如图 2-14 所示。

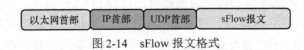

图 2-14　sFlow 报文格式

sFlow 有两种采样方式，如图 2-15 所示，分别是 Flow 采样和 Counter 采样，网络管理人员可以从不同的角度对网络状态进行采样分析。

在 Flow 采样中，sFlow 代理在某个特定端口上根据指定的采样方向和采样比对报文进行采样分析，分析后的结果通过 sFlow 报文发送到 sFlow 采集器。Flow 采样包括固定采样和随机采样两种方式[8]。固定采样是在设备上启用一个初始值为 N 的计数器，每当接口处理一个报文时，计数器就减 1。每当计数器归零时，就采样一次报文，同时计数器又重新置 N，一直重复这样的过程。在这种方式下，采样比为 $1/N$。而随机采样方式是给需要被接口处理的报文分配一个 $0\sim N$ 之间的随机数（两边端点均能被取到），再设定一个阈值 n（n 的大小范围为 $0\sim N$），如果报文被分配的随机值小于 n，则该报文将被采样，重复此过程。在这种方式下，采样比为 $n/N+1$。由于随机采样更符合样本空间的统计规律，因此目前 Flow 采样多选择随机采样方式。

而在 Counter 采样中，sFlow 代理周期性地对指定端口进行流量统计，统计结果以 sFlow 报文的形式被发送给 sFlow 采集器。

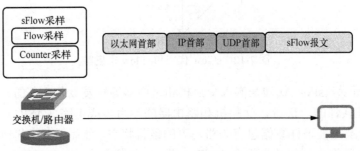

图 2-15　sFlow 采样方式

2．sFlow 优点

sFlow 采集器不断地接收从 sFlow 代理发送过来的 sFlow 报文，并对 sFlow 报文进行分析，从而为网络管理人员提供实时的流量视图。使用 sFlow 有以下优点。

- 准确性。由于 sFlow 采样时通过网络设备的 ASIC 芯片采集，采集简单且在硬件中执行，所以测量的误差比其他网络监测技术更小。
- 详细性。sFlow 报文中包含的信息很完整，可采集 L2～L7 层的流量信息。
- 扩展性。sFlow 有良好的适应性和扩展性，在不同规模和速度的网络上均有很好的表现。sFlow 能监视 10Gbit/s、100Gbit/s，甚至更高速率的网络，每个 sFlow 采集器都可以对上万个设备进行监视分析。
- 低成本。sFlow 代理是嵌入网络设备管理的软件，部署容易，不会对网络设备本身产生较大的负担。
- 及时性。sFlow 代理不处理数据包，源源不断地把数据包发给 sFlow 采集器，这使网络管理人员能得到实时的流量信息，对网络管理人员做出及时有效的判断极为重要。

3. sFlow 应用

随着网络业务的发展，上层应用对网络的依赖也越来越深，有时候，即使是网络中的微小变化，也可能对整个网络业务造成巨大的影响。sFlow 对网络流量的实时可视化操作，使其受到越来越多企业的青睐，使网络的管理方式有了很大改进。sFlow 可以被应用在以下几个方面。

（1）异常流量监测和跟踪分析

网络有时候会产生异常流量，例如在被攻击的时候，如果能持续跟踪监测异常流量，就能有效地防止网络攻击，甚至找到异常流量的源头。而 sFlow 恰好具有实时准确地监测网络的功能，利用 sFlow 能使网络中的流量以可视化的方式实时准确地展现在网络管理人员面前，使其对网络中出现的问题进行快速识别、诊断和排除。

（2）拥塞控制

通过对所有端口流量的连续监视，sFlow 能显示出拥塞的链路。根据 sFlow 显示的信息，网络管理人员就能对网络的带宽、速度、优先级进行调整，从而达到控制拥塞的目的。

（3）路由分析

sFlow 报文中包含着数据链路层、IP 层和传输层的协议首部，这些首部里面包含着路由转发信息。网络管理人员可以通过这些路由转发信息分析出流在网络中的转发和分布情况，然后进一步尝试优化路由和改善网络性能。

（4）计费

由于 sFlow 能对流量进行实时准确监控，因此通过 sFlow 反映的流量情况对客户进行流量收费是一种合理且公平的做法。另外，sFlow 还能提供实时的流量可视化视图，视图可以转化为客户使用流量的明细，方便运营商和客户进行查询、校对和核实。

基于 sFlow 对网络实时、精确、范围广的流量测量和采集效果，sFlow 已经在现有网络设备中得到了广泛的部署。

2.3.2 INT

不同于 sFlow 技术，INT 技术是一种新型的网络感知技术。本节对 INT 的原理、优缺点和发展趋势进行简单的介绍。

1. INT 简介

在介绍 INT 之前，我们需要先了解什么是网络遥测。对网络管理人员来说，网络在运行时处于一种黑盒的状态，所以网络管理人员无法得知网络在运行中的具体情况。网络管理人员既无法通过正常网络现有的运行规律预测出接下来网络运行的态势，也无法在网络发生故障时，迅速地定位故障发生点，并采取及时有效的措施。网络遥测，顾名思义，就是通过某些方法对网络进行测量。它是一种新的快速故障排除技术,能够监测故障并隔离故障,按照网络的状态整合数据,并将这些数据信息推送到监控设备上。由网络遥测所收集的网络数据具有很强的时效性,因此很多数据中心已经部署了网络遥测技术。

网络遥测有两种:带外网络遥测(ONT)和带内网络遥测(INT)。常用的 Ping 命令实际上是一种 ONT 技术。Ping 命令通过监控装置向网络发送检测消息,收集网络链路的状态信息,根据信息判断网络故障。由于 ONT 的高效性,其在数据中心得到了广泛的应用。前面提到过,sFlow 技术也能对网络流量采样并推送,但 sFlow 是按一定的采样比采样,相比之下,ONT 收集的数据更为全面,更能反映网络的原始面貌,而且 ONT 收集到的数据不用像 sFlow 收集的流量数据那样需要进行二次加工。

但是 ONT 方法本身有一些缺陷。首先,ONT 引入了额外的探测报文,虽然少,但是不可避免地会对网络本身造成一定影响。其次,对于探测报文,用户只能确定其源和目的地址,而不能确定其在传输时的路由路径。网络本身是错综复杂的网状结构,端和端之间往往存在着不止一条路径。探测报文在网络中会选择某一条路由向前转发,收集自己走过的那一段链路的网络状态信息,而端和端之间其他链路的信息仍是未知的。这样一来,即使网络中出现了故障,ONT 也可能发现不了。另外,ONT 所能探测的业务流量类型有限,比如在隧道、组播等业务的流量探测上表现不是很好。

虽然 ONT 技术有许多缺陷,但它目前仍然被广泛使用,因为和其他技术相比,ONT 还是一个高效准确的网络监控可视化技术。为了克服 ONT 的弊端,Barefoot、Arista、Dell、Intel 和 VMware 联合提出了 INT 技术。INT 技术在数据平面收集和报告网络状态信息,整个过程不需要控制平面的参与。INT 的采样方式叫作镜像采集,意思就是,INT 的数据是原始数据包中数据的复制。这样做有两个好处,第一,数据采集过程不需要外界介入,从而不会对网络造成额外的负担和资源的浪费;第二,由于 INT 数据是根据数据包的传输路径收集的,收集的是数据包所经过网络链路上的网络状态信息,这样也不用考虑 ONT 中的不同业务流量问题,以及 ONT 探测报文存在"另辟蹊径"的问题。INT 能很好地弥补 ONT 的缺陷,真正地实现流量实时准确的可视化。

2. INT 原理

可编程数据平面的出现为 INT 技术的发展带来了契机,依托可编程数据平面,用户可以通过编程的方式自由地定义数据包在网络中的处理方式。因此,只需预先在数据平面的转发设备上设计好对数据包的采样方式,数据包在经过数据平面时就会自动地收集网络状态信息。

数据包在网络中转发的时候会经过多个交换机,在 INT 中可以把这些交换机分为 3 类:数据包经过网络中的第一个交换机(称为 INT 源节点)、数据包经过网络中的最后一个交换机(称为 INT 汇点)、数据包在网络内部的其他交换机(称为 INT 中继)。

INT 原理如图 2-16 所示,当数据包进入网络到达 INT 源节点时,交换机会根据预先设置好的采样方式镜像采样数据包,并在数据包中封装 INT 头部和 INT 指令。INT 头部用来存放 INT 数据包的一些必要信息,例如 INT 数据包长度、协议类型等,而一个拥有 INT 头部的数据包才可以被称为 INT 数据包。利用 INT 技术,用户可以通过数据包在网络传输的过程中收集到的各种状态信息。但具体哪些信息是数据包需要收集的,则由 INT 指令来指定。在 INT 指令后面就是 INT 元数据。INT 元数据是根据 INT 指令的要求,在 INT 源节点上收集到的网络状态信息元数据（如链路利用率、队列长度、时间戳等网络状态信息）。元数据收集完毕后，数据包就被转发至中间的 INT 中继。

数据包在网络中间部分的 INT 中继时，除了正常地转发，只需要按照在 INT 源节点中设定的 INT 指令，收集相应的 INT 元数据即可。新收集到的 INT 元数据附在前一个交换机的 INT 元数据后面。之后数据包继续正常转发，直至网络中的 INT 汇点。

INT 汇点是 INT 过程中的最后一个交换机，数据包和在之前的交换机节点一样，按照 INT 指令规定收集相应的 INT 元数据，并附在上一个 INT 元数据的后面。当所有的 INT 数据收集完成后，INT 汇点会拆除 INT 头部，并将其收集到的数据信息以 gRPC 报文形式发送给后端的监控服务器，数据在经过解析后便以可视化的方式展现在网络管理人员面前，以便网络管理人员进行相关分析和操作。

至此，INT 收集数据结束，所有的 INT 内容从数据包上剥离出来，原始的数据包并没有发生任何改变，也就是说 INT 技术并不会影响网络中原有数据包的形式及正常的转发。

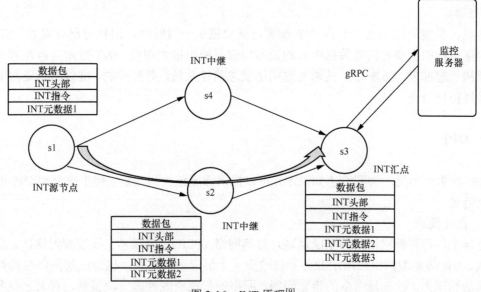

图 2-16　INT 原理[9]

通过上面的介绍，我们已经了解了 INT 技术的基本原理，那么 INT 到底能收集网络链路中的哪些信息呢？常用的 INT 元数据如下。

- 交换机 ID：用于区分不同交换机的唯一标识。
- 入口端口号：INT 数据包进入交换机的端口号。
- 入口时间戳：INT 数据包进入交换机的时间。
- 出口端口号：INT 数据包离开交换机的端口号。
- 出口时间戳：INT 数据包离开交换机的时间。
- 队列长度：交换机内部的缓存区中排队等候处理的数据包个数。
- 数据包长度：网络中数据包的长度。

像这样的 INT 元数据还有很多，在平时使用时，只需选择想要收集的网络状态信息，并在 INT 指令中进行定义即可。这里的元数据内容和 P4 语言的元数据相同，所以用 P4 语言对数据平面的 INT 交换机进行编程是实现 INT 技术的常见手段。

3. INT 趋势

基于 INT 本身的优势，再结合新一代网络架构和可编程数据平面的浪潮，INT 很有可能取代 ONT 成为数据中心新一代网络监测技术的霸主。虽然 INT 已经被提出很多年了，但真正开始落地并不久。

新技术的产生往往有一个试验期和过渡期，INT 也一样。一方面，要实现 INT 技术，必须要有支持 INT 数据转发的芯片，通过芯片转发就不需要额外的 CPU 资源。目前，很多主流的交换芯片已经支持 INT 技术。另一方面，根据我们在 INT 原理中所介绍的，INT 数据包需要经过多个交换机，并从交换机获得相应的网络状态信息，也就是说，只有网络中的所有交换机或者其他设备都支持 INT 技术，且每个设备都有自己唯一标识的 ID，才能在数据网络中心实现大规模 INT 监控。这就意味着整个数据中心的设备都需要进行升级或更换，这个巨大的工程既需要大量的人力物力，又需要考虑设备更换期间的兼容性问题，以及对整体网络的影响。

所以，要实现完全意义上的 INT 部署还需要很长一段时间，但目前已有成效。SDN 等新型网络架构的出现也需要数据中心的设备和部署做出很大调整，INT 技术可以伴随着新型网络架构一起部署。部署 INT 技术支撑网络状态监控系统，更有效的、准确的且资源节约的网络管理指日可待。

2.3.3 DPI

DPI 技术作为另一种网络感知技术，可以提供深度包检测功能。接下来介绍 DPI 的原理及发展趋势。

1. DPI 简介

近年来，各种新网络业务不断涌现，对等网络（P2P）、流媒体、视频聊天软件、在线联机游戏、VR 等新型网络应用层业务不仅改变了上层应用的模式，也给底层网络架构带来了新的挑战和压力。首先是网络的带宽问题，网络的带宽资源就像一块蛋糕，有人分得多就有人分得少，每个人都希望自己在游戏和聊天时的时延低，在看视频时不卡顿，下载视频时越快越好，甚至希望自己能占用整个带宽资源。以 P2P 业务为例，P2P 下载资源的速度非常快，为此一直受到广大网友的青睐。然而，P2P 也带来了很多问题，下载速度快就意味着占用了大量的带宽资源，P2P 对宽带的吞噬性有可能造成网络拥塞，降低网络性能，影响其他正常网络业务的运行。其次是网络的安全和监管问题，还是以 P2P 为例，P2P 架构使信息节点分散且无主从之分，这样的架构很容易扩展却不容易受到监管。另外，再加上现在一些伪装、隧道等技术，使网络的监控变得更加困难。如何建立一个可控可管的网络成为运营商首要考虑的问题。

DPI 是针对普通数据包的一种新型检测技术。为了更好地学习和了解 DPI 技术，我们首先应该了解"深度"的含义。传统网络的 OSI 七层模型从下到上分别是：物理层、数据链路层、网络层、传输层、会话层、表示层、应用层。传统的网络管理对数据包的检测一般停留在 OSI 七层模型的下面四层，主要包括检查数据包的源和目的地址、源和目的端口以及相关的协议类型等。但是这样的检测是不全面的，一方面，如果业务能不断地变换 IP 地址，就能逃过网管系统的封锁；另一方面，数据包也可以通过在应用层做一些改动，从而绕过网管系统的监测。以网络端口为例，每个应用程序都需要一个端口才能与计算机进行信息交互，而计算机上为程序准备了大量的端口，这些端口有的是保留的，有的是允许用户自己使用的。对于保留的合法端口，在经过隧道技术封装后，业务就能通过这个端口。例如，互联网电话语音数据能利用隧道封装后通过 80 端口（80 端口是专门用于超文本任选协议（HTTP）网页浏览开放的端口）。还有一类是用户能够自行设定端口的业务，由于传统网络管理不对应用层进行检查，使用这些端口的业务也能自由通过封锁。

所以，"深度"的意思就是比传统的数据包检测技术能进行更细致的检测。DPI 技术不仅检查 OSI 四层以下的内容，同时也检查上三层的数据。

2．DPI 原理

DPI 能有效地针对网络上的各种应用做出相应的识别，在对网络 OSI 模型应用层的数据内容进行分析后，会根据匹配特征后的结果，识别和判断出相应业务的种类或者应用的类型。下面介绍 DPI 技术，了解 DPI 究竟是如何更加细化地甄别不同的业务和应用。

（1）基于"特征字"的识别技术

不同业务的数据包在网络中传递时，都必须符合一定的规则，这个规则就叫作协议。目前，随着新业务的产生，网络上新的应用层协议也层出不穷。各种各样的业务往往需要各自对应的协议，而各自的协议又有各异的"特征字"。"特征字"就是数据中的特征，用以区分不同协议的字段，就好像人的指纹一样，每个人的指纹都是唯一的，属于人与人之间不同的特征，所以能用指纹来区别个体。同样，通过分析数据报文中的"特征字"就能识别出不同协议，进而分析出数据报文所代表的业务内容。这些"特征字"可能是特定的端口，也可能是特定的字符串或者比特序列。以端口号为例，80 端口是 HTTP 使用的，80 端口就是 HTTP 的"特征字"；21 端口是文件传输协议（FTP）使用的，21 端口就是 FTP 的"特征字"。

网络中用不同的端口区分不同的应用程序，而 DPI 要做的是把这种"特征字"的检测方法升级和扩展，使其能对新协议进行检测。例如，BitTorrent 协议在握手通信的时候总是先发送数字"19"+字符串"BitTorrent protocol"，那么"19BitTorrent Protocol"就是 BitTorrent 协议的"特征字"。如果应用层数据能检测出字符串"19BitTorrent Protocol"，就说明数据背后的业务使用了 BitTorrent 协议，从而推断出这个业务可能和种子文件相关，可能会占用较大的带宽资源，然后就能对该业务做进一步响应，例如暂停或者拒绝。

（2）应用层网关识别技术

很多情况下，应用层业务的控制流和业务流是分离的。以 TCP 为例，控制流负责握手，确定业务的通信端口，形成通信的通道，然后开始发送业务流携带的应用数据。通常情况下，这种业务流没有明显的"特征字"，不太容易对业务种类进行判断。所以这时候 DPI 应该优先寻找控制流，然后根据控制流包含的协议解析出通信的端口、网关等信息，从而确定业务流所代表的业务。以 H.323 和 SIP 为例，H.323 协议是计划将分组交换的 IP 电话作为电路交换的传统电话协议，而 SIP 则认为 IP 电话只是网络上的一个应用。这两者的业务相同（都是语音业务），且媒体传输协议均为 RTP，所以两者的业务流都是以 RTP 格式封装的语音流，如果直接对业务流进行检测是无法区分的。在这种情况下，应该检测它们的控制流，分别分析出 H.323 和 SIP 在通信连接建立时的端口、网关地址等相关信息，这样就可以获得业务的完整信息，将两者区分开来。

（3）行为模式识别技术

针对没有办法由协议判别的业务，往往采用行为模式识别技术。行为模式识别技术是根据用户正在进行的动作或者已经完成的动作进行建模，之后根据模型对未来业务的种类进行判断和划分。最典型的例子就是判断垃圾邮件，垃圾邮件外表和正常邮件没有任何区别，在用户没有阅读信件具体内容之前是无法直接区分的。但是通过大量的邮件可以进行垃圾邮件的模型构造，利用邮件的一些特征，如邮件地址来源、收到邮件的间隔作为模型的参数，并对参数进行一定的优化，就能利用模型决策出"收到的邮件是否为垃圾邮件"。这个思路和机器学习十分类似，在机器学习中，经常使用朴素贝叶斯等算法对垃圾邮件进行分类。

3．DPI 发展趋势

传统的网络管理一般只能对数据包的下四层进行检测，通过分析数据包的以太网首部、IP 首部和 TCP/UDP 首部来确定数据包的源地址、目的地址和协议号，对应用层的数据却一无所知。而 DPI 能够有效地检测出数据包应用层的负载内容，对甄别不同类型的软件和阻挡恶意软件有了质的提升。随着人类对网络应用的需求在多样性和实时性上的不断上升，运营商对网络的监管和控制必须进一步加强，这样才能给用户更好的网络体验，而 DPI 就是一个不错的选择。DPI 能对应用程序进行识别和分类，网络管理人员就可以根据 DPI 得到的反馈，合理地进行资源分配。例如，在网络性能不佳时，可以通过 DPI 的分析，找出占用资源过多的应用，并加以限制；等到网络通畅了，再恢复这项应用的正常运行。

虽然很多企业或者运营商逐渐将 DPI 作为自己网络管理的重要手段，但是实现情况并没有想象中的那么乐观。首先，DPI 从应用层数据中分析出有关信息时，会涉及复杂的计算，比如搜索"特征字"时用了匹配算法，以及对后续大量数据的处理等，这些都要消耗较高的算力，造成额外的开销。在近些年计算机的性能和计算能力得到快速提升后，DPI 才开始更好地发挥作用。其次，虽然 DPI 在数据包的检测上功能很强大，但是也存在潜在的安全性问题，比如 DPI 检测应用层数据时不可避免地涉及一些用户的隐私问题。另外，在目前的 DPI 市场上，并没有一个很好的 DPI 技术标准，各种 DPI 技术也层出不穷。在运营商和企业内部，由于前期对网络可视化和应用管理方面不够重视，现在网络管理方面有些混乱，有的地方存在重复部署的问题，有的地方只能在网络节点处修修补补，这样一来，网络管理系统的高效性和兼容性都会大打折扣。

SDN 的出现给了 DPI 一个新的机遇，如果能将 SDN 和 DPI 有机结合在一起，DPI 将在 SDN 架构中发挥出更大的作用。作为一种数据包过滤技术，DPI 能有效地识别病毒、垃圾、入侵等数据包类型。如果能与 SDN 联合，不但提升了网络的安全性，而且能实现网络的集中管理，实现流量和策略的统筹安排，而不是现在的各个设备单独安装 DPI "各自为政"。另外，SDN+DPI 的设计还在网络大数据处理方面崭露头角。网络管理离不开大数据分析，在收集数据时，对数据的数量和种类都有很高要求，在数据的分析和运用时也要求实时准确，而 DPI 本身就有很强的数据收集和分析能力，比如之前提到的 DPI 行为模式识别技术中的建模。SDN+DPI 的实现将进一步提高网络自身的安全性，在建设网络自动化、智能化过程中迈出重要的一步。

2.4 DPU 和智能网卡

2.4.1 DPU

多年来，CPU 一直是大部分计算机中唯一的可编程元器件。然而，人们对计算的需求呈爆发式增长，CPU 性能增长的成本急剧上升。因此，近年来图形处理单元（GPU）凭借其出色的计算能力，在人工智能和大数据分析等领域，承担了许多重要的计算任务。过去的 10 年中，计算已不仅仅局限于个人计算机和服务器内，CPU 和 GPU 被广泛地应用于各个新型超大规模数据中心。在此背景下，各种专用计算芯片陆续登上历史舞台。其中，数据处理单元（DPU）将数据中心连接在一起，成为了继 CPU 和 GPU 后，以数据为中心的加速计算模型的第 3 个计算单元。

DPU 是一种新型可编程处理器，承担了 CPU 卸载引擎的任务，从而给 CPU "减负"。也就是将 CPU 处理效率低且 GPU 处理不了的负载卸载到专用 DPU，从而提升整个计算系统的效率。其中，DPU 主要处理网络数据和输入/输出（I/O）数据，并提供带宽压缩、安全加密、NFV 等功能。虽然这些功能是离大部分普通用户每日所感知的各种应用较远的功能，但却是实现更高效、更可靠、更实时的日常应用功能的重要保障。

DPU 结合了行业标准、高性能且可编程的多核 CPU、高性能网络接口，以及各种灵活和可编程的加速引擎，使其不仅能以线路速率或网络中的可用速度解析、处理数据，并高效地将数据传输到 GPU 和 CPU，还可以卸载人工智能、安全、电信和存储等应用，并提升其性能。此外，DPU 还具备控制平面的功能，能够运行 Hypervisor，从而更高效地完成 I/O 虚拟化、网络虚拟化、存储虚拟化等任务，彻底将 CPU 的算力释放给应用程序。DPU 的这些功能对于实现可靠的、裸性能的、原生云计算的下一代云上大规模计算至关重要。

此外，DPU 还可以用作独立的嵌入式处理器，但通常被集成到智能网卡（SmartNIC）中。

2.4.2 智能网卡

在现代化的大规模数据中心里，网络流量快速膨胀，随着摩尔定律逐渐达到极限，一般用途的 CPU 处理能力不能有效地匹配网卡网口速率，造成了 CPU 负载过重、系统整体效能降低等问题。为了解决这一问题且提高数据中心的资源利用率，出现了一种集成了可编程网络功能加速器的 SmartNIC，它可以从 CPU 上卸载与网络数据包处理、存储、加密、热迁移等相关的特性，以此减轻 CPU 的负荷，使 CPU 处理能力与网口速率相匹配。

SmartNIC 可以通过 PCIe 接口与主机服务器相连接，由于 SmartNIC 配置了可编程网络功能加速器和存储器，它具备可观的计算和存储能力来卸载网络数据包相关特性，进而能够释放主机 CPU 的时钟周期，以用来处理其他 CPU 密集型进程，节约了 CPU 的计算资源和数据中心的电力消耗（单台服务器的电力消耗比 SmartNIC 要大），有效地提高了数据中心的资源利用率和经济效益。

目前的 SmartNIC 可编程引擎通常由专有软件提供，这些软件卸载了一些众所周知的协议和功能，其可编程性不暴露给第三方用户，这使 SmartNIC 功能能够快速适应新需求，无须等待传统网卡硬件所经历的相对漫长的适配周期，同时这一过程主要与特定供应商的利益互相绑定，这表现在 SmartNIC 通常只提供众所周知的功能，如防火墙功能卸载、虚拟交换机卸载等。

然而，卸载固定功能很难满足现代动态和快速变化的应用程序需求。因此，最近越来越多的企业开始开放可编程引擎，向用户提供定制 SmartNIC 软件的能力。SmartNIC 通常采用专门的网络处理器或现场可编程门阵列（FPGA）作为可编程引擎，相对于传统固定网络功能的网卡来说成本上升了许多，但是 SmartNIC 开放的灵活可编程能力能够更好地适应特定领域的抽象编程，使数据中心网络在各种场景下的吞吐量得到保证。

2.5 总结

本章深入探讨了智能网络的基础设备，主要涵盖了 SDN、NFV 和可编程数据平面等核心技术。SDN 通过分离控制平面与数据平面，实现了网络的集中控制和灵活管理，为智能网络的实现奠定了技术基础。NFV 则打破了传统硬件限制，使网络功能虚拟化成为可能，降低了运营成本并提升了系统的可扩展性。此外，可编程数据平面技术允许用户灵活定义网络数据处理逻辑，实现了网络的深度定制和协议无关的灵活性。通过对这些新型网络技术的详细介绍，本章展示了智能网络在灵活性、可扩展性和控制效率上的巨大进步，为后续章节中介绍的网络应用提供了技术支持。

参考文献

[1] KREUTZ D, RAMOS F M V, VERÍSSIMO P E, et al. Software-defined networking: a comprehensive survey[J]. Proceedings of the IEEE, 2015, 103(1): 14-76.

[2] ARBETTU R K, KHONDOKER R, BAYAROU K, et al. Security analysis of OpenDaylight, ONOS, rosemary and ryu SDN controllers[C]//Proceedings of the 2016 17th International Telecommunications Network Strategy and Planning Symposium (Networks). Piscataway: IEEE Press, 2016: 37-44.

[3] MCKEOWN N, ANDERSON T, BALAKRISHNAN H, et al. OpenFlow[J]. ACM SIGCOMM Computer Communication Review, 2008, 38(2): 69-74.

[4] MIJUMBI R, SERRAT J, GORRICHO J L, et al. Management and orchestration challenges in network functions virtualization[J]. IEEE Communications Magazine, 2016, 54(1): 98-105.

[5] BOSSHART P, DALY D, IZZARD M, et al. Programming protocol-independent packet processors[J]. ArXiv e-Prints, 2013: arXiv: 1312.1719.

[6] 杨泽卫, 李呈. 重构网络: SDN 架构与实现[M]. 北京: 电子工业出版社, 2017.

[7] SONG H Y. Protocol-oblivious forwarding: unleash the power of SDN through a future-proof forwarding plane[C]//Proceedings of the Second ACM SIGCOMM Workshop on Hot Topics in Software Defined Networking. New York: ACM, 2013: 127-132.

[8] 黄韬, 刘江, 魏亮, 等. 软件定义网络核心原理与应用实践[M]. 3 版. 北京: 人民邮电出版社, 2018.

[9] KIM C, SIVARAMAN A, KATTA N, et al. In-band network telemetry via programmable dataplanes[C]//ACM SIGCOMM. 2015, 15: 1-2.

第 3 章 机器学习

人工智能旨在发掘计算机的计算能力,使其能够模拟人的思维,解决时间、空间复杂度较高的问题。人工智能在演进过程中曾经面临诸多的技术难题,甚至一度陷入瓶颈,机器学习的兴起给人工智能的发展注入了新的活力。机器学习的目的在于使机器获得一种自主学习的能力,而机器学习算法使机器可以利用输入数据进行自主学习。对于给定的任务,算法的性能会随着模型对于经验数据的分析而变得越来越好。

3.1 人工智能与机器学习发展概述

人类对于人工智能的探索已经有相当长的历程,20 世纪后半程在很多影视作品中已经可以看到人工智能的影子,如拟人机器人等。2015 年以来,得益于 GPU 的广泛使用,人工智能的发展进入爆发期。机器学习是一种实现人工智能的方法,机器通过其来解析数据,并从中学习做出相应的决策和反馈。

3.1.1 人工智能的提出和发展

早在计算机出现之前,希尔伯特在 1900 年提出的 23 个数学未解难题中就存在和人工智能联系密切的问题。但由于当时技术条件有限,人工智能的发展受到很大限制,其真正的实现要追溯到计算机发明之后。1956 年的达特茅斯会议上,一些学者和科学家经过探讨提出了人工智能,目的是使机器拟人化。当时研究人员普遍认为人工智能的终极目的是使机器能在一定程度上模拟人的思维方式,并依据这一准则设立了机器拟人化的评价标准——图灵测试,测试的内容可以概括为机器能否自主判断做出行为的主体是人还是机器。

自此人工智能进入了快速发展阶段,也取得了很多研究成果,例如机器定理证明、跳棋程序、LISP 语言等。由于简单的浅层神经网络不能处理复杂问题,进而产生了如多层次神经网络、反向传播算法等更加复杂、高级的人工智能方法。

人工智能的发展并非一帆风顺。我们还未完全理解大脑为什么会思考、为什么会产生思维等问题，这也导致了人工智能基本理论的不完善。人工智能的成长并没有想象中那么快，很多预期发展目标的落空使人工智能饱受质疑。1973年，莱特希尔的人工智能报告是人工智能走向低迷的序幕，直到专家系统的出现才使这一局面有所改善。专家系统不再要求机器模拟出全况的人类思维，而是给定一个领域，使机器专门学习该领域知识，进而专门解决该领域的问题。这大幅度降低了人工智能的实现难度，使人工智能从理论阶段发展至实现阶段。

1980年，卡内基梅隆大学研发了多层神经网络专家系统 XCON，它使专家系统能够在特定的领域发挥高效的作用，XCON 也被认为是人工智能在该时期新的里程碑。

人工智能发展的车轮滚滚向前，专家系统的缺陷慢慢显露出来，其中知识获取困难是最显著的难题，其次还有运行模式单一、应用领域单一、不能有效和现有数据库兼容等问题。

进入 21 世纪，互联网技术开始快速发展，也带动了人工智能的发展，人工智能进入了稳定发展阶段。2006 年杰弗里辛顿的 *Learning Multiple Layers of Representation* 奠定了神经网络的新架构并沿用至今，云技术爆发带来的惊人数据量更是给人工智能提供了充足的后劲，人工智能的新成果如雨后春笋般涌现，如聊天机器人 Alice、IMB 的深蓝计算机、人工智能程序 AlphaGo 等。

作为一门体系结构庞大的学科，人工智能有很多细分领域，如图 3-1 所示。目前对于人工智能的研究大多停留在专用人工智能层面，现有的大部分人工智能方法仅针对信息感知和管控等基础智能有所进展，在高层抽象及深层推理等高级智能方面仍存在很大缺陷，因此通用人工智能的研究还在起步阶段。

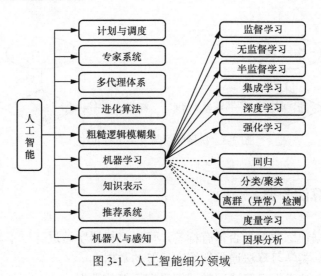

图 3-1 人工智能细分领域

3.1.2 机器学习——人工智能的实现方式

用一个实例说明完整的机器学习过程。

随着互联网的飞速发展，如今网络钓鱼等骗局早已不足为奇。这种网络攻击利用了个人对于自己通信工具的信任，使用超链接和附件的方式给用户发送恶劣内容，以获取用户敏感信息或者绕开安全检测软件给用户系统输送木马。在过去对于网络钓鱼的防范手段仅仅依靠用户自己的安全意识，但随着网络钓鱼破坏性不断增强，以及恶意软件的有效荷载复杂化，攻击者愈发猖狂。机器学习的出现对上述问题给出了可行的解法。

通过设计机器学习算法，机器可以总结出钓鱼邮件中元数据的特征，例如标题关键字、正文格式和正文关键字等，机器对其多次抽样从而进行邮件分类，以判断邮件是否为网络钓鱼邮件。随着输入数据的增加，程序判断准确率也会不断提高。简单机器学习流程如图 3-2 所示。

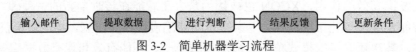

图 3-2 简单机器学习流程

图 3-2 也描述了如何构造一个简单的机器学习模型。通过以上描述，我们可以看出机器学习和人类思维的某些相似之处。同人类思维相比，计算机在处理问题时能够考虑到更多因素，所以在处理一些事物关系较为复杂的问题时，具有显而易见的优势。

机器学习与人类思维对比如图 3-3 所示，可以看出，机器学习的整体思路并不复杂，它是对人类学习成长过程的模拟，机器学习的处理过程更多依赖于对大量数据的归纳总结，而不是进行逻辑推理。这也是为什么机器学习能够完成一些无法通过编程直接完成的任务。因此，机器学习是人工智能的基础实现方式。

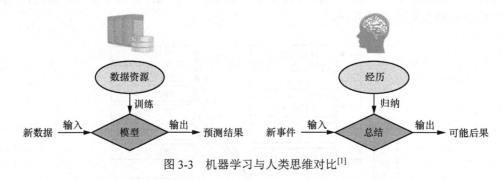

图 3-3 机器学习与人类思维对比[1]

3.1.3 机器学习算法分类

一般来说，根据训练数据是否带有标签，可以将机器学习进行以下划分。
- 监督学习：这类学习算法通常训练有标签的数据。
- 无监督学习：这类学习算法通常训练没有标签的数据。
- 强化学习：训练数据不含标签，但在学习过程中有反馈函数来判断学习成果。

简单来说，监督学习像我们在做一本含有参考答案的练习集，通过一系列学习，最终遇到没做过的题目也可以进行解答，参考答案就是标签；无监督学习是在学习中摒弃了参考答案，我们并不知道自己的解答正确与否，但从很多的练习题中能够找到做题的规律技巧，最终遇到新题目也可以进行解答；强化学习虽然不含有参考答案，但在对一个题目做出解答之后，会告诉你解答正确与否。

从以上学习方法的含义来看，监督学习的效果明显比无监督学习的效果好，但为什么无监督学习仍被广泛使用呢？这是因为在机器学习中，不同于练习题的参考答案是现成的，模型学习用到的数据往往不自带标签，而是人为添加标签。对于一个较为复杂的问题，为训练数据添加标签的工作量往往超乎想象。强化学习虽然使用不含标签的训练数据进行学习，但其延迟奖励机制可以为机器学习提供一种特殊的标签，因此通常强化学习的有效性高于无监督学习而低于监督学习。

3.2 监督学习

监督学习主要通过输入带标签的数据进行学习训练，在信息量较少的时候具有很好的效果。实际中有很多监督学习算法可供选用，这些算法各有优点和缺陷，因此不存在某种算法，对所有监督学习问题都可以计算得到最优解。

3.2.1 监督学习算法选择

监督学习经过不断发展，已出现多种算法，常用监督学习算法分类见表 3-1。

表 3-1 常用监督学习算法分类

所属模型	包含算法
非概率模型，直接判别	感知机、MLP、SVM、KNN
概率判别模型，间接判别	LR、DT、ME、CRF
生成模型，贝叶斯判别	GDA、NB、RBM、HMM

监督学习算法的选择需要考虑多种因素，例如数据量的多少、是离散数据还是连续数据、数据的维度大小、对生成模型准确度的要求、可利用计算资源有多少、预测结果的可解释性等。监督学习模型选择流程如图 3-4 所示。

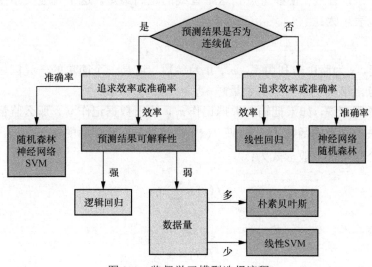

图 3-4 监督学习模型选择流程

根据预测结果是否为连续值可以将监督学习问题分为回归问题和分类问题。分类问题拥有离散值的标签，回归问题则拥有连续值的标签。从图3-4中我们可以看出不同监督学习算法的各自特点。回归算法优势在于拥有较高的训练率和预测率，缺点在于无法保障准确率，算法的表现更多取决于训练数据的多少。相反，对于数据量较少的数据集，采用SVM则更加适合。这也诠释了何谓"没有最好的训练模型，只有最合适的训练模型"。接下来对常见的监督学习算法进行介绍。

3.2.2 线性回归

线性回归是常见的监督学习模型。下面以网络交换机中数据进入路由器的利用率和时延为例进行说明。路由器利用率是指每秒到达的数据包个数除以路由器每秒能处理的数据包个数。路由器性能越好，相应时延越低；路由器性能越差，相应时延也越高。图3-5所示为利用率与时延的对应关系。

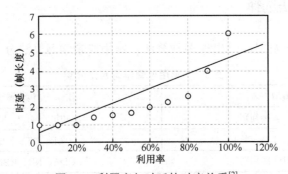

图3-5 利用率与时延的对应关系[2]

对于想要了解路由器利用率和时延关系的工作人员来说，最好的方法是进行数据采集，将采集到的数据放到坐标图中便可直接得到。如果我们想要找到路由器利用率和时延的关系，只需要拟合一条直线，使参考点到这条直线的距离最短。这个线性关系便是我们需要寻找的规律，可以表示为：

$$w = sm + n \tag{3-1}$$

其中，w为时延，s为路由器利用率，m、n为参数。这是一个简单的一元回归例子，只采用了较少的参考点，事实上参考点的数量越多，拟合的效果就越好。

对于监督学习来说，如果把输入数据记作x_i，输出数据记作y_i，那么监督学习的目的就是总结出一个关于两者的函数$f(x_i)$，使$f(x_i)$能够尽量接近实际的输出数据。对于线性回归算法而言，这个函数的一般形式为：

$$f(x) = \sum_{i=0}^{n} \alpha_i x_i \tag{3-2}$$

向量表示形式为：

$$f(x) = \boldsymbol{\alpha}^\mathrm{T} x \tag{3-3}$$

其中，系数 α 为常数向量，寻找最优拟合函数的本质是寻找一组最适合的系数。而衡量系数拟合度的标准通常用代价函数描述：

$$J(\alpha) = \frac{1}{2m}\sum_{i=1}^{n}(f(x_i) - y_i)^2 \qquad (3\text{-}4)$$

式（3-4）中 m 代表训练样本数据的数量。代价函数采用的是最小二乘法的思想，假设我们最终拟合所得的直线代表真实的数据，观测值代表具有误差的数据，为了尽可能减小误差，需要所得直线使所有误差的平方和最小。最小二乘法把求优问题转化为对代价函数极值的求解问题。最小二乘法原理如下。

假如 (x,y) 为一对观测值，$x = \{x_1, x_2, \cdots, x_n\} \in R^n$，$y=R$ 满足 $y = f(x,w)$，其中 $w = \{w_n, w_n, \cdots, w_n\}$ 为待定参数。为了获取参数 w 的最佳估计值，根据确定的 m 组观测数据计算 $L(y, f(x,w)) = \sum_{i=1}^{m}[y_i - f(x_i, w_i)]^2$ 取最小值的参数 w。

代价函数值越小，说明模型的拟合效果越好。常用于求解代价函数 $J(\alpha)$ 极值的方法有梯度下降算法和正规方程算法。其中梯度下降算法过程如下。

梯度下降算法伪代码
随机选择一组 α 不断修改 α 的值，使代价函数值减小 对于每一个 j 　　重复直到 α 趋同： 　　　　$\alpha_j := \alpha_j + \beta\sum_{i=1}^{m}(y_i - h_\alpha(x_i))x_{j(i)}$ （β 为学习速率）

对于正规方程算法而言，不需要多次尝试，而是采用相对直接的方法，计算 α_j 的偏导数，并令其为 0 即可。推导后为：

$$\alpha = (\boldsymbol{X}^\mathrm{T}\boldsymbol{X})^{-1}\boldsymbol{X}^\mathrm{T}y \qquad (3\text{-}5)$$

尽管正规方程算法不需要多次迭代，但如果数据量较大，计算速度会十分缓慢，因此计算代价函数方法的选择应根据实际情况判断。

3.2.3　逻辑回归

上一节介绍了线性回归算法，逻辑回归和线性回归十分类似，但线性回归处理的是数值的预测，最终输出的数据是数值，而逻辑回归一般用来处理分类问题，比如梯子的长度是否足够、下午是否会有雷阵雨等。相较于线性回归，逻辑回归新增了一个用来将预测值映射到 [0，1] 的 Sigmoid 函数。接下来需要选取临界值，例如二分类以 0.5 作为临界值，将大于 0.5 的映射看作一种结果，小于 0.5 的映射则看作另一种结果。

Sigmoid 函数如下：

$$g(z) = \frac{1}{1+e^{-z}} \qquad (3\text{-}6)$$

Sigmoid 函数图像如图 3-6 所示。

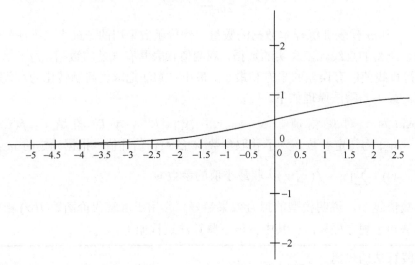

图 3-6　Sigmoid 函数图像

根据函数性质我们可以看出，当参数 $z \to +\infty$ 时，$g(z) \to 1$；当 $z \to -\infty$ 时，$g(z) \to 0$。当 z 为上节中提到的线性回归函数 $f(x)$ 时，就可以得到逻辑回归二分类的一般模型：

$$g(x) = \frac{1}{1+e^{-f(x)}} \qquad (3\text{-}7)$$

当 $f(x) > 0$ 时，$g(x) > 0.5$，输出为 1；当 $f(x) < 0$ 时，$g(x) < 0.5$，输出为 0。了解了逻辑回归函数模型之后，就可以确定模型损失函数，得到最小损失函数值对应的模型系数 α。假设模型输出依旧为 0 和 1，则：

$$P(y=1|x,\alpha) = g(x) \qquad (3\text{-}8)$$

$$P(y=0|x,\alpha) = 1-g(x) \qquad (3\text{-}9)$$

两个概率可以合并为 y 的概率分布通式：

$$P(y|x,\alpha) = (g(x_i))^{y_i}(1-g(x_i))^{1-y_i} \qquad (3\text{-}10)$$

对于给定的一组训练数据 $R = \{(x_1,y_1),(x_2,y_2),\cdots,(x_n,y_n)\}$ 来说，似然函数表达式为：

$$L(\alpha) = \prod_{i=1}^{n}(g(x_i))^{y_i}(1-g(x_i))^{1-y_i} \qquad (3\text{-}11)$$

运用概率论中关于对数似然函数最大化的知识，可以得到函数：

$$\phi(\alpha) = \ln(L(\alpha)) = \sum_{i=1}^{n}(y_i \log(g(x_i)) + (1-y_i)\log(1-g(x_i))) \qquad (3\text{-}12)$$

计算 $\phi(\alpha)$ 极大值的常用方法有牛顿法、坐标轴下降法、梯度下降算法等,这里简单介绍逻辑回归的梯度下降法。

将数据输入和数据输出以向量表示为 X、Y。对 $\phi(\alpha)$ 关于 α 求导得:

$$\phi'(\alpha) = X^{\mathrm{T}}\left(\frac{1}{g(X)} \cdot g(X)(E - g(X))Y\right) - X^{\mathrm{T}}\left(\frac{1}{E - g(X)} \cdot g(X)(E - g(X))(E - Y)\right)$$

化简可得:

$$\phi'(\alpha) = X^{\mathrm{T}}(g(X) - Y) \tag{3-13}$$

每当输入一遍训练数据时,迭代参数 α' 迭代如下:

$$\alpha' = \alpha - \gamma X^{\mathrm{T}}(g(X) - Y) \tag{3-14}$$

其中,γ 为梯度下降算法使用的步长。

在实际应用中,二分类不足以解决所有问题,有些问题需要进行多分类,也就是 Softmax 回归,可以说二分类只是 Softmax 的一个特例。式(3-8)和式(3-9)是 y 仅可取到 0 和 1 时的情况。假设我们要做到 m 分类,即 y 取值可为 $1,2,\cdots,m$。由二分类推导可得:

$$\ln\frac{P(y=1 \mid x,\alpha)}{P(y=m \mid x,\alpha)} = \alpha_1 x \tag{3-15}$$

$$\ln\frac{P(y=2 \mid x,\alpha)}{P(y=m \mid x,\alpha)} = \alpha_2 x \tag{3-16}$$

……

由全概率公式可知:

$$\sum_{i=1}^{m} P(y=i \mid x,\alpha) = 1 \tag{3-17}$$

对上述方程进行处理即可得到 m 元逻辑回归概率分布函数:

$$P(y=k \mid x,\alpha) = \frac{\mathrm{e}^{\alpha_k x}}{1+\sum_{i=1}^{m-1}\mathrm{e}^{\alpha_i x}}, \quad k=1,2,\cdots,m-1 \tag{3-18}$$

$$P(y=m \mid x,\alpha) = \frac{1}{1+\sum_{i=1}^{m-1}\mathrm{e}^{\alpha_i x}} \tag{3-19}$$

逻辑回归和 Softmax 回归可以应用在很多领域中,它们都归属于分类的学习方法,优点在于它们不仅能够分类,还能预测出近似概率,并且不用事先假设数据分类。但缺点也很明显,两者在非线性问题上的表现并不出色,若要解决非线性问题,一般需要用到核函数或者引入冗余数据,相关内容会在之后的章节进行介绍。

3.2.4 神经网络

神经网络最早诞生于对人类大脑机能的研究中，研究人员利用神经网络来模拟人脑。神经网络应用于机器学习领域后展现出了巨大的潜力。神经网络的基本工作原理是分解和整合，对应于大脑对外来信号的处理方式，可以将外来信号分解成细节信息，再由神经元处理，整合成为我们能够理解的信息。

在神经网络中最基础的单元是单个神经元模型。1943 年出现的 MP 模型（见图 3-7）为神经网络的发展打下了坚实基础，但是由于 MP 模型的权重事先已经设置好了，因此不能进行模型的学习。

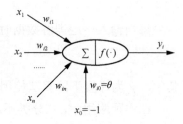

图 3-7 MP 模型

图中 $x_1 \sim x_n$ 为输入信号，y_i 为神经元输出，$y_i = f\left(\sum_{m=1}^{n} w_{im} x_m - \theta\right)$，其中 θ 为阈值，是为了正确进行数据分类，$f(\cdot)$ 为激活函数，用来解决非线性问题。

激活函数如果能像阶跃函数一样只有两个函数值，解决分类问题会变得更加简单。但阶跃函数不连续，不可导，因此常常使用 Sigmoid 函数代替阶跃函数用作激活函数。其他常用激活函数还有 Tanh 函数、ReLU 函数等，如图 3-8 所示。

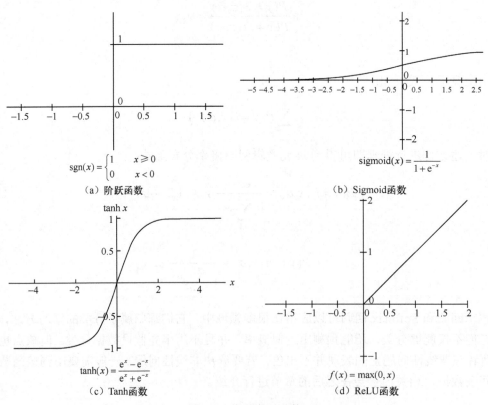

图 3-8 常用激活函数

感知机模型是由 Rosenblatt 在 1957 年提出的，它的组成使用了两层神经元，同时感知机模型也是神经网络和 SVM 的基础。感知机模型如图 3-9 所示。

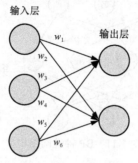

图 3-9　感知机模型

其中 $W_1 \sim W_6$ 为连接权重值，感知机是一个二分类的判别模型。感知机的最终目的是得到一个能够将线性可分的数据集进行完美划分的超平面。超平面指的是 n 维欧氏空间的一个子空间，其余维度为 1。简单来说，一个二维空间的超平面就是一条一维直线，以此类推，以二维空间为例，二维空间感知机模型如图 3-10 所示。

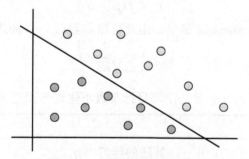

图 3-10　二维空间感知机模型

图 3-10 所示是一个简单的二分类划分，其输入为训练数据，输出被超平面划分为两个值，0 或 1。感知机模型为 $f(x) = \text{sign}(wx+b)$，其中 $wx+b=0$ 超平面把正负实例分隔开。感知机损失函数为 $L(w,b) = \dfrac{-1}{\|w\|} \sum_{x_i \in M} y_i(wx_i + b)$，$M$ 表示噪声数据，对损失函数进行最优化的目的就是使所有噪声数据到超平面综合距离最短。优化算法即寻找使损失函数值最小时的 w 和 b 参数值，一般采用梯度下降算法，可参考之前章节所述。

由于感知机二层神经元模型中的功能神经元只有一层，因此该模型学习的能力和处理问题的能力受到限制，仅适合处理一些线性问题，对于其他问题并不能取得好的效果。基于此引出了神经元模型，它具有多层功能神经元，能够高效处理非线性问题，基本的反向传播（BP）神经网络模型如图 3-11 所示。

BP 神经网络是一种多层次的前反馈神经网络，是迄今为止神经网络中最成功的算法。从图 3-11 中可以看出，BP 神经网络包括输入层、隐层、输出层。每当低层次的神经元收到高层次神经元发来的信号时，其会将信号和连接权重进行乘法运算，接着同本神经元设置的阈值进行比较，合格后经过激活函数进行处理得到输出信号。

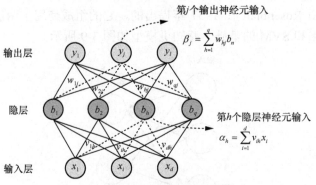

图 3-11 BP 神经网络模型[3]

为了方便阐述,设置输入变量为 X,输出变量为 Y,设置 v_{jt} 为神经网络中输入层第 j 个神经元和隐层第 t 个神经元间的权重,并设置隐层中的第 t 个神经元的整体输入为 α_t,隐层第 j 个神经元的阈值为 γ_j,隐层第 t 个神经元与输出层第 k 个神经元间相关权重为 w_{tk},设置输出层第 k 个神经元输入为 β_k,输出层第 m 个神经元阈值为 θ_m[4]。

假设一条训练数据为 (x_k, y_k),神经网络输出为 Y_k,那么模型输出可表示为:

$$Y_j^k = f(\beta_j - \theta_j) \tag{3-20}$$

这里默认激活函数为 Sigmoid 函数。由此可以得到 (x_k, y_k) 的均方误差为:

$$E_k = \frac{1}{2}\sum_{j=1}^{l}(Y_j^k - y_j^k)^2 \tag{3-21}$$

其中,l 为输出神经元数量。BP 算法学习目标是最小化均方误差 E。

BP 算法伪代码
输入:数据集合 $D = \{(x_k, y_k)\}_{k=1}^{m}$,算法的学习率 η
输出:确定性权重以及阈值的多层神经网络
function BP(D, η):
将神经网络中所有的权重、阈值在 0 到 1 的范围内进行随机化赋值
重复
for all $(x_k, y_k) \in D$ **do**
计算目前的数据输出 Y_j^k
生成目前的神经网络梯度参数 $g_j = Y_j^k(1-Y_j^k)(Y_j^k - y_j^k)$
计算神经网络隐层的梯度参数 $e_h = b_n(1-b_n)\sum_{j=1}^{l} w_{hj} g_j$
对权重值更新 $\Delta w_{hj} = \eta g_j b_n$,$\Delta v_{ih} = \eta e_h x_i$
对阈值更新 $\Delta \theta_j = -\eta g_j$,$\Delta \gamma_h = -\eta e_h$
end if
算法达到终止条件
end function

BP 神经网络由于其特殊结构而具有出色的学习能力，但有时会出现过度拟合问题，一般采用早停或者正则化来进行优化。早停即将输入的样本分为两类，一类是学习样本，另一类是测试样本；正则化即在累计误差函数中，额外添加关于神经网络复杂度的标度。

除了上面介绍的 BP 神经网络，常见的神经网络还有 Boltzmann 机、RBF 网络、ART 网络、SOM 网络等，由于篇幅原因不再一一介绍。

3.2.5 SVM

SVM 属于一种二分类模型，其可以被看作之前介绍的逻辑回归算法的强化版。SVM 利用最大化间隔方法进行学习，基于这种模型的方法能够实现凸二次规划的分类问题建模。

由前面章节内容，我们知道一个线性分类器的学习目的是要在欧式空间中寻找到一个合适的超平面 $wx+b=0$，对空间中的可分类数据进行分类，这里引入函数间隔的概念。在求得所需的超平面之后，可以通过比较所求超平面 $wx+b$ 和 y 的符号是否相同来判断我们进行的分类是否可靠，即可以利用 $y(wx+b)$ 的符号来判断分类结果。

定义函数间隔如下：

$$\gamma = y(\boldsymbol{w}^\mathrm{T}\boldsymbol{x}+b) \tag{3-22}$$

把超平面和训练数据中的最小间隔称为两者之间的函数间隔，但这样表示两者的距离也有不妥之处，当参数 w 和 b 倍数变化时，难以从几何知识的角度来判断超平面是否发生变化，然而最终的函数间隔可能产生变化，这并不是我们希望看到的情况。因此需要对表达式加以限制，于是引出了超平面和数据点的几何间隔：

$$\gamma = \frac{\boldsymbol{w}^\mathrm{T}\boldsymbol{x}+b}{\|\boldsymbol{w}\|} = \frac{f(\boldsymbol{x})}{\|\boldsymbol{w}\|} \tag{3-23}$$

对一组数据进行分类时，单个数据与超平面之间的距离越远，表明对这个数据进行分类的可信度越高，因此在确定超平面时应最大化几何间隔，即寻找最优的数据分类线，如图 3-12 所示。上述优化可以被表征为 $\max \gamma$，同时需要满足条件 $y_i(\boldsymbol{w}^\mathrm{T}\boldsymbol{x}_i+b)=\gamma_i \geqslant \gamma, i=1,2,\cdots,n$。为了方便推导，令 $\gamma = \dfrac{1}{\|\boldsymbol{w}\|}$，这样原目标就变为：

$$\max \frac{1}{\|\boldsymbol{w}\|}, \text{s.t.}, y_i(\boldsymbol{w}^\mathrm{T}\boldsymbol{x}_i+b) \geqslant 1, i=1,2,\cdots,n \tag{3-24}$$

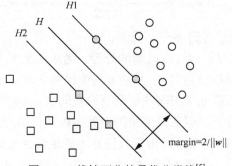

图 3-12 线性可分的最优分类线[5]

在图 3-12 中不难看出，我们选取的最优超平面 H 到平面 $H1$ 和 $H2$ 距离相同，这个距离就是最小几何间隔 γ。此外，$H1$ 和 $H2$ 距离为 2γ，这二者所穿过的点（支持向量）满足 $wx+b=1$。而对于非支持向量，显然有 $wx+b>1$。

之前提到的 SVM 将分类问题转化为凸二次规划问题，其实就是上述目标的另一种表现形式。由于 $\frac{1}{\|w\|}$ 等价于 $\frac{1}{2}\|w\|^2$，因此我们的目标等价于一个凸二次规划问题。对于该问题的求解，由于我们的目标函数比较特殊，可以利用拉格朗日对偶变换将原问题转换为对偶问题的求解，即 SVM 的对偶算法。

首先对拉格朗日对偶化的原理进行简要介绍。设拉格朗日乘子为 α，并基于此定义拉格朗日函数：

$$L(w,b,\alpha) = \frac{1}{2}\|w\|^2 - \sum_{i=1}^{n}\alpha_i(y_i(w^T x_i + b) - 1) \tag{3-25}$$

令 $\phi(x) = \max L(w,b,\alpha)$，同时需要满足 $\alpha_i \geq 0$，否则 $\phi(x)$ 的值会趋近无穷大，显然这样的 $\phi(x)$ 不满足题设条件。由于直接对目标函数 $\min(\max\phi(x))$ 进行求解并不轻松，可以变化求解顺序为 $\max(\min\phi(x))$，这就是对偶变换，并且两者在满足一定条件下同解。需要满足的条件被称为 KTT 条件，如下：

$$\alpha_i \geq 0 \tag{3-26}$$

$$y_i(wx_i + b) - 1 \geq 0 \tag{3-27}$$

$$\alpha_i(y_i(wx_i + b) - 1) = 0 \tag{3-28}$$

本例显然满足上述 KTT 条件，因此可以利用对偶变换的方法解决原问题。将拉格朗日函数关于 w、b 求偏导，令其为 0。将表达式代入原函数，可得到：

$$L(w,b,\alpha) = \sum_{i=1}^{n}\alpha_i - \frac{1}{2}\sum_{i,j=1}^{n}\alpha_i\alpha_j y_i y_j x_i^T x_j \tag{3-29}$$

此时函数中只剩下一个未知量。求得函数最大时的 α_i 即可，w 和 b 可通过下面关系式求得：

$$w = \sum_{i=1}^{m}\alpha_i y_i x_i \tag{3-30}$$

$$b = -\frac{\max_{i:y_i=-1} w^T x_i + \max_{i:y_i=1} w^T x_i}{2} \tag{3-31}$$

最终可以通过 SMO 算法得到乘子 α 的值。

至此我们通过 SVM 实现了对线性问题的处理。考虑到更复杂的非线性情况，其解法往往需要构建核函数（例如高斯核函数），并基于这个函数实现更为复杂的分类机制。核函数最重要的一个特征就是能够将低维空间映射到高维空间中，比如在二维空间中我们很难创造一个圆形的超平面将数据分类，但在三维空间中就可以轻松地利用线性平面达到预期效果。

非线性样本分类如图 3-13 所示，由于数据并不满足线性可分，通过观察易得出数据分类标准为非线性分类。设横纵坐标为 x 和 y，一条二次曲线可以表示为

$a_1x + a_2x^2 + a_3y + a_4y^2 + a_5xy + a_6 = 0$,如果我们构造一个五维空间,$z_1 = x$,$z_2 = x^2$,$z_3 = y$,$z_4 = y^2$,$z_5 = xy$,曲线方程在新的空间中可以表示为 $\sum_{i=1}^{5} a_i z_i + a_6 = 0$,将分类线映射到新的空间中使数据可以进行超平面计算。但这种映射方法也有弊端,在上例中原空间只是二维,当原空间维度较大时,映射空间维度太高,就会导致计算具有更高的复杂度。

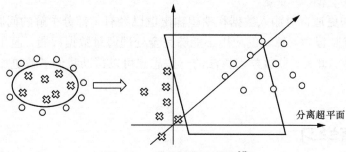

图3-13 非线性样本分类[6]

核函数可以用来解决映射空间维度太高的情况。核函数虽然也有从低维空间向高维空间进行分类线映射的过程,但它的相关计算是在原空间中进行的,而实际的分类效果却在高维空间中展现了出来。简单来说,假设有两个向量 $\boldsymbol{x}_1 = (\eta_1, \eta_2)^T$,$\boldsymbol{x}_2 = (\xi_1, \xi_2)^T$,映射到五维空间中两向量内积为 $(<\boldsymbol{x}_1, \boldsymbol{x}_2> +1)^2 = 2\eta_1\xi_1 + \eta_1^2\xi_1^2 + 2\eta_2\xi_2 + \eta_2^2\xi_2^2 + 2\eta_1\eta_2\xi_1\xi_2 + 1$,该式相当于映射:

$$\varphi(X_1, X_2) = (\sqrt{2}X_1, X_1^2, \sqrt{2}X_2, X_2^2, \sqrt{2}X_1X_2, 1)^T \tag{3-32}$$

利用该映射可以有效避免高维空间的计算复杂问题。我们把两个向量在经过隐式映射过后空间中内积的函数称为核函数,在刚才的例子中,核函数为:

$$K(\boldsymbol{x}_1, \boldsymbol{x}_2) = (<\boldsymbol{x}_1, \boldsymbol{x}_2> +1)^2 \tag{3-33}$$

由于例子中的两个向量十分简单,我们可以自己构造出核函数,实际上对于很多映射问题,核函数的构造还是很困难的。

核函数包含多项式核函数、高斯核函数、线性核函数等,分别适用于不同的场景,这里不再一一展开介绍。

在一开始的假设中,数据是线性可分的,但是有时会出现噪声,即数据位置出现在其反例的区域,如图3-14所示,这对于SVM模型会产生影响。实际上SVM会允许少量的噪声出现。

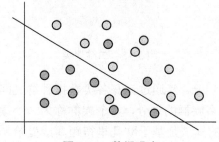

图3-14 数据噪声

在没有噪声时约束条件为 $y_i(\boldsymbol{w}^T\boldsymbol{x}_i+b) \geqslant 1-\xi_i, i=1,2,\cdots,n$，在存在噪声时约束条件应变为 $y_i(\boldsymbol{w}^T\boldsymbol{x}_i+b) \geqslant 1, i=1,2,\cdots,n$，其中参数 $\xi_i \geqslant 0$ 为松弛变量，用来衡量允许噪声的偏移距离。我们需要对松弛变量的值加以限制，否则超平面会难以确定。原目标函数为 $\min \frac{1}{2}\|\boldsymbol{w}\|^2 + c\sum_{i=1}^{n}\xi_i$，$c$ 是预设的常量，用来控制目标函数两项之间的权重，计算方法和原先目标函数计算方法类似。

监督学习算法更适合对输入数据和期望输出值已经有了部分了解的问题。当下网络数据爆发式增长，传统监督学习算法的应用不能够完全处理海量数据问题，但在一定领域依然具有至关重要的作用。此外，监督学习算法的一些思想可以帮助我们了解更加复杂的机器学习算法。

3.3 无监督学习

不同于监督学习，无监督学习是一种输入数据不带标签的方法，这个特性给机器做出正确输出带来了一些挑战。但对于数据量较大的问题，无监督学习极大地减少人工工作量，而对计算机算力提出了要求。

3.3.1 K-means

聚类是一种典型的无监督学习算法，与监督学习相比，无监督学习所使用的训练数据不带标签。聚类是将训练数据中具有某些共同特征的数据划分在一起进行分类，虽然这些分类通常没有直观的意义，但通过聚类能够快速排查出异常数据。

生活中也有很多使用聚类方法的场景，比如电商平台的推荐系统就运用了聚类的方法，而推荐的结果是将用户以往的浏览、消费情况当作数据进行训练得到的。二维聚类，如图 3-15 所示，能够让我们直观地感受聚类思想。

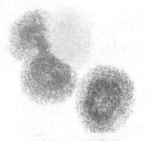

图 3-15 二维聚类

聚类方法是基于距离的划分，其通过计算各类数据种群之间的距离，从而根据各段距离的远近关系将原始数据进行多族群的划分，一个族群称为一个簇。相同簇中的数据成员间相似度较高。相当一部分聚类的算法是基于欧几里得距离或曼哈顿距离的度量。下文将对几种典型的聚类分析方法进行详细介绍。

K-means 是一种基于重复迭代实现的聚类算法，大多用于多分类情况。其采用距离作为分类指标，对于分布较为密集的数据，分类效果十分优秀，其具体流程如下所示。

K-means 算法伪代码

初始任意选取 k 个聚类的中心点，设为 $\mu_1, \mu_2, \cdots, \mu_k \in R^n$

不断迭代下述流程，直到实现收敛：

  对于每条数据，计算其所属簇
$$c_i := \arg\min \| x_i - \mu_j \|^2$$

  对于每个簇 j，迭代计算质心
$$\mu_j := \frac{\sum_{i=1}^{m} 1\{c_i = j\} x_i}{\sum_{i=1}^{m} 1\{c_i = j\}}$$

其中，c_i 表示与数据距离最近簇的编号，其值可为 1 到 k 中之一。μ_j 为簇的质心，表示我们对一个数据簇样本中心的猜测。

K-means 算法首先把训练数据分到不同的簇中，之后不断迭代以进行簇质心的更新，最终当簇的质心趋于稳定时结束迭代过程。然而，K-means 算法同样存在着一些缺陷，首先，我们初始需要设定的 k 值在实际操作中难以确定；其次，K-means 算法开始的时候需要多个数据点来确定初始的簇，如果初始数据点选取不同，簇的划分就会大相径庭。

3.3.2 DBSCAN

不同于 K-means 算法以距离进行数据分类，密度聚类算法以数据间的紧密程度作为数据分类的依据。

DBSCAN 算法是经典的密度聚类算法之一，该算法引入一组邻域空间来进行数据样本紧密程度的表示。其中引入两个参数：ε 代表样本数据的邻域距离阈值，MinPts 代表样本距离为 ε 的邻域内其他样本个数的阈值。

我们对 DBSCAN 中常用的密度描述概念进行如下说明。

- 核心对象：对于任意样本，若它的 ε 邻域中至少具有 MinPts 个样本，则称之为核心对象。
- 密度直达：若一个样本处于一个核心对象的 ε 邻域中，则称两者密度直达。
- 密度可达：考虑数据样本 x_1 以及 x_2，如果存在这样一个序列 $p_1, p_2, \cdots, p_T$，满足 $x_1 = p_1$，$x_2 = p_T$，且 p_{i+1} 由 p_i 密度直达，则我们称 x_1 与 x_2 密度可达。
- 密度相连：若存在核心对象，能够让样本 x_1 和 x_2 由该核心对象密度可达，则称 x_1 和 x_2 密度相连。

DBSCAN 算法伪代码

输入：样本集合 A 与邻域参数 η

输出：各簇分类结果 S

1. 初始化关键对象集合 $\Omega = \phi$，初始化簇的数量 $k=0$，设置未访问的样本集为 $\tau = A$，

分类结果 $S=\phi$

2．寻找关键对象

若关键对象集合为空，则算法结束

3．在集合 Ω 中，任意选择一个关键对象 o，对当前簇关键对象执行初始设置，递增初始化类别序号为 $k=k+1$，设置当前簇对象集合 $S_k=\{o\}$，并更新未被访问的样本集 $\tau=\tau-\{o\}$

若当前关键对象 $\Omega_{cur}=\phi$，则当前簇 S_k 被构建，需要进行簇的重组，关键对象集合更改为 $\Omega=\Omega-S_k$，跳转到步骤 3

4．从当前簇关键对象集中随机选取一个关键对象 o'，通过 η 来探索其所有 η 邻域所包含的子样本集 $N_\tau(o')$，设 $\Delta=N_\tau(o')\bigcap\tau$，重置 $S_k=S_k\bigcup\Delta$，更新 $\tau=\tau-\Delta v$，更新 $\Omega_{cur}=\Omega_{cur}\bigcup(\Delta\bigcap\Omega)-o'$，跳转到步骤 5

5．输出各簇分类结果 $S=\{S_1,S_2,\cdots,S_k\}$

相比于 K-means 算法，DBSCAN 算法能够在不知道需求的情况下进行簇数的确定，而且可以对随机分布的任意稠密数据集实现聚类的操作，并且还能在上述聚类过程中探索发现相关的噪声数据，且对数据相对集中时的数据噪声不敏感。

3.3.3 层次聚类

不同于上述的两种聚类方法，层次聚类如图 3-16 所示，主要是利用数据之间的相似程度进行迭代集合，从而逐渐形成一棵具有层次结构的数据聚类树，树的最底层表示原始数据。构建聚类树的方法可以分为自上而下和自下而上两种。自上而下的聚类方法被称为层次凝聚，是将一个大的簇分解成较小的簇；自下而上的方法把初始单个数据看成一个簇，逐步合并簇，直至所有数据属于同一个簇。

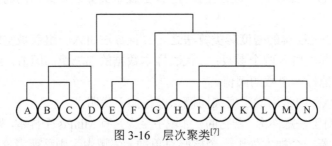

图 3-16　层次聚类[7]

层次聚类不需要指定簇的数量，且算法对数据度量距离的选择不敏感，但存在分类效率低的问题，在合并簇的过程中，有时不能很好地考虑全局数据，因此可能做不到全局最优化。

除了上述几种聚类方法，还有基于网格的方法（例如 STING 算法）、基于模型的方法等，感兴趣的读者可以自行了解。

3.3.4　PCA

降维算法也属于无监督学习算法，是指将高维度数据降到低维度层次。该过程实际上是对数据进行压缩,删掉数据的部分冗余信息来大幅度减少计算量。什么是冗余信息?简要来说,建造一个体育场所需的信息包括体育场的长、宽、面积,以及每平米造价,我们知道面积等于长乘以宽,长和宽就属于两个冗余信息,删去也不会对数据的精度产生影响,反而使信号空间从四维变为二维,降低了计算量,而且便于数据可视化。

降维方法中较为常用的两种是特征抽取和特征选择,进行特征抽取后得到的新特征可以看作原特征的某种映射,进一步采用特征选择来构造的特征集将是原特征集合的一部分。

对于特征抽取,主要包括线性降维及非线性降维这两种方法,前者常见方法包括主成分分析(PCA)、判别分析等。

PCA 是最普适的一种方法,它的基本内容是通过降维数据并使其尽可能方差最大化来保存原数据信息,即保存原数据中(变化)贡献率较大的信息,而舍弃(变化)贡献率较小的信息。具体算法实现如下。

PCA 算法伪代码
1. 数据归一化,数据缩放
2. 生成协方差矩阵
3. 生成协方差矩阵的特征向量
4. 记降维后空间维度为 k,取出协方差矩阵的前 k 列
5. 实现降维

3.3.5 LDA

PCA 属于一种线性降维方法,因此在处理一些非线性数据时,显得不是那么灵活。以二维空间数据降至一维为例,线性判别分析(LDA)和 PCA 的区别可从图 3-17 中窥见一斑。

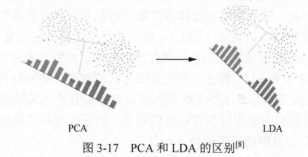

图 3-17 PCA 和 LDA 的区别[8]

映射操作的最终目的是让相同种类的投影点尽可能接近,不同种类的投影点尽可能远离,直观来看,图 3-17 中右图更能满足我们的需求,这就是 LDA 的主要思想。LDA 算法流程如下。

LDA 算法伪代码
输入:集合 $S' = \{(x_1, t_1), \cdots, (x_n, t_n)\}$,$m$ 维向量 a_i,$t_i \in \{C_1, C_2, \cdots, C_k\}$
输出:降维后的集合 D'

1. 计算同一类内的分散程度矩阵 S_w
2. 计算不同类间的分散程度矩阵 S_b
3. 生成复合矩阵 $S_w^{-1}S_b$
4. 计算复合矩阵的特征值，选取其中较大的 d 个特征值和特征向量，生成矩阵 W
5. 对输入集合的各个特征 a_i，生成新的样本 $Z_i = W^T a_i$
6. 输出集合 $D' = \{(x_1, t_1), \cdots, (x_n, t_n)\}$

值得注意的是，LDA 属于监督学习的一种维度降低算法，PCA 属于无监督学习的一种维度降低算法，PCA 的最大能力是将 C 类数据降维到 $(C-1)$ 维子空间，LDA 除了降维，还可以应用于分类问题，但其对样本进行分类时，更多取决于样本的均值而非方差。因此，LDA 的主要缺陷是不适用于对非高斯分布的数据样本进行降维，而且可能出现过拟合问题。

多维尺度（MDS）分析则是利用多个样本的相似性构建低维空间，利用该方法可以使数据在低维空间中尽可能达到在高维空间中的相似性程度。

相较于特征抽取，特征选择则是按照权重从原特征中选取高质量特征，利用该操作可以达到模型优化的目标。特征选择有诸多好处，在机器学习过程中，有时特征个数较多，导致训练周期长，容易引起"维度灾难"，特征选择的目的是删减冗余特征，降低学习难度，减少模型学习周期。

特征选择的过程需要先生成一个"候选子集"，并对其进行评估，根据结果生成下一个"候选子集"，迭代至最优化。其中，根据当前"候选子集"生成下一个"候选子集"，以及"候选子集"的评价标准是两个相对重要的过程，我们通常将这两个问题叫作子集搜索和子集评价。为了解决子集搜索问题，常采用前向搜索、后向搜索、双向搜索等策略。子集评价问题则通过引入信息增益这一概念来解决，信息增益与子集有效性呈正相关。当下的特征选择方法有过滤式、包裹式、嵌入式等。

过滤式特征选择仅针对起始数据进行筛选，基于此生成的学习机具有简单易懂的优点，但在优化能力上略显不足。包裹式特征选择方法则正好相反，其将学习机的处理能力视为相关评价准则，常用的有递归特征消除（RFE）。嵌入式特征选择方法则是上述二者的融合。

本节从无监督学习的应用场景入手，针对聚类，介绍了原型、密度、层次聚类算法；针对降维，主要介绍了 PCA 和 LDA 算法。不同算法有其特有的优势和独特应用场景，应结合具体问题进行选择。无监督学习算法的无标签特点决定了其几乎不可能会输出像分类算法一样的完美结果，有时候甚至会输出可信度极低的结果。但无监督学习算法大幅度降低了人工工作量，对于海量数据的问题提供了解决方案。

3.4 强化学习

强化学习是机器学习的一个重要部分，与其他学习方法的侧重点不同，强化学习最终目的是解决策略优化问题。强化学习算法包括 AlphaGo、AlphaZero 等。随着近些年数据量的爆炸式增长，强化学习被看作实现高级人工智能的具有潜力的方法之一。

强化学习属于机器学习知识系统，旨在让机器学到能在环境中取得高分的技能。如果将最初的计算机看作一个零基础的学习者，那它便是通过强化学习算法进行学习，在各种各样的尝试中积累经验，通过试错找到规律，最后习得可以成功的方法。接下来具体阐述其学习机制。

采用强化学习的方法，就相当于我们给计算机安排了一位虚拟的引导者，这位引导者的能力有限，但他可以判断出计算机行为对自身学习的利弊并对其进行打分。而计算机作为一个优秀的学习者，会存储高低分行为的记忆，在接下来的学习中趋利避害，尽量让自己的分数越来越高。

我们对几种经典的强化学习算法进行分类，见表 3-2。

表 3-2 几种经典的强化学习算法

基于价值选行为	直接选行为
Q-learning	
Sarsa	策略梯度
Deep Q Network	

强化学习依据不同性质进行分类，常见的类型见表 3-3。

表 3-3 常见的分类标准

类型	描述
无模型（Model-free）	直接从训练环境中获得反馈、进行学习
基于模型（Model-Based RL）	基于真实环境建立虚拟环境模型，且具有一定预判能力
基于概率（Policy-Based RL）	分析环境后输出下一步各行为的概率，依据概率决定行为
基于价值（Value-Based RL）	分析环境后输出所有行为的价值，依据价值决定行为
回合更新（Monte-Carlo Update）	在一次训练的所有行为结束之后更新行为准则
单步更新（Temporal-Different Update）	在训练的每一步行为之后更新行为准则
在线学习（On-Policy）	训练中行为策略与目标策略相同
离线学习（Off-Policy）	训练中行为策略与目标策略可以不同

3.4.1 Q-learning

Q-learning 是强化学习中较为基础且常见的算法，按性质分，它属于基于价值选行为的算法。Q-learning 算法会在分析环境后返回所有行为的价值，依据价值决定行为，这也是我们分析 Q-learning 算法的切入点。

计算机内存储的 $Q(s,a)$ 表见表 3-4，$Q(s,a)$ 的意义是：在某一状态 $s(s \in S)$ 下采取行为 $a(a \in A)$ 所能获得收益的期望。由于下一步可采取的行为往往有多个，所以对于每一个既定的状态进行分析，我们可以将分析得到的状态 s 和可能的行为 a 组合生成一张 Q 表来存储 Q 值，Q 表结构如图 3-18 所示，依据 Q 表来选取能够实现最大收益所要采取的行为。

接下来对 Q-learning 在学习中不断优化决策的过程进行说明。

上述介绍中已经说明了收益期望 Q、状态 s、行为 a 等参数，此外还将涉及以下参数。

- 收益 R：训练过程中得到的实际总收益。
- 衰减值 γ：对未来收益的衰减值。

表 3-4　计算机内存储的 $Q(s,a)$ 表

Q-Table	a_1	a_2
s_1	$Q(s_1,a_1)$	$Q(s_1,a_2)$
s_2	$Q(s_2,a_1)$	$Q(s_2,a_2)$
s_3	$Q(s_3,a_1)$	$Q(s_3,a_2)$

图 3-18　Q 表结构[9]

- 学习效率 α：对于收益现实情况与估计值之间误差的衰减值。

我们对 Q 表更新算法进行逐步讲解，假定在 s_1 状态下有 a_1 和 a_2 两种行为，不妨设采取 a_2 的预计收益更大，按照常理计算机在 s_1 状态下会采取 a_2 行为并到达 s_2，随后更新用于决策的 Q 表，而重点就在于如何对 Q 表中的值进行更改。

Q-learning 具体的算法如下。

Q-learning 算法伪代码
随机对 $Q(s,a)$ 进行初始化 重复（对于各个 episode）： 　　初始化 s 　　重复（对于各个 episode 的各步）： 　　　　假想分别采取不同的 a 行为，比较 Q 值选取值较大的 a 　　　　进行动作 a，观察单步收益 r, s' 　　　　$Q(s,a) \leftarrow Q(s,a) + \alpha(r + \gamma \max_{a'} Q(s',a') - Q(s,a))$ 　　　　$s \leftarrow s'$; 　　直到 s 是最终状态

起初计算机并不采取实际行动，而是通过想象自己在 s_2 状态下分别采取 a_1、a_2，从而得到想象中的 $Q(s_2,a)$ 并比较大小。在此我们不妨假设 $Q(s_2,a_1)$ 大于 $Q(s_2,a_2)$，基于此，计算机将会把 $Q(s_2,a_1)$ 乘以衰减值 γ，再累加到 s_2 状态之前行为所获得的收益 R 上，得到的便是此刻真实收益值 R'，也是在 s_1 状态下采取 a_2 获得的实际 $Q(s_1,a_2)$。

根据以上分析，我们可以看到此处对同一个概念的 $Q(s_1,a_2)$ 产生了两个值，即估计值和现实值，其中估计值是当计算机处于 s_1 状态时，对 a_2 的下一步动作进行预测，而现实值等于 R 加 γ 倍 $Q(s_2)$ 的最大值 $Q(s_2,a_1)$，这样也就产生了 $Q(s_1,a_2)$ 现实值与估计值的差距。将这个差距值乘以学习效率 α，再累加上旧的 $Q(s_1,a_2)$ 值，得到的便是更新后的 $Q(s_1,a_2)$。

我们对 Q-learning 更新 Q 表这一过程进一步分析，可以发现虽然计算机处于 s_2 状态，对 $Q(s_2,a)$ 的值进行了预估，但实际上计算机在更新 $Q(s_1,a_2)$ 的过程中并没有在 s_2 状态采取任何实际行为，s_2 状态采取何种决策是之后的问题。这也就体现了 Q-learning 的离线学习性质。其次，这种更新算法的巧妙之处在于 $Q(s_1,a_2)$ 的现实值，也包含了一个 $Q(s_2,a)$ 的最大估计值。

所涉及的参数中，γ 和 α 通常是[0,1]区间的数。为了进一步理解 γ 的含义，我们可以重写 $Q(s_1)$ 的公式，即将 $Q(s_1) = r_2 + \gamma Q(s_2)$ 继续展开写成：

$$Q(s_1) = r_2 + \gamma Q(s_2) = r_2 + \gamma(r_3 + \gamma Q(s_3)) = r_2 + \gamma(r_3 + \gamma(r_4 + \gamma Q(s_4))) = \cdots \quad (3\text{-}34)$$

对该式进一步整理就得到：

$$Q(s_1) = r_2 + \gamma r_3 + \gamma^2 r_4 + \gamma^3 r_5 + \cdots \quad (3\text{-}35)$$

r 的下标数值越大，意味着之后行为产生的收益 $Q(s)$ 所乘 γ 的指数越大，对应值也就越小。从实际意义的层面解释，当 γ 是(0,1)区间的数，我们对 $Q(s_1)$ 进行计算时，状态对其影响的大小与距离成正比；当 γ 等于 0 时，对于之后的行为收益完全不考虑；当 γ 等于 1 时，对于之后的行为收益进行了保留。随着 γ 值由 0 趋向于 1，在机器的认知中，之后的训练变得愈发重要。

3.4.2 Sarsa

Sarsa 的决策策略与 Q-learning 相同，在 Q 表中直接挑选收益最好的行为，但是它的决策优化（也就是对 Q 表的更新）方法不同。

在介绍 Q-learning 时我们曾特别指出，当挑选最大 $Q(s_2, a)$ 时，仅在 s_2 状态下进行了预估，并没有采取任何实际动作，直到真正要决策的时候，由于 Q 表进行了更新，实际选取的动作有可能并非刚才挑选出来的动作。

而 Sarsa 则是"果敢的行动派"，实际选取的动作就是刚刚估算时所挑选出来的，其他的较 Q-learning 没有改动。所以在算法中，之前 Q-learning 的 $\max Q$ 直接可以改写为实际采取的 $Q(s', a')$。

Sarsa 具体的算法如下。

Sarsa 算法伪代码
任意地初始化 $Q(s,a)$
重复（对于每一个 episode）：
初始化 s
从衍生自 $Q(\text{e.g.}, \varepsilon-\text{greedy})$ 的策略 s 中选择 a
重复（对于每一个 episode 的每一步）：
进行动作 a，观察 r, s'
从衍生自 $Q(\text{e.g.}, \varepsilon-\text{greedy})$ 的策略 s' 中选择 a'
$Q(s,a) \leftarrow Q(s,a) + \alpha(r + \gamma \max_{a'} Q(s',a') - Q(s,a))$
$s \leftarrow s'; a \leftarrow a';$
直到 s 是终点

之前提到 Q-learning 是离线学习的算法，依据决策优化过程将 Sarsa 归类为在线学习的过程，它学习的行为恰恰是自己在做的。也正是这一点导致执行 Q-learning 的机器在决策过程中更加"勇敢"，毅然决然地选择它眼中能将利益最大化的道路；而 Sarsa 必须做到"言行一致"，在决策过程中更加小心谨慎，对于 Sarsa 来说，比起利益最大化，预防不理想的事情发生更重要。

Sarsa 算法使用单步更新的方法，在运行环境中每执行一次动作就更新一次原有的行为准则。而单步更新与回合更新相比有什么劣势呢？由此我们又该如何改进算法？

为了更加生动形象地描述，我们假设一个虚拟环境：跳棋棋盘上，一个棋子想要走到特定位置 P。由于出发点和终点之间有一定的距离，棋子要进行多次"跳"的动作才可以成功到达目的地。这种情况下，如果采取单步更新法，虽然棋子每跳一步都在更新，但是这种更新中的褒贬色彩很分明，即只有在即将跳到目的地时，计算机才会明显意识到"这几步是好的"。虽然每一步都在更新，但是最后几步往往会占据所有褒义的权重。而实际上在这个情景下，之前的所有跳数都与成功到达目的地有关，其中必然包含很多必要的线路。于是回合更新便认为这条线路所有的跳数都是有效的、优秀的选择，也就是从开始到最后所有的步数权重都一样。在下一次相同情景发生时，这些线路被选择的概率会相应地增加。这样看来回合更新比单步更新更有优势。

不过我们也应当考虑一种情况，计算机试错、找路的过程可能没那么顺利，往往需要绕很多弯路。延续上例，跳棋棋子开始的几次可能会没什么头绪，额外走过的弯路对它到达目的地也并没有什么帮助。为了尽可能避开这种"迷茫"的情况，便衍生出了 Sarsa(λ) 这种算法。

Sarsa(λ) 的意义是在原有 Sarsa 算法的基础上决策不变，由原来的单步更新变成在采取 λ 次行为之后，对行为准则进行更新。此处 λ 一般不取整数，绝大多数情况下是一个小数。

λ 其实和 Q-learning 中的 γ 类似，也是一个衰变值。正如我们展开 $Q(s_1)$ 然后分析随着行为的后推增加，越远的行为价值对当前的 Q 影响越小，这里的 γ 是一个效益衰减值，作用的对象是收益 Q。而 λ 作用的对象是行为，它也是一个[0,1]的数。

考虑极端的情况：当 λ 取 0 时就变成了单步更新，当 λ 取 1 时就变成了回合更新。取值越大，离最后一跳越近的步数更新力度越大，因此，算法实现了高效的更新机理。

Sarsa(λ) 具体算法如下。

Sarsa(λ)算法伪代码

任意初始化 $Q(s,a)$，对于所有的 $s \in S, a \in A(s)$
重复（对于每一个 episode）：
    $E(s,a)=0$，对于所有的 $s \in S, a \in A(s)$
    初始化 S, A
    重复（对于每一个 episode 的每一步）：
        进行动作 A，观察 R, S'
        从衍生自 Q(e.g., ε – greedy) 的策略 S' 中选择 A'
        $\delta \leftarrow R + \gamma Q(S', A') - Q(S, A)$
        $E(S, A) \leftarrow E(S, A) + 1$
        对于所有的 $s \in S, a \in A(s)$
            $Q(s,a) \leftarrow Q(s,a) + \alpha \delta E(s,a)$
            $E(s,a) \leftarrow \gamma \lambda E(s,a)$

3.4.3 深度 Q 网络

我们在 3.4.2 节中讨论的一颗跳棋跳往目的地的问题是一种单一的情况,而现实问题往往更为复杂。以 AlphaGo 下围棋为例,每个状态下可供选择的行为千变万化,这种情况下如果我们依然使用 Q 表对数据进行存储,就要面临计算机的内存不足、索引困难的窘境,而处理和索引庞大复杂的数据正是神经网络擅长的工作。

ANN 是一种泛用的数学模型,其通过模拟人类大脑神经的特点,实现分布式的信息管理。考虑到其高速处理信息的能力及自学习、自适应能力,可以用来进行分布式并行信息处理。通过输入不同状态,输出不同 Q 值可以解决传统 Q 表难以存储超大规模状态的情况。

引入神经网络的 Q 表如图 3-19 所示。我们引入神经网络并把状态 s 和行为 a 作为神经网络的输入,通过分析可以得到行为的 Q 值,此时不再需要使用表格存储 Q 值,而是用神经网络训练后直接计算出 Q 值并加以选择。

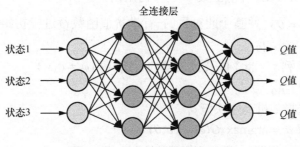

图 3-19 引入神经网络的 Q 表

深度 Q 网络(DQN)算法建立在 Q-learning 算法的基础上,增加了神经网络的训练过程。此处神经网络所训练的数据包括行为 a 本身、行为的 Q 现实价值、行为的 Q 估计价值,训练过程中对神经网络所采取的更新算法也与 Q-learning 算法所采取的一致。而算法上最大的不同因素,便是经验回放和固定 Q 目标。

关于经验回放,在 3.4.1 节讲解 Q-learning 时,介绍到它是一种离线学习法,训练中行为策略与目标策略可以不同。采用 Q-learning 时,计算机既能学习当前所处的训练环节产生的经验,也能参考历史训练环节产生的经验,甚至还可以参考外界添加的他人经验。通过这种方法,DQN 在每次更新时都可以有选择地抽取之前的历史训练经历作为参考,这也使训练的标本更加随机,效率也更高。

固定 Q 目标的含义是在 DQN 训练过程中选用两个神经网络,它们参数相异、结构相同,对 Q 现实进行预测的神经网络使用过去训练的参数,对 Q 估计进行预测的神经网络训练参数都是最近输入的。

DQN 结构示意如图 3-20 所示,target_net 是用来获取 Q 现实值(即 Q 目标值 q_target)的网络,eval_net 则是用来获取 Q 估计值(q_eval)的神经网络。在训练过程中会涉及损失函数概念,其实就是 Q 目标值与 Q 估计值的差。

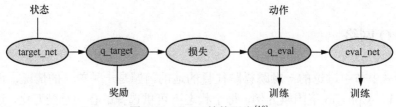

图 3-20　DQN 结构示意[10]

在神经网络反向传播的过程中，实际被训练的网络是 eval_net，而 target_net 只在正向传播数据的过程中用来得到 q_target，计算式与 Q-learning 中原理相同，如下所示：

$$q\_target = r + \gamma \max Q(s,a) \tag{3-36}$$

DQN 具体算法如下。

DQN 算法的伪代码

具备经验回放库的深度 Q 学习

初始化经验库 D 与缓存容器 N

采用随机权重 θ 对行动-价值函数 Q 进行初始化

设置随机权重 $\theta^- = \theta$，并基于此对目的-行动价值函数 $\hat{Q}$ 进行初始化

For　episode=1，N　**do**

　　设置当前队列 $s_1 = \{x_1\}$ 以及预处理的备选队列 $\phi_1 = \phi(s_1)$

　　For　t=1,T　**do**

　　　　以概率 ε 选择随机动作决策 a_t

　　　　否则，选择 $a_t = \mathrm{argmax}_a Q(\phi(s_t),a;\theta)$

　　　　执行动作 a_t，得到反馈 r_t、推测 x_{t+1}

　　　　设置 $s_{t+1} = s_t$，a_t，x_{t+1}，预处理 $\phi_{t+1} = \phi(s_{t+1})$

　　　　在 D 中存储过渡 $(\phi_t, a_t, r_t, \phi_{t+1})$

　　　　从 D 中的过渡 $(\phi_t, a_t, r_t, \phi_{t+1})$ 选取随机小批量样本

　　　　如果 episode 在第 $j+1$ 步终止，设置 $y_j = r_j$

　　　　除此以外设置 $y_j = r_j + \gamma \max_{a'} \hat{Q}(\phi_{j+1}, a_j; \theta^-)$

　　　　关于网络参数 θ 执行一个梯度下降步骤 $(y_j - Q(\phi_j, a_j; \theta))^2$

　　　　每一个步骤 C 重设 $\hat{Q} = Q$

　　End For

End For

3.4.4　策略梯度

策略梯度是直接策略搜索方法的一种，也是强化学习方法中重要的基础方法之一。这类方法通过将策略进行参数化表征以实现对策略的直接优化，从而求得最大回报函数。虽然上

文所讲述的基于值函数的一系列算法性能较强，但依然有不足之处，如无法对于连续行为做出有效回应，无法处理状态限制问题等。直接策略搜索弥补了这些不足，策略的参数化不仅更简易，而且收敛性较好。直接策略搜索也可以对连续行为做出回应。最重要的是，它可以采用随机策略作为初始策略，大大简化了机器的探索过程。不可否认的是，这类方法也存在着一定的缺陷，例如易陷入局部最优的收敛状态，不适用于评估少量策略等。

我们用 τ 表示一组状态-行为序列对 $s_0, a_0, \cdots, s_i, a_i$，则该行为-状态对所对应的回报函数 $R()$ 为 $R(\tau) = \sum_{t=0}^{i} R(s_t, a_t)$，引入参数 θ，用 $P(s,a|\theta)$ 表示行为-状态对出现的概率。目标函数可表示为下式：

$$L(\theta) = E(\sum_{t=0}^{i} R(s_t, a_t); \pi_\theta) = \sum_\tau P(\tau; \theta) R(\tau) \tag{3-37}$$

我们的目标则是找到最佳的参数 θ 使得 $L(\theta)$ 取得最大值，而这个求解过程中我们一般使用策略梯度。参数 θ 的迭代为 $\theta = \theta + \alpha \nabla_\theta L(\theta)$。其中对目标函数的求导最为重要，对该部分化简可得到：

$$\nabla_\theta L(\theta) = \nabla_\theta \sum_\tau P(\tau; \theta) R(\tau) = \sum_\tau P(\tau; \theta) \nabla_\theta \log P(\tau; \theta) R(\tau) \tag{3-38}$$

该值可通过平均值估算，记 m 为利用当前策略采样的状态-行为对数量。则：

$$\nabla_\theta L(\theta) \approx \frac{1}{m} \sum_{i=1}^{m} \nabla_\theta \log P(\tau; \theta) R(\tau) \tag{3-39}$$

式（3-39）中的 $\nabla_\theta \log P(\tau; \theta)$ 表示 τ 在 θ 变化的情况下概率变化最快的方向；$R(\tau)$ 则控制了 θ 更新步长。策略梯度会不断地增加高回报路径的概率，降低低回报路径的概率。策略梯度直观图如图 3-21 所示。

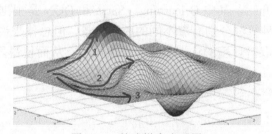

图 3-21　策略梯度直观图

在图 3-21 中有 3 条路径，其中第 1 条路径和第 2 条路径被看作较好的路径，可以选用，第 3 条路径则是不好的路径，最好不采用。以上的路径都来源于算法的策略探索。

了解了策略梯度的概念，接下来讨论如何求解策略梯度。一般来说，随机策略可以看作由一个确定性策略和一个随机部分组成，即 $\pi_\theta = a_\theta + \varepsilon$，其中 ε 服从均值为 0 的高斯分布。这里我们仅仅讨论确定性策略为线性策略的情况。记 $a(s) = \phi(s)^T \theta$。$\nabla_\theta \log P(\tau; \theta)$ 中的概率部分可表示为：

$$P(\tau^l; \theta) = \prod_{t=0}^{i} P(s_{t+1}^l | s_t^l, a_t^l) \pi_\theta(a_t^l | s_t^l) \tag{3-40}$$

由此可化简 $\nabla_\theta \log P(\tau;\theta)$ 为 $\theta = \theta + \alpha \nabla_\theta \log \pi_\theta(s_t, a_t) v(t)$。其中策略服从高斯分布，即：

$$\pi(a|s) \sim \frac{1}{\sqrt{2\pi}\sigma} e^{\left(-\frac{(a-\phi(s)^\mathrm{T}\theta)^2}{2\sigma^2}\right)} \tag{3-41}$$

从该策略分布中进行采样得到样本 a_t^l，并代入 $(s_t^l | a_t^l)$，可得：

$$\nabla_\theta \log \pi_\theta(a_t^l | s_t^l) = \frac{(a_t^l - \phi(s_t^l)^\mathrm{T}\theta)\phi(s_t^l)}{\sigma^2} \tag{3-42}$$

在策略梯度算法中，最简单的是蒙特卡罗策略梯度算法。它在上述过程的基础上采用值函数 $v(t)$ 来近似代替策略梯度中的 Q 值。其算法流程如下所示。

蒙特卡罗策略梯度算法伪代码

输入：N 个蒙特卡罗完整序列，训练步长 α

输出：策略函数的参数 θ

对于每个蒙特卡罗序列：

　　用蒙特卡罗法计算序列不同时间 t 的 $v(t)$

　　对序列的不同时间 t，使用梯度上升法，更新策略函数的参数 θ：

　　　　$\theta = \theta + \alpha \nabla_\theta \log \pi_\theta(s_t, a_t) v(t)$

返回策略函数的参数 θ

其中，策略函数可根据情况自由选取。更新参数时我们引入了折扣因子来应对非 episode 情况，因子为 1 时可看作连续任务的一个特例。蒙特卡罗策略梯度理论上来说可以保证局部最优，且是无偏。但这样求得的策略梯度也有不足，即方差较大，解决方法是引入常数基线，这里不再展开介绍。

本节首先介绍了强化学习的分类和应用场景，针对 Q-learning、Sarsa、DQN 和策略梯度这 4 种算法分别展开了介绍，其中 Q-learning、Sarsa 和 DQN 是根据价值选行为，而策略梯度是直接选行为。这 4 种算法分别有着不同的应用场景，但总体来说，它们的原理都是通过与环境间的不断交互获取对环境的认识来逐步优化策略，从而使得累计预估奖励最大。

3.5　总结

本章介绍了机器学习在智能网络中的基础理论与核心算法。首先，概述了人工智能的发展历程及机器学习在网络优化中的重要性，并对监督学习、无监督学习及强化学习三大类机器学习方法进行了详细探讨。典型算法如线性回归、神经网络、SVM、K-means、Q-learning 等均有所介绍，展示了机器学习在不同网络场景中的应用潜力。通过对机器学习理论与算法的分解，本章为读者提供了丰富的背景知识，使读者可以更清晰地理解机器学习如何为智能网络的优化、预测和决策提供支持。

参考文献

[1] NG A. Machine learning yearning: technical strategy for AI engineers, in the era of deep learning[EB]. 2018.

[2] MOMANYI E O, ODUOL V, MUSYOKI S. First in first out (FIFO) and priority packet scheduling based on type of service (TOS)[J]. Journal of Information Engineering and Applications, 2014, 4: 22-36.
[3] 周志华. 机器学习[M]. 北京: 清华大学出版社, 2016.
[4] LI J, CHENG J H, SHI J Y, et al. Brief introduction of back propagation (BP) neural network algorithm and its improvement[M]//Advances in Intelligent and Soft Computing. Berlin, Heidelberg: Springer Berlin Heidelberg, 2012: 553-558.
[5] YOON Y. Spatial choice modeling using the support vector machine (SVM): characterization and Prediction[M]//Studies in Computational Intelligence. Cham: Springer International Publishing, 2017: 767-778.
[6] CQ_Liu. 机器学习中的核函数与核方法[EB].
[7] NAZARI Z, KANG D, ASHARIF M R, et al. A new hierarchical clustering algorithm[C]//Proceedings of the 2015 International Conference on Intelligent Informatics and Biomedical Sciences (ICIIBMS). Piscataway: IEEE Press, 2015: 148-152.
[8] BISHOP C. Pattern Recognition and Machine Learning[M]. Berlin: Springer, 2007.
[9] JIANG A Q, YOSHIE O, CHEN L Y. A new multilayer optical film optimal method based on deep q-learning[J]. ArXiv e-Prints, 2018: arXiv: 1812.02873.
[10] QI F X, TONG X R, YU L, et al. Personalized project recommendations: using reinforcement learning[J]. EURASIP Journal on Wireless Communications and Networking, 2019, 2019(1): 280.

第 4 章 网络路由

路由技术是网络连接的基础，为数据包的传输选择一条路径。路由选择标准多种多样，主要取决于路由策略和目标，如成本、链路利用率和 QoS 等。网络路由算法要求能够灵活处理和扩展复杂动态网络拓扑，学习所选路径与 QoS 感知之间的相关性，准确预测路由决策结果。本章内容将对路由问题、传统路由策略及智能路由策略进行介绍。

4.1 路由问题概述

网络路由是一种将数据包从源节点发送到目的节点的方法，根据具体的路由协议，确定数据包的传输方案。它是 OSI 模型网络层的基本问题，目的是找到源-目的节点对的最佳传输路径。无论网络层提供数据包服务还是虚电路服务，都是为了将数据包从源节点通过最低成本路径传输到目的节点，网络层的主要工作是提供最佳路由策略。传统路由策略中，有很多算法可以解决该问题，例如路由信息协议、最短路径协议。

之所以将其称为路由协议，是因为路由算法在路由器相互交换信息的过程中，确定了对网络路径和路由的度量方法及过程。这些值可以通过检查转发到路由器的数据包中的包头信息来动态确定，也可以由网络管理人员手动指定。这些信息通常称为路由指标，包括以下内容。

- 跳数（hops）：给定网络与本地路由器之间的中间路由器的数量。
- 时延（latency）：通过路由器或通过给定路由处理数据包的时间延迟。
- 拥塞（congestion）：路由器进入端口的数据包队列长度。
- 负载（load）：处理器在路由器上的使用情况或当前每秒处理的数据包数量。
- 带宽（bandwidth）：路由支持网络流量的可用容量，随着网络流量的增加而减少。
- 可靠性（reliability）：特定路由器由于故障可能经历的相对停机时间。
- 最大传输单元（MTU）：路由器可以转发而无须将数据包分片的最大数据包长度。

4.1.1 传统路由简述

传统路由算法通常以分布式方法实现，每个路由器独立地计算路由表。路由器之间会动态地交换路由信息，这使路由网络具有一定程度的容错能力：如果一个路由器出现故障，其他路由器可以重新配置路由表，在故障路由器周围路由流量；当故障路由器修复后，将重新计算路由表。一些路由算法支持通过多条路径转发数据包（当存在多条路径到达目的地时）。因此，可以通过对数据包进行负载平衡来更好地管理网络流量。

通常来说，利用路由器收集网络信息的方式、对拓扑信息的分析以及路由的执行方式，可以将路由算法分为集中式和分布式两类。对于集中式的路由算法，各个路由器均能够获得网络域中所有路由器及网络流量状态信息。这些算法也被称为链路状态（LS）算法。对于分布式的路由算法，各个路由器均能够获得与之直连邻居路由器的相关信息，但无法得到网络拓扑中的全局信息，分布式的路由算法也被统称为距离矢量（DV）算法。

这两种算法之间的差异如下：相比于链路状态路由协议，基于距离矢量路由算法的路由协议更便于实现；链路状态算法要求具备更高的数据处理能力，实现它的路由器通常更昂贵；与距离矢量算法相比，链路状态算法有着更快的收敛速度和更好的可扩展性。具体来说，使用距离矢量算法的路由器会定期将路由表发送到其他路由器，但仅发送到相邻（一跳路由距离）的路由器。链路状态算法会将来自每个路由器的信息泛洪到整个互联网络，但仅在需要时才发送更新的信息。

传统路由方案中，网络层路由器会调整到目标主机的路径，该路径与可用带宽或不同自治系统（AS）之间的流量有关。路由器使用路由协议交换链路信息，并构建整个网络拓扑的完整视图，然后根据路由表在这些路由器之间进行流量转发。下面将简单介绍 3 种传统的经典路由协议。

4.1.2 路由信息协议

路由信息协议（RIP）是一种内部网关采用的协议，具体而言，其针对本地网络实现了距离矢量算法，这种方法通常用于中小型网络。该协议有两种状态：Active 状态和 Passive 状态。在 Active 状态下，将路由信息广播给其他路由器；在 Passive 状态下，路由器侦听广播并更新其路由，但不广播。在 Active 状态下运行的 RIP 会根据管理员设置的时隙，不断地广播更新信息。此外，单次发送的路由同步信息会包含成对的数值，其包括 IP 地址以及到达此 IP 的具体距离。RIP 利用跳数为标准来度量到目的地的距离。

在 RIP 度量标准中，路由器默认以 1 跳的度量标准通告直连的网络，通过另一个网关可到达的度量距离为 2 跳，以此类推。我们定义数据包路由的跳数为从源节点到目的节点路径上所跨越的网关数目。RIP 路由如图 4-1 所示，从源节点到目的节点有 2 条路径：经过 R1 路由器的路径 1，其跳数为 3；经过 R2 和 R3 路由器的路径 2，其跳数为 4。但是，通常使用跳数进行网络路由优化并不一定能得到最优路径。例如，经过跳数为 3 的路径所用的时间可能比经过跳数为 2 的慢速串行节点路径所用的时间少得多。

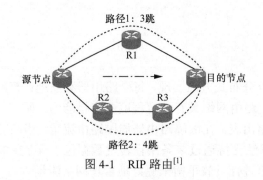

图 4-1　RIP 路由[1]

接收到 RIP 响应数据包时，维护路由表的程序将获取该数据包中的信息并重构路由数据库，将新路由和"更好"（较低度量标准）的路由添加到数据库中已列出的目的地。如果到该目标的下一个路由器报告该路由包含 15 跳以上的跳数，则 RIP 将从路由数据库中删除其相关信息。通常来说，运行 RIP 的路由器每隔一段时间会将路由表的内容发送到相邻路由器。从路由表中删除路由后，接收路由器会在 180s 后将其标记为不可用，并且再经过 120s 将其从表中删除。

4.1.3　开放最短路径优先协议

开放最短路径优先（OSPF）协议是 Internet 的内部网关协议（IGP），用于在 IP 网络的单个 AS 中分发 IP 路由信息。进行 OSPF 协议网络配置后，路由器将首先侦听相邻路由器，其次对所有附近的链路状态信息进行汇聚与收集，以构建网络中所有可用路径的拓扑图，之后将收集到的数据信息在链路状态数据库（也称拓扑数据库）进行保存。当路由器进行数据包转发的时候，使用来自拓扑数据库的信息。根据收集到的信息，每一个路由器都能够从其对应的数据库中选择数据，并利用最短路径优先算法或 Dijkstra 算法计算到达每个可访问子网的最短路径，即计算路由表。该路由表包含路由协议知道的所有目的地，并与下一跳 IP 地址和传出接口相关联。OSPF 协议将构造 3 个表来存储以下信息。

- 邻居表：包含发现的所有邻居节点信息，路由信息将与这些邻居节点进行交换。
- 拓扑表：包含整个网络的路线图，其中包括所有可用的 OSPF 协议路由器以及计算出的最佳路径和替代路径。
- 路由表：包含当前最佳路由路径，该路径将用于在邻居之间转发数据流量。

OSPF 协议中的路由器通过泛洪法与最近的邻居交换拓扑信息。拓扑信息遍及整个 AS，因此 AS 内的每个路由器都具有 AS 拓扑的完整信息。在链路状态路由协议中，通过选择到达最终目的地的最佳端到端路径来确定下一跳数据转发地址。

链路状态路由协议的主要优点是能够获得 AS 内网络拓扑的全局信息，这对于流量工程而言具备重要的意义，可以基于此实现路由转发决策等功能，并能够实现特定的服务质量需求。链路状态路由协议的主要缺点是随着更多路由器被添加到路由域，灵活性和可扩展性受限。路由器数量的增加还需要提高网络负载，来增加拓扑更新的大小和频率。上述可扩展性问题约束了链路状态路由协议，并不适用于完整的 Internet，这也是限制 IGP 只能在单个自治域内实现路由流量的因素之一。

4.1.4 边界网关协议

边界网关协议（BGP）是基于 TCP 的一种 Internet 路由协议。其协议系统所交付的信息包括到达每个目的节点的完整路由，以及有关该路由的其他信息。到达每个目的节点的路由被称为 AS 路径，并且其他路由信息包含在路径属性中。BGP 使用 AS 路径和路径属性来完全确定网络拓扑。BGP 拿到全局拓扑信息之后，可以检测并消除路由环路，并在路由域之间进行选择以实施管理和路由决策。

BGP 支持两种类型的路由信息交换：不同 AS 之间的交换和单个 AS 内部的交换。在 BGP 中，每个路由域都被称为 AS。AS 是一组路由器，它们受单一技术管理，并且通常使用单个 IGP 和一组公用度量标准在一组路由器内广播路由信息。在 AS 之间使用时，BGP 被称为外部 BGP（EBGP），BGP 会话执行 AS 间路由。在 AS 中使用 BGP 时，称为内部 BGP（IBGP），BGP 会话执行 AS 内路由。图 4-2 说明了 AS、EBGP 和 IBGP 之间的关系。

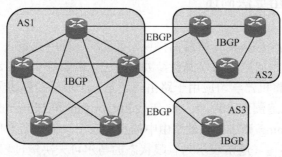

图 4-2　AS、EBGP 和 IBGP 之间的关系

BGP 系统与相邻的 BGP 系统共享网络信息，它们被称为邻居或对等体。在 IBGP 网络组中所有对等体（称为内部对等体）都在同一 AS 中。一般来说，BGP 路由器会根据所收到的路径更新信息，优先选择 AS 的最短路由。内部对等体可以位于本地 AS 中的任何位置，而不必彼此直接连接。对于其他 AS，其具有单一的、一致的内部路由方案，并提供通过该 AS 的可达目的节点拓扑信息。内部网络域使用来自 IGP 的路由来解析转发地址，运行在 IBGP 的所有路由器之间会相互传播外部路由信息。在 EBGP 组中，对等体（称为外部对等体）位于不同的 AS 中，并且通常共享一个子网。在外部组中，将根据外部对等体与本地路由器之间共享的接口来计算下一跳路由。

与采用跳数作为路由度量标准的距离矢量路由 RIP 不同，BGP 并不对其整个路由表进行泛洪。在启动时，对等的邻居路由会转发其路由表，之后需要依靠所收到的网络更新信息进行路由信息库（RIB）的更新。路由表只为目的路由器维护一条路径信息，而 RIB 通常会为一个目的路由器维护多条路径信息。路由器会决定将哪些路由信息放入路由表，从而决定实际使用哪些路径。消除一条路径，可以从 RIB 查询到同一地点的另一条路径。RIB 仅用于跟踪可能使用的路由。如果接收到路由删除信息且仅在 RIB 中存在，则将其从 RIB 中静默删除。如果没有更新发送给同级，则 RIB 条目永不超时，它们继续存在，直到假定路由不再有效为止。

本章首先给出了路由问题的概述,然后介绍了几种经典的传统路由协议。在智能网络中,可以按照路由智能体对信息的获取方式和对动作的执行方式,将智能路由算法分为两类:分布式路由和集中式路由。下面将以分布式路由和集中式路由为分类,介绍基于机器学习的算法在智能路由中的应用。

4.2 分布式路由策略

一般来说,在分布式路由策略中,路由节点只保留邻居节点的路由信息,而路由动作选择空间也在邻居节点范围内。正如即将介绍的 QELAR 算法,每个分布式智能体能够自动学习网络状态和路由动作,其本质就是根据路由节点的状态信息,预测数据包转发到邻居节点的概率。后面将针对一个特定自组织网络环境下,介绍分布式路由算法的具体应用。

4.2.1 Q-routing 路由算法简述

前面简单介绍了几个经典的传统路由协议,互联网文档中也定义了许多路由协议。路由是一个普遍的问题,基本问题是如何调整参数配置进行流量控制,使路由策略更可靠。随着机器学习的快速发展,将机器学习应用于路由问题是一个很好的解决方案。将强化学习(RL)应用在网络路由中可以追溯到 20 世纪 90 年代初。Boyan 和 Littman[2]的开创性工作引入了 Q-routing,这是 Q-learning 算法在流量路由中的直接应用。强化学习使用学习代理在无监督的情况下探索周围的环境(通常表示为有限状态的马尔可夫决策过程),并从不断尝试中学习最大化奖励累积的最佳行动策略。RL 模型是根据一组状态 $S=\{S_t\}$、每个状态 S_t 下执行的一组动作 $A(S_t)$ 以及获得相应的奖励 R_t 组成的。当与网络相关联时,状态 S_t 表示 t 时刻网络中所有节点和链路的状态。但是,当它与正在路由的数据包相关联时,S_t 表示在 t 时刻存储数据包的节点状态。在这种情况下,路由动作空间 $A(S_t)$ 代表所有可能的下一跳邻居节点,可以选择这些邻居节点将数据包路由到给定的目标节点。可以根据单个或多个奖励指标(例如队列时延、可用带宽、拥塞程度、丢包率等)将即时静态或动态奖励 R_t 与路由中的每个链路或转发动作相关联(例如能耗水平、链路可靠性等)。

在路由动作选择时进行的奖励累积(即分组到达目的节点时累积的总奖励)通常是未知的。在 RL 中,Q-learning 是一种将剩余累积奖励(Q-value)的估计与每个状态–动作对相关联的简单但功能强大的无模型技术。Q-learning 智能体通过在每个状态下贪婪地选择具有最高预期的 Q-value:$\max_{a \in A(s_t)} Q(s_t, a)$ 的动作来学习最佳的动作选择策略。一旦执行动作 a_t 并且知道相应的奖励 r_t,节点就会相应地更新 $Q(s_t, a_t)$,Q-value 更新策略如下:

$$Q(s_t, a_t) \leftarrow (1-\alpha) Q(s_t, a_t) + \alpha(r_t + \gamma \max_{a \in A(s_{t+1})} Q(s_{t+1}, a)) \tag{4-1}$$

其中,$\alpha(0<\alpha<1)$ 和 $\gamma(0<\gamma<1)$ 分别表示学习率和折扣因子。α 越接近 1,则最近的学习行为对 Q-value 的影响越大。较大的 γ 值表示使学习代理的目标获得长期较大的奖励。只有在学习代理知道所有可能动作对当前 Q-value 的影响情况下,使用贪婪选择策略才是最佳选择。

代理可以利用这些知识来选择奖励最大的动作。另外，可以使用 ε-greedy 方法，使智能体有可能选择探索随机动作，而不是只选择具有最高 Q-value 的动作。为了观测 Q-routing 的性能，我们将上一节介绍的 Q-routing 和 RIP 算法进行简单的实验仿真对比，如图 4-3 所示。

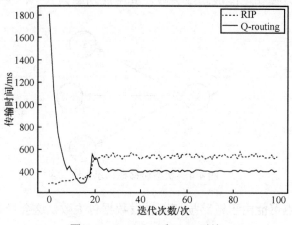

图 4-3　Q-routing 和 RIP 对比

在图 4-3 中可以看出，当 Q-routing 收敛后，可以达到比较好的路由效果，即使迭代次数在 20 次附近，网络发生动态变化后，Q-routing 依然能够快速收敛。一般来说，将利用 Q-learning 进行路由决策优化的方法称为 Q-routing。Q-routing 不需要任何有关网络拓扑或流量模式的先验知识。目前已有研究的实验表明，就平均数据包传递时间而言，Q-routing 优于最短路径优先路由算法。Q-routing 能够在较高负载下对拓扑变化显示出更好的稳定性和鲁棒性。

4.2.2　基于模型的 Q-learning 路由机制

QELAR 是一种基于模型的 Q-learning 算法，能够提高算法收敛速度，降低路由成本并节约资源。分布式算法 QELAR 中的智能体通过学习环境并评估一个动作值函数，最大化在给定状态下执行动作的期望回报，从而自主做出决策。存在故障和网络分区的情况下，使用 QELAR 能够平衡网络资源负载，因而 QELAR 对故障具有优秀的鲁棒性。当使用适当的学习率和折扣因子时，与无模型 Q-learning 相比，基于模型的 QELAR 学习算法的收敛速度可以进一步提高。

在 QELAR 算法中，奖励既考虑了数据包传输资源（将数据包转发到邻居节点所需要的资源），又考虑了邻居节点的剩余资源。这样可以避免只选择高利用率的路线（热点路径），从而在节点之间实现负载均衡。采用每个分组的模型表示智能体（节点），以便根据节点保存该分组来定义状态。根据下一跳节点的期望 Q-value 贪婪地选择路径。Q-value 表由节点维护，并在运行时获取相应的转移概率。节点每次转发数据包时，都会附加其 Q-value。

在 QELAR 算法中，系统状态的定义与各个数据包相关。对于一对源-目的节点，与网络中每个节点有关的网络状态和路由动作都构成网络状态集 S 和路由动作集 A。令 s 为保存数据包的节点。令 $a_{s'}$ 为节点将数据包转发到节点 s' 的动作。与数据包有关的状态转移概率仅在数据包转发时才改变。该路由算法是一种主动式和反应式的混合协议,节点只保留直接相邻节点的路由信息,避免了主动式和反应式路由协议的缺点。状态转移概率示例如图 4-4 所示,s_1 只保留 s_2、s_3、s_4 的节点信息。s_1 可以选择 s_2 作为下一个转发节点,即根据其策略采取措施 a_2。每个转发操作可能成功或失败,其中成功率为 $P_{s_1 s_2}^{a_2}$,失败率 $P_{s_1 s_1}^{a_2}$ 为 $1 - P_{s_1 s_2}^{a_2}$。

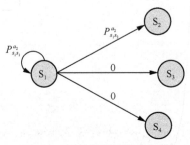

图 4-4 状态转移概率示例[3]

传输范围内的节点可能由于链路损坏而转发数据包失败,这会导致拓扑变化。同时,节点的变动也会引起拓扑结构的变化。而该算法的设计能够适应拓扑结构的变化。因为 Q-learning 算法可以自主学习网络环境,并快速适应当前的网络拓扑结构。定义 s_n 发出的每个动作 a_m 都有其关联的 $P_{s_n s_m}^{a_m}$ 和 $P_{s_n s_n}^{a_m} = 1 - P_{s_n s_m}^{a_m}$。当 $m = n$ 时,$P_{s_n s_m}^{a_m} = 1$,系统处于 s_1 时的状态转移矩阵表示为:

$$P(s_1) = \begin{array}{c} a_1 \\ a_2 \\ \vdots \\ a_n \end{array} \begin{pmatrix} P_{s_1 s_1}^{a_1} & 0 & \cdots & 0 \\ P_{s_1 s_1}^{a_2} & P_{s_1 s_2}^{a_2} & \cdots & 0 \\ \vdots & \vdots & \ddots & \vdots \\ P_{s_1 s_1}^{a_n} & 0 & \cdots & P_{s_1 s_1}^{a_n} \end{pmatrix} \begin{array}{c} s_1 \quad s_2 \quad \cdots \quad s_n \end{array} \tag{4-2}$$

为使数据包路由获得最大的奖励,即以最小的成本传输到目的节点。每次分组转发尝试都会消耗资源,占用信道带宽并影响到目的节点的跳数(即时延)。通过这种持续的惩罚(负奖励),智能体被迫选择到目的节点相对较短的路径,路由时延被最小化。最短路径路由算法通过强制分组沿着最短路径前进来降低资源消耗和端到端时延。然而,最短路径上的节点资源会比其他节点消耗得更快,一直使用最短路径算法可能会缩短网络的生命周期并导致网络拥塞。相比之下,在 Q-learning 中考虑节点资源后,可以选择其他路径以公平的方式使用网络节点。在网络中,就跳数而言,中间节点与目的节点的距离越远,它得到的负奖励越大,其奖励 $V(s_n) = \max_a Q(s_n, a)$ 就越低。由于贪婪 Q-learning 算法总是选择具有最高 Q-value 的动作,因此 Q-value 梯度可以使数据包以最少的跳数从源节点中继到目的节点。

当节点 s_n 将数据包转发到 s_m 时,如果转发成功,则状态-动作 (s_n, a_m) 的奖励函数 $R_{s_n s_m}^{a_m}$ 可以被定义为:

$$R_{s_n s_m}^{a_m} = -g - \alpha_1 (c(s_n) + c(s_m)) + \alpha_2 (d(s_n) + d(s_m)) \tag{4-3}$$

其中,$c(s_n)$ 和 $d(s_n)$ 是与剩余资源相关的奖励,而 α_1 和 α_2 是相应权重。g 是节点转发数据包时的累积惩罚或者代价。但是,最短路径不能保证网络资源负载均衡,因为过度使用最短路径上的某些节点会导致网络拥塞,从而降低网络整体资源利用率。

Q-learning 是一个易于扩展的框架。其行为在很大程度上是由奖励函数决定的,奖励函数用于在智能体做出决策后对其进行积极动作的强化。通过合理地设计奖励函数,可以使路由协议提高资源利用效率和负载均衡意识。通过对每个节点的剩余资源和一组节点之间的资源分布进行迭代 Q-learning,得到最优的路由转发策略。同时,可以很容易地将端到端时延和节点密度等因素进行综合扩展,并根据需要平衡的所有因素动态调整奖励函数中的参数。例如在奖励函数中引入节点的两个函数 $c(s_n)$ 和 $d(s_n)$,可以提高整体网络的资源利用率。其中 $c(s_n)$ 是关于节点 n 剩余资源的成本函数,如下所示:

$$c(s_n) = 1 - \frac{E_{\text{res}}(s_n)}{E_{\text{init}}(s_n)} \tag{4-4}$$

其中,E_{res} 和 E_{init} 分别是节点 n 的剩余网络资源和初始网络资源。在所有网络节点的初始资源 E_{init} 相同的情况下,节点 n 剩余资源越少,成本 $c(s_n)$ 就越高。较高的成本意味着传输中涉及的两个节点发送和接收数据包的概率会降低。考虑每个节点的剩余资源以及一组节点之间的资源分布来计算奖励函数,有助于为分组选择合适的转发节点。

$d(s_n)$ 被定义为一组节点中资源分布的奖励函数,该网络节点包括保存数据包的节点 n 及其在传输范围内的所有相邻节点。设 E_{res} 为节点 n 的剩余资源,$\bar{E}(s_n)$ 为节点 n 的组中的平均剩余资源。该组中资源分布的奖励定义为:

$$d(s_n) = \frac{2}{P} \arctan(E_{\text{res}}(s_n) - \bar{E}(s_n)) \tag{4-5}$$

因此,节点的剩余资源与平均值之差越大,则该节点被选为下一个转发者的可能性就越大。如果从 s_n 到 s_m 的数据包转发失败,则奖励函数定义为:

$$R_{s_n s_n}^{a_m} = -g - \beta_1 c(s_n) + \beta_2 d(s_n) \tag{4-6}$$

其中,β_1、β_2 为可调参数。综上所述,可以将奖励函数定义为:

$$r_t = P_{s_n s_m}^{a_m} R_{s_n s_m}^{a_m} + P_{s_n s_n}^{a_m} R_{s_n s_n}^{a_m} \tag{4-7}$$

从 $R_{s_n s_m}^{a_m}$ 和 $R_{s_n s_n}^{a_m}$ 的定义中我们可以发现,智能体在转发数据包后将始终获得负奖励。因此,所有非目的节点的奖励为负值。在所有节点中目的节点的奖励应最大,因此应设置为 0。QELAR 算法流程如下。

QELAR 伪代码

检测(Packet p)
begin:
  更新发送信息(p);
  if(是否为数据包(p)):
    if(!数据包向本地转发(p)):
      丢弃数据包(p);
    else:

　　　　　　计算 Q-value;
　　　　　　寻找邻居节点最大 Q-value 的动作：a；
　　　　　　附加本地信息（p）；
　　　　　　转发包（p，a，Q_{max}）；
　　　　end if
　　end if

如上所述，当节点监测到一个包（控制包或数据包）时，无论是否被其指定为下一个转发器，都会提取发送者邻居的信息，从包头开始，并更新本地邻居路由表中的相应条目。如果接收到的是数据包，并且该数据包中的转发器 ID 字段指示该节点不符合转发该数据包的条件，则将该数据包丢弃。符合条件的转发器将通过 $Q^*(s_t,a_t) = r_t + \gamma \sum_{s_{t+1} \in S} P_{s_t s_{t+1}}^{a_t} \max_a Q^*(s_{t+1},a)$ 计算与每个邻居相关的 Q-value，然后选择具有最高 Q-value 的下一个转发器。

考虑到各个网络的节点都具备流量监控功能，因而其可以对网络接收器传出的流量进行分析解构，从而实现对数据包传输的监管。当网络节点完成数据的转发后，其相关数据内容并不会在缓冲队列中被立即删除，而是将继续在内存中存储一定时间。如果下一个转发器（不是目的节点）成功接收到该数据包，它们将沿着下一跳进一步转发该数据包，并且前一个转发器接收返回数据包将作为确认。该算法对环境进行严密监控，并学习提取所需信息，如网络拓扑结构和周围节点的剩余资源。节点能够直接与一跳邻居节点交换信息，可以帮助每个节点为下一跳选择足够的转发节点。

QELAR 路由协议通过感知环境以及更新 Q-value 来逐渐适应传输故障。为了计算节点-动作对的 Q-value，除接收器外，每个传感器节点都保留向其邻居节点转发动作的历史信息，以便可以估计 $P_{s_n s_m}^{a_m}$ 和 $P_{s_n s_n}^{a_m}$。

4.2.3　面向自组织网络的自适应路由机制

自组织网络是一种在设备相互连接和通信时自发形成的网络，它是由特定目的而即时形成的网络结构。在计算机网络中，自组织网络是指为单个会话建立的网络连接，不需要路由器或无线基站。这些设备彼此直接通信，而不是像无线局域网中那样依靠基站或接入点协调数据传输。每个设备通过使用路由算法确定路由路径，并将数据通过此路由路径转发到其他设备来参与路由活动。d-AdaptOR 是一种基于自组织网络的分布式自适应机会路由机制，具有自适应学习率的 Q-learning，可将平均数据包路由成本降至最低。机会路由不像传统路由那样在每次数据包传输时预先选择一个特定的中继节点，而是选择一个节点广播数据包，以使它被多个邻居侦听。成功确认数据包的邻居形成候选中继器集之后，该节点将在候选中继中选择一个将数据包转发到目的节点的中继。在给定的时间，只有一个节点负责对给定的数据包进行路由选择。假设数据包从节点 i 传输到其相邻节点 S 集合的数据包传输，则下一个（可能是随机的）路由决策包括：

- 由节点 i 重传；
- 由节点中继分组；

- 完全丢弃数据包。

如果选择节点 j 作为中继，它将在下一个时隙发送数据包，其他节点 $k!=j, k\in S$，则删除该数据包。假设节点 i 进行传输会产生固定的传输成本 $c_i>0$。考虑使用传输成本 c_i 对传输资源进行建模，传输成本可以定义为传输给定数据包的预期时间，或当成本设置为统一时的跳数。

将数据包 m 的终止事件定义为数据包 m 在目的节点被接收，或在到达目的节点之前被中继器丢弃的事件。用 T 表示数据包传输终止动作，终止时间 τ_T^m 定义为数据包 m 选择终止动作的时刻。算法对终止事件进行了区分：假设在目的节点终止数据包（成功地将数据包传输到目的节点），可以获得固定的奖励值 R；如果数据包在到达目的节点之前被终止，则不会获得任何奖励。令 τ_m 表示在终止时间 τ_m^T 处获得的随机奖励，即如果在到达目的节点前丢弃分组，则奖励为 0；如果在目的节点接收到数据包，则奖励为 R。

令 $i_{n,m}$ 表示在 n 时刻传输数据包 m 节点的序列，因此让 $c_{i_{n,m}}$ 表示传输成本（如果在时刻 n 数据包 m 未传输，则等于 0）。路由方案可以看作随机选择节点 $\{i_{n,m}\}$ 的序列来中继数据包 $m=1, 2, \cdots$。因此，在时刻 N 之前，与沿着 $\{i_{n,m}\}$ 序列路由分组相关联的期望平均奖励是：

$$J_N = E\left(\frac{1}{M_N}\sum_{m=1}^{M_N}\left(\tau_m - \sum_{n=\tau_s^m}^{\tau_T^m-1} c_{i_{n,m}}\right)\right) \tag{4-8}$$

其中，M_N 表示时刻 N 终止的数据包数量，并且期望值取决于传输策略、成功的数据包接收和数据包生成时刻的事件。d-AdaptOR 的路由策略需要解决的问题是在不了解网络拓扑的情况下，选择一系列中继节点 $\{i_{n,m}\}$，以使 J_N 最大化，其中 $N\to\infty$。

假设 $N(i)$ 表示节点 i 的邻居集合，包括节点 i 本身。令 G^i 表示由于节点 i 的传输而产生的一组潜在的接收节点，即 $i\in\theta, i.e, G^i=\{S:S\subseteq N(i), i\in S\}$。$G^i$ 表示节点传输的状态空间。一般来说，强化学习需要在状态空间的基础上进行动作的选择。因此定义 $A(S)=S\cup\{T\}$ 表示在 S 中的节点成功接收数据包后，节点 i 的动作空间。

对于网络环境中的每个节点，将状态 $S\in G^i$ 和将要选择的动作 $a\in A(S)$ 的奖励函数定义为：

$$g(S,a)\begin{cases}-c_a, & a\in S \\ R, & a=T, \text{dest}\in S \\ 0, & a=T, \text{dest}\notin S\end{cases} \tag{4-9}$$

如上述，任何给定时间的路由决策都是基于节点接收数据包后做出的选择。其中动作选择空间包括重传，选择下一个中继或终止数据包。d-AdaptOR 通过节点 i 及其邻居 $N(i)$ 之间的三步握手以分布式方式做出此类决策。

（1）在 n 时刻，节点 i 发送一个数据包。

（2）已成功从节点接收数据包的节点 S_n^i 集合将确认（ACK）数据包发送到节点 i。除节点 i 的标识，节点 $k\in S_n^i$ 的确认数据包还包含一个控制信息，称为估计最佳分数（EBS），用 l_{max}^k 表示。

（3）节点 i 广告节点 $j\in S_n^i$ 作为下一个发送器，或在转发数据包（FO 包）中标记终止动作 T。

节点 i 在时刻 n 的路由决策是基于自适应存储的得分向量 $\Lambda_n(i,\cdot,\cdot) \in \mathcal{R}^{v_i}$，其中 $v_i = \sum_{S \in G^i} |A(S)|$ 在该得分向量空间中，即节点 i 要在该动作空间中进行路由决策。节点 i 使用从邻居 $k \in S_n^i$ 获得的 EBS 消息 $\Lambda_{\max}^k$ 进行更新。节点 i 使用一组统计变量 $v_n = (i, S, a)$、$N_n = (i, S)$ 和一系列正标量 $\{a_n\}_{n=1}^{\infty}$ 在 n 时刻更新其得分向量。在动作选择过程中，以得分向量作为重要依据。统计变量 $v_n = (i, S, a)$ 等于邻居 S 已接收（并确认）从节点 i 发送数据包的次数，并且在 n 时刻路由做出动作决策 $a \in A(S)$。同样地，$N_n = (i, S)$ 表示直到时间 n 为止，节点集 S 已接收并确认从节点 i 发送数据包的次数。最后，$\{a_n\}_{n=1}^{\infty}$ 是在所有节点上可用的固定数字序列。

d-AdaptOR 中的路由包括 4 个主要步骤：
（1）发送方路由器发送数据包；
（2）邻居在发送数据包的 Q-value 时对其进行确认，即估计的累积成本感知包交付奖励；
（3）发送方发送数据包后，根据上一步的结果，使用 ε-greedy 进行策略更新；
（4）根据上一步的结果选择路由动作（下一跳中继或终止数据包的传输），发送方以所选择的下一跳中继的学习率更新自己的 Q-value。此类方法产生了一个随机的路由方案，它可以优化"探索"和"利用"网络中的机会。使用计数器调整学习速率，该计数器记录从该邻居节点接收到的数据包的数量。计数器的值越高，收敛速度就越快，尽管是以 Q-value 波动为代价的。

d-AdaptOR 的算法流程可以按照初始化、传输、确认接收、中继及更新的 5 个阶段来描述，如图 4-5 所示。该算法是相对于期望的平均每包报酬准则的最优方案。为便于描述，假设每个阶段都有一段连续的时间，其中网络结构以传输成功概率为特征。用 n^+ 表示第 n 个时隙开始之后的某段时间（小时隙），而 $(n+1)^-$ 表示第 n 个时隙结束之前的某段时间，使得 $n < n^+ < (n+1)^- < n+1$。

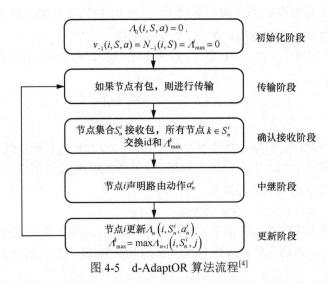

图 4-5　d-AdaptOR 算法流程[4]

传输阶段发生在节点 i 有数据包传输的时刻 n。FO 包的丢失会导致所有潜在中继的数据包丢失，从而降低吞吐量性能。在此阶段中，FO 包需以较低的速率传输以确保可靠的传输。

S_n^i 表示已经接收到由节点 i 发送数据包的（随机）节点集。在确认接收阶段，S 中的所有节点都确认了节点 i 发送数据包的成功接收。我们假设确认接收阶段的时延足够小（不超过时隙的持续时间），该节点 i 根据时刻 n^+ 推断 S_n^i。

节点 i 根据 $\varepsilon_n(i,S) = \dfrac{1}{N_n(i,S)+1}$ 设置的（随机）策略选择路由操作。候选集合中节点的唯一排序是对节点优先级排序，然后选择相邻的最高优先级节点来确定动作的选择。

优先级排序决定了候选节点发送其确认的队列时隙。候选集合中已成功接收包的节点按发送器节点确定的顺序依次发送确认包。在集合中的每个节点都有机会发送 ACK 的等待时间之后，节点 i 发送 FO 包。FO 包包含下一个转发器的标识，下一个转发器可以是任何节点。其中有时包含有关路由决策的信息，严格地介于 n^+ 和 $(n+1)^-$ 之间。如果 $a_n^i \neq T$，则节点 a_n^i 准备在下一个时隙转发；如果节点 $j \in S_n^i, j \neq a_n^i$，则删除该数据包；如果选择了终止动作，即 $a_n^i = T$，则所有节点 S_n^i 将数据包删除。

选择路由动作后，将更新计数变量：

$$V_n(i,S,a) \begin{cases} v_{n-1}(i,S,a)+1, & (S,a)=(S_n^i,a_n^i) \\ v_{n-1}(i,S,a), & (S,a) \neq (S_n^i,a_n^i) \end{cases} \tag{4-10}$$

在时间 $(n+1)^-$ 完成传输和中继之后，节点 i 更新分数矢量 $\Lambda_n(i,\cdot,\cdot)$，当 $S=S_n^i$，$a=a_n^i$ 时，

$$\Lambda_{n+1}(i,S,a) = \Lambda_n(i,S,a) + \alpha_{v_n}(i,S,a) \times (-\Lambda_n(i,S,a) + g(S,a) + \Lambda_{\max}^a) \tag{4-11}$$

如果长时间没有接收到 FO 包（FO 包接收不成功），则相应的候选节点丢弃接收到的数据包。如果发送器没有接收到任何确认，则节点重新传输包。每次重新传输后，等待时间窗口将加倍。此外，如果数据包重传次数达到重试限制，则丢弃该数据包。

本节首先介绍了最简单的 Q-routing 路由算法，然后引入一种相对复杂的基于模型的 Q-learning 分布式路由算法，最后以自组织网络为背景，介绍了分布式路由算法在该场景的具体应用。分布式路由算法计算速度快、可靠性高、灵活且扩展性强，但同时也具备一定的缺点。尤其是在路由问题中，分布式路由算法的学习收敛问题至关重要。集中式路由算法可以在某些方面弥补分布式路由算法的缺点，下面对集中式路由策略进行简单介绍。

4.3 集中式路由策略

相对于分布式路由策略，集中式路由策略最大的优点在于能够求解全局最优问题，而不像分布式路由策略那样容易陷入局部最优。Q-learning 是在路由问题中应用最多的算法，但其在实际应用中，往往具有一定局限性，不能直接引入网络路由计算中。下面介绍的 AdaR 算法采用了集中式和分布式混合的方法，相比传统 Q-learning 算法更加适合解决路由问题。传统网络是分布式网络，难以应用集中式路由策略。SDN 的出现，促进了集中式网络的发展。在本节的最后，介绍一种基于 SDN 的多层控制网络的集中式路由策略应用。

4.3.1 基于最小二乘策略迭代的路由机制

AdaR 是一种基于最小二乘策略迭代（LSPI）的路由机制。相比传统的 Q-learning，采用离线集中式学习过程可以更快地使路由策略收敛。该算法考虑了节点的负载、剩余资源、接收节点的跳数及链路的可靠性。在该算法设计中，基站是学习代理，而路由节点在学习方面是被动的。但是，路由节点是以分布式方法根据基站分配的 Q-value 和 ε-greedy 选择算法和动作的。在每个学习回合，当前 Q-value 用于选择到基站的路由。执行路由动作时，完整的路由信息将附加到数据包中，由基站用于计算即时奖励。当基站已收到足够的信息（所需的数据包数量未定义）时，它将离线计算节点的新 Q-value，并通过广播进行分发。

虽然 Q-learning 已经被广泛应用于解决网络中的路由问题，但是朴素 Q-learning 存在以下缺点：
- 需要大量迭代次数才能收敛到最佳解决方案；
- 参数设置敏感，即使很小的调整也可能会严重影响算法性能；
- 将 Q-learning 直接引入网络路由问题，可能会违反马尔可夫决策过程（MDP）的某些必要收敛条件。

虽然现有的路由技术大多是通过优化一个目标（如路由路径长度、负载平衡、重传率等）降低路由成本的，但这些因素对路由性能的影响是复杂的，因此需要一个方案来进行正确的权衡代价。AdaR 通过采用一种新型的强化学习技术 LSPI，解决了朴素 Q-learning 的问题。

更准确地说，值函数近似为 k 个基函数（特征）的线性加权组合：

$$\hat{Q}^\pi(s,a,w) = \sum_{i=1}^{k} \phi_i(s,a) w_i = \phi(s,a)^\mathrm{T} w \tag{4-12}$$

其中，$\phi_i(s,a)$ 代表第 i 个基函数，而 w_i 代表线性方程式的权重，k 个基函数分别代表每个状态-动作对的信息。

然后可以将 Q-learning 的状态-动作值函数改写为 $\boldsymbol{\Phi} w \approx R + \gamma \boldsymbol{P}^\pi \boldsymbol{\Phi} w$，其中 $\boldsymbol{\Phi}$ 是一个 $(|S||A| \times k)$ 矩阵，表示所有状态-动作对的基函数，P 表示状态转移概率，R 为执行动作获得的奖励。LSPI 使用参数函数逼近器近似给定策略 π 的 Q-value，即 Q^π，而不是直接评估最优动作值函数。假设 $\boldsymbol{\Phi}$ 的列是线性独立的，则该方程可重新表示为：$\boldsymbol{\Phi}^\mathrm{T}(\boldsymbol{\Phi} - \gamma \boldsymbol{P}^\pi \boldsymbol{\Phi}) w^\pi = \boldsymbol{\Phi}^\mathrm{T} R$。

线性函数 $\phi(s,a)$ 的权重 w 可以通过下述线性系统进行求解：

$$\text{where} \begin{cases} w = A^{-1} b \\ A = \phi^\mathrm{T}(\phi - \gamma P^\pi \phi) \\ b = \phi^\mathrm{T} R \end{cases} \tag{4-13}$$

作为一种无模型的学习算法，LSPI 通过从网络环境中进行采样来学习 A 和 b。样本是一个元组 (s,a,s',r)，其中 s、a、s' 和 r 分别是当前状态、动作、下一状态和即时奖励。给定一组样本，$D = \{(s_{d_i}, a_{d_i}, s'_{d_i}, r_{d_i}) | i=1,2,\cdots,L\}$，则可以将 $\boldsymbol{\Phi}$、$\boldsymbol{P}^\pi \boldsymbol{\Phi}$ 和 $\boldsymbol{R}$ 的近似形式构造为：

$$\hat{\boldsymbol{\phi}} = \begin{pmatrix} \boldsymbol{\phi}(s_{d_1}, a_{d_1})^{\mathrm{T}} \\ \boldsymbol{\phi}(s_{d_L}, a_{d_L})^{\mathrm{T}} \end{pmatrix} \quad \boldsymbol{P}^{\hat{\Pi}}\boldsymbol{\phi} = \begin{pmatrix} \boldsymbol{\phi}(s'_{d_1}, \Pi(s'_{d_1}))^{\mathrm{T}} \\ \boldsymbol{\phi}(s'_{d_L}, \Pi(s'_{d_L}))^{\mathrm{T}} \end{pmatrix}$$

$$\hat{\mathcal{R}} = \begin{pmatrix} r_{d_1} \\ \cdots \\ r_{d_L} \end{pmatrix} \tag{4-14}$$

对于 $\hat{\boldsymbol{\phi}}$,$\boldsymbol{P}^{\hat{\Pi}}\boldsymbol{\phi}$ 和 $\hat{\mathcal{R}}$，他们的权重可以由式（4-13）来求解。

在路由方案 AdaR 中，将 LSPI 应用于学习最佳路由策略的问题，不仅能提高数据利用效率，而且对初始设置不敏感。在不稳定的网络环境下，例如节点资源受限、链路不可靠、拓扑变化频繁等情况，依旧能够表现出高效、健壮的路由决策。算法可以在多个优化目标之间进行折中，从而使网络负载更加均衡。对于节点 s 和转发动作 a，将 s' 设为相应的邻居节点（其中 $P(s'|s,a)=1$）。将状态-动作对 (s,a) 定义为以下特征：

（1）s 和 s' 到基站距离之差为 $d(s,a)$；
（2）s' 的剩余资源为 $e(s,a)$；
（3）从采样过程中提取出通过节点 s' 的路由数量为 $c(s,a)$；
（4）s 和 s' 之间链接的可靠性为 $l(s,a)$；

综上所述，(s,a) 的基函数集合为 $\varphi(s,a) = \{d(s,a), e(s,a), c(s,a), l(s,a)\}$。

大多数现有的路由技术是为了优化其中一个目标而设计的。然而，在实际场景中，这些因素往往是相互冲突的，并以复杂的方式影响路由性能，因此需要一种更智能的路由方案来进行正确的权衡。AdaR 算法从环境中采样一组元组 (s,a,s',r)，并使用 LSPI 为当前策略 π 更新线性函数 $Q^{\pi}(s,a)$ 的权重 $\boldsymbol{w}$。更新后的权重用于改进当前策略 π。重复此过程，直到策略收敛为止，即连续迭代的策略权重不会显著变化。该方法基于最小二乘策略迭代，是一种高效的无模型强化学习技术。它能够以较少的尝试次数学习一个最佳策略，并且对初始参数设置不敏感，因此非常适合复杂的动态网络环境。

具体学习过程：当通过动作 a 将数据包从节点 s 转发到 s' 时，基于当前 Q 值 $\boldsymbol{\phi}(s,a)^{\mathrm{T}}\boldsymbol{w}$，记录 $<s,a,s',\boldsymbol{\phi}(s,a)^{\mathrm{T}}>$ 附加到数据包。因此，在到达基站的分组上，可以追踪整个路由路径的信息。然后根据路由路径的质量计算每个元组 (s,a,s') 的即时奖励 r。注意，路由可能会陷入循环，在这种情况下，通常只需要进行小规模的泛洪就可以了。它使得一组网络节点能够根据所有优化目标有效地学习一个最优的路由策略（而且可以灵活地扩展）。在基站收集到一定数量的样本 (s,a,s',r) 后，调用 LSPI 程序估计线性函数 $Q^{\pi}(s,a)$ 的新权重 $\boldsymbol{w}'$。然后，可以在网络中广播更新的 $\boldsymbol{w}'$，或者在基站分发查询时将其附带发送。使用更新的权重 $\boldsymbol{w}'$，通过选择具有最高 Q-value 的动作 a 可以轻松地实现每个节点 s 的策略改进：$\pi(s|\boldsymbol{w}') = \mathrm{argmax}_a \boldsymbol{\phi}(s,a)^{\mathrm{T}}\boldsymbol{w}'$。重复执行该过程，并遵循已验证的策略，直到策略收敛为止。

实际上，AdaR 具有一些优越的性能，例如可以考虑不同的路由成本指标，并且具有更快的收敛时间。但是，这是以更高的计算复杂度为代价的，每跳数据包的大小不断增长以及 Q-value 的广播导致通信开销增加，这也使其对链路故障和节点变动更加敏感。

4.3.2 面向 SDN 的自适应路由机制

QAR 在多层递阶控制结构的 SDN 中,利用强化学习和 QoS 感知奖励函数进行自适应路由算法的设计。QAR 算法的性能优于现有的学习解决方案,并提供了快速收敛的 QoS 保证,实现了高效、自适应的包转发机制,有利于大规模 SDN 的实际应用。

单控制器和多控制器基础结构都可以作为集中控制平面的实际解决方案。在单个控制器 SDN 中,控制器依靠其最优计算能力,以及流量和网络状态的全局感知能力,通过计算最佳路由路径来管理整个数据平面。此方案简化了复杂流的管理,并且仅需要配置控制器,网络运营商就可以对网络进行直接有效的控制。但是,这些单控制器 SDN 受控制器的计算能力限制,通常在网络规模或流量增加时会遇到鲁棒性和可扩展性问题。此外,考虑控制器可能出现的单点故障情况,可靠性也是另一个十分值得思考的问题。

当一个控制器的功能不足以覆盖整个网络,或者多个控制器在性能和基础架构成本方面更具效益时,多控制器 SDN 管控方式更受青睐。在这种多控制器模型中,几个控制器共同管理数据平面,并且需要一个集中式接口来为底层交换机提供虚拟化,使这些交换机从自身的角度来看,仍然像是由单个控制器进行管理。

在平面路由空间中,所有路由器都是对等体,在分层路由空间中,使用骨干路由网络连接不同的路由域或自治系统。分层路由空间的优势在于减少了路由器之间为了计算路由表而必须产生的相互通信流量。例如,仅在自己的路由表中转发流量的路由器无须与其他域中的路由器交换路由信息。当然,该方法的缺点在于,与平面路由空间相比,分层系统更难以实现和维护。

SDN 被认为是下一代网络模型,它将数据转发与集中控制分离。为了实现专用 QoS 管理和快速路由配置服务,针对每个特定应用,通过有效的传输来支持包延迟、丢失和吞吐量方面的各种 QoS 要求。QAR 提出了一种多层递阶控制架构,这种体系结构由具有 3 个级别的控制器的递归层次控制平面组成,分布式多层控制结构如图 4-6 所示。具体来说,分布式多层控制平面结构通过控制器的 3 级设计(即超级控制器、域控制器和子控制器)来最小化大型 SDN 中的信号延迟。

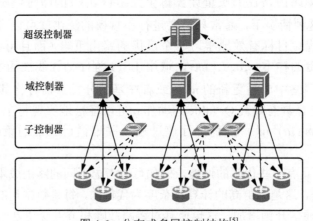

图 4-6 分布式多层控制结构[5]

如上所述，此分布式 SDN 系统由各种交换机子网组成，并且每个子网都有一个域控制器、一个或多个子控制器，以及许多基础交换机。在 QAR 中，将策略 $\pi_t(s_t,a_t)$ 的概率定义为对 Q-value 进行 Softmax 函数回归之后的概率选择：

$$\pi_t(s_t,a_t) = \frac{\exp(Q_t(s_t,a_t)/\tau_n)}{\sum_{b=1}^n \exp(Q_t(s_t,b_t)/\tau_n)} \quad (4\text{-}15)$$

其中，n 为动作空间数量，$Q_t(s_t,a_t)$ 表示状态-动作值函数，a_t 为动作，s_t 为当前状态。为了控制探索和执行最优动作之间的概率平衡，将上式中热度值 τ_n 定义为：

$$\tau_n = \frac{(\tau_0 - \tau_T)n}{T} + \tau_0, \quad n \leq T \quad (4\text{-}16)$$

其中，T 表示收敛的次数，τ_0 和 τ_T 分别表示 T 时初始和最终的热度值。高热度值倾向于选择探索动作，低热度值倾向于选择贪婪动作。

一般来说，计算状态-动作值函数的方法可以考虑两种基础算法——Q-learning 和 Sarsa（也是强化学习里面最常用的两个算法），他们的奖励函数分别为 Q-learning：

$$Q_{t+1}(s_t,a_t) = Q_t(s_t,a_t) + \alpha(R_t + \gamma \max_a Q_t(s_{t+1},a) - Q_t(s_t,a)) \quad (4\text{-}17)$$

Sarsa：

$$Q_{t+1}(s_t,a_t) = Q_t(s_t,a_t) + \alpha(R_t + \gamma Q_t(s_{t+1},a_{t+1}) - Q_t(s_t,a)) \quad (4\text{-}18)$$

其中，$\gamma \in [0,1]$，表示折扣因子，R_t 表示 t 时刻的奖励值。

Q-learning 算法和 Sarsa 算法都具有杰出的学习性能，Sarsa 算法同样可以应用于路由问题。我们实现了一个简单的 Sarsa-routing 算法，实验结果如图 4-7 所示。

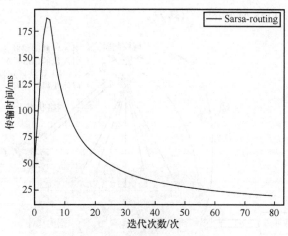

图 4-7 Sarsa-routing 实验结果

实验结果表明，将 Sarsa 算法应用在路由问题中，可以达到路由收敛的效果。Q-learning 只是假设未来会遵循最佳策略。Sarsa 利用了智能体在未来将会遵循的策略，这意味着采用 Sarsa 算法的智能体可以明确执行动作所获得的奖励，而不必对具有最高奖励的最佳行动进行估计。QAR 路由中采用了 Sarsa 算法，其中 QoS 感知奖励函数定义为：

$$\begin{aligned} R_t &= R(i \rightarrow j|_{s_t,a_t}) \\ &= -g(a_t) + \beta_1(\theta_1 \text{delay}_{ij} + \theta_2 \text{queue}_j) + \beta_2 \text{loss}_j \\ &\quad + \beta_3(\phi_1 B1_{ij} + \phi_2 B2_{ij}) \end{aligned} \qquad (4\text{-}19)$$

其中，R_t 表示系统在状态 S_t，选择动作 a_t 将包从节点 i 转发到节点 j。$g(\cdot)$ 表示执行动作 a_t 的代价函数，$\beta_1, \beta_2, \beta_3, \theta_1, \theta_2, \phi_1, \phi_2 \in [0,1)$ 为可调参数，由数据流的 QoS 需求定义。

算法 1：QAR 感知自适应路由算法伪代码
新的流 f 到达子网交换机
交换机向域控制器 E_f 转发第一个包
if   Dest(f) 不在相同的子网
超级控制器执行算法 2；
沿子网路径的域控制器执行算法 2；
else
域控制器 E_f 执行算法 2
end if
数据包按照交换机中建立的流表转发

QAR 受到对路由路径的自适应计算框架研究的启发，在多层框架中通过强化学习和指定的 QoS 感知奖励，进行路由策略的设计。此外，域控制器负责计算每个传入流的路径，而子控制器负责收集网络状态并将信息更新发送到图 4-8 所示的域控制器。QAR 确定各个子网内各个域的转发路径控制器及超级控制器子网之间的全局转发方向。该分布式多层控制平面引入最小化信号时延，作为 SDN 体系结构优化目标。以 QAR 算法在此体系结构上实现自适应、时间效率高和 QoS 感知的分组转发。

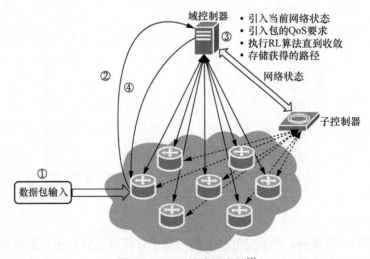

图 4-8 QAR 的流示意图[5]

当产生新的流到达交换机时，交换机将流的第一个数据包转发到域控制器，并请求转发路径。然后，域控制器会更新来自子控制器的最新信息的当前网络状态。QoS 需求包括最小化/最大化（时延、丢失、吞吐量等）的度量，用于控制奖励函数中每个度量标准的权重。控制器隐式地识别流的 QoS 需求，使用基于 Sarsa 的 QAR 算法计算最优路由，并相应地更新路径上交换机的转发表。此外，如果域控制器发现目标交换机不属于其子网，则第一个数据包也将被发送到超级控制器。然后，超级控制器执行强化学习算法，以在子网（即子网路径）之间找到转发方向，并将相应的通知发送到所涉及子网的域控制器。这样，可以同时执行主控制器和多个域控制器的路径搜索，从而节省很多计算时间。但是控制器需要迭代 Sarsa 算法直到收敛，这在实际应用中会导致路由时延。

算法 2：强化学习算法伪代码

1. 在源节点 i（即交换机或者域控制器）
2. 以式（4-19）初始化 $Q_0(s_0, a_0) = 0$ 和 R_0
3. t 时刻：
4. 根据式（4-15）得到的 a_t 选择下一跳路由动作
5. 观测 R_t 和 s_{t+1}
6. 根据式（4-18）更新 Q_{t+1}
7. 重复第 4 步，在 $t+1$ 时刻选择下一跳路由动作

QAR 采用了带有 Softmax 策略选择算法的集中式 Sarsa 算法，在 SDN 中实现了 QoS 感知。通过分层负载共享，可以大大减少分布在 3 个级别的控制器之间的计算负载。根据 OpenFlow，如果存在传入流的匹配条目，交换机将不会把数据包发送到域控制器，而是将数据包发送到现有匹配路径。QAR 成功地提供了一种 QoS 感知的自适应路由，对大型 SDN 特别有效。尽管 Lin 等人[5]考虑了多层 SDN 控制平面，但所提出的基于 Sarsa 的路由算法并不特定用于这种体系结构，而是可以在任何对全局路径中不同路径和链路具有感知网络全局的控制器上运行。最后，在适当考虑 QoS 要求和网络状态变化的情况下，这种路由方案为支持创新服务、虚拟化和通用的网络功能提供了最佳选择，该方案可以轻松地与其他网络规划和管理系统集成。

4.4 总结

本章首先对路由算法概念进行了简单介绍，随后给出了 3 种常见的传统路由协议。近年来，随着机器学习的飞速发展，将强化学习应用于路由领域获得了很大关注。本章以集中式和分布式方法为分类，介绍了几种经典的智能路由算法。Q-learning 是路由应用里最常见的算法，最直接的路由算法是 Q-routing，并且在此基础上演变出了很多复杂模型。例如，d-AdaptOR 是一种无模型的基于 Q-learning 分布式路由机制。QELAR 与无模型的 Q-learning 相比，基于模型的 Q-learning 路由算法，能够提高收敛速度，降低路由成本并节约资源。为了解决在传统 Q-learning 及分布式路由机制中的收敛问题，AdaR 以一种集中式的方法，实现了基于无模型 LSPI 的路由机制。在互联网中，流量管理包括拥塞控制、路由协议和流量工程。流量管理是对源速率和路由的调整，以实现用户和运营商的要求。源主机根据网络拥塞程度调整其发送速率，网络运营商根据所测量的流量调整路由。拥塞控制由源节点来完成，

具体行为取决于数据包传递路径的任何中间节点向端节点发送的 ICMP 消息。路由协议是在路由器上实现的，用于路由。流量工程是互联网提供商寻求优化网络性能和流量传递的重要机制。随着网络规模和复杂性的增长，网络管理需要优化的地方不仅仅是现有协议，而且还有一些问题，即拥塞控制（传输层）和路由（网络层）的联合系统是否最优且稳定，通过使用针对 TCP 的最佳流量工程和优化模型，是否可以实现新算法。本章最后介绍的算法以多层体系架构将网络层和传输层结合在一起，可得到最佳路由算法，并且可以最大程度提高用户的综合效益。当一个控制器的功能不足以覆盖整个网络，或者多个控制器在性能和基础架构成本方面更具效益时，多控制器 SDN 便受到青睐。QAR 提出了一种多层递阶控制架构，利用强化学习和 QoS 感知奖励函数来进行自适应路由算法的设计，实现了高效、自适应的包转发机制。

参考文献

[1] ARAFATUR R A H M A N, SAIFUL A Z A D, FARHAT A N W A R. Performance analysis of on-demand routing protocols in wireless mesh networks[J]. Informatica Economica Journal, 2009, 13(2): 120.

[2] BOYAN J A, LITTMAN M L. Packet routing in dynamically changing networks[C]//Proceedings of the 7th International Conference on Neural Information Processing Systems. New York: ACM. 1993: 671-678.

[3] HU T S, FEI Y S. QELAR: a machine-learning-based adaptive routing protocol for energy-efficient and lifetime-extended underwater sensor networks[J]. IEEE Transactions on Mobile Computing, 2010, 9(6): 796-809.

[4] BHORKAR A A, NAGHSHVAR M, JAVIDI T, et al. Adaptive opportunistic routing for wireless ad hoc networks[J]. IEEE/ACM Transactions on Networking, 2012, 20(1): 243-256.

[5] LIN S C, AKYILDIZ I F, WANG P, et al. QoS-aware adaptive routing in multi-layer hierarchical software defined networks: a reinforcement learning approach[C]//Proceedings of the 2016 IEEE International Conference on Services Computing (SCC). Piscataway: IEEE Press, 2016: 25-33.

第 5 章 拥塞控制

在互联网还处于发展初期时，网络拥塞的潜在问题就被人们所察觉。1986 年 10 月，计算机网络第一次出现了由网络拥塞导致的网络瘫痪，那时通信距离只有 400 码（1 码=0.9144m），网络吞吐量却骤减到 40bit/s。从那以后，拥塞控制就引起了业内人士和学者的广泛关注，成为网络研究中的热点问题。伴随着机器学习理论的成熟，拥塞控制中很多问题得以解决，逐渐形成了现在较为完善的智能网络体系。拥塞控制支撑着网络基础，有着调控进入网络数据包数量的功能，可以确保网络稳定性、资源利用公平性，以及可接受的丢包率。每个网络体系结构都有一套自己的拥塞控制机制。其中最为人所知的拥塞控制机制是 TCP 拥塞控制机制，TCP 拥塞控制机制在网络的终端中运行，这方便在发生网络拥塞时控制数据包的传输速率。还有一种众所周知的拥塞控制机制是队列管理，其在网络的中间节点（例如交换机和路由器）内部运行以补充 TCP 拥塞控制机制。互联网拥塞控制机制的网络体系结构正在不断演进和改善，例如容迟网络（DTN）和命名数据网络（NDN）。尽管做出了这些努力，但是在丢包分类、队列管理、拥塞窗口（CWND）更新及拥塞推断等方面仍存在着各种缺陷。本章将带领大家学习智能算法在拥塞控制中是如何解决这些问题的。

5.1 拥塞控制概述

拥塞控制机制已经普及每个网络体系，本节主要讲述的是 TCP 中的拥塞控制机制。下面主要从两个方面介绍拥塞控制技术，一方面是拥塞控制状态机，另一方面是拥塞控制算法。

5.1.1 拥塞控制状态机

拥塞控制状态机在拥塞控制中扮演了非常重要的角色。它由多种状态组成，其中包括 Open 状态、Disorder 状态、CWR 状态、Recovery 状态和 Loss 状态。当发送方收到了一个 ACK，状态机可以在下面行为中做出合理选择：对 CWND 大小进行改变，也可以保持不变。如果本该减小 CWND 大小却增加了 CWND 大小，则会发生丢包或者超时，即发生网络拥塞，这种情况是我们不愿意看到的。拥塞控制状态转换关系如图 5-1 所示，它诠释了 TCP 拥塞控制机制中状态机的工作过程和几种状态之间的转换关系，可以通过图 5-1 更好地了解状态机的工作过程。

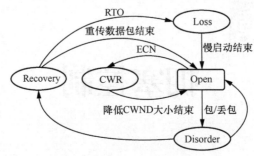

图 5-1　拥塞控制状态转换关系[1]

下面对图 5-1 所述状态机的 5 种状态进行说明。

1．Open 状态

状态机通常处于这个状态，当收到 ACK 时，将 CWND 大小和慢启动的阈值相比较，然后决定采用慢启动算法还是拥塞避免算法控制 CWND 的大小。

2．Disorder 状态

在该状态下，只有一个旧包离开网络时，新包才可以被发送，也就是说要收到上一个包的 ACK 才可以再发送下一个包，遵循守恒原则。

3．CWR 状态

当网络拥塞出现时，CWND 减半前需要收到两个 ACK 才会减少一个段，CWR 状态可以转变成 Recovery 或者 Loss 状态。

4．Recovery 状态

当发送方收到充足的延迟确认（DACKs）时，状态机将进入此状态。在此状态下，CWND 每接收到两个 ACK 减少一个段，直到 CWND 的值等于慢启动阈值 ssthresh 为止，该阈值是 CWND 进入 Recovery 状态时大小的一半。在确认了 Recovery 状态时发送的所有数据段之后，发送方返回 Open 状态。

5．Loss 状态

超时重传到时间后就进入 Loss 状态，在该状态中正在发送的所有数据均被认定为丢失，CWND 大小被设置为一个段，可以用慢启动算法来调整 CWND 大小。

5.1.2　拥塞控制算法

拥塞控制算法在拥塞控制机制中十分重要，到目前仍在不断地改进，它也成为了拥塞控制中的主要支撑。V.Jacobson 在 1988 年提出了 TCP 拥塞控制算法，那时该算法并不完善，仅包括慢启动和拥塞避免两种算法。随着网络拥塞控制成为网络研究的热点，人们不断地想要改进拥塞控制算法。因此，又新增加了快重传和快恢复算法，TCP 拥塞控制得到了进一步的完善。

接下来介绍拥塞控制的 4 种主要算法。拥塞控制系统及工作流程如图 5-2 所示。

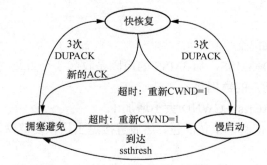

图 5-2　拥塞控制系统及工作流程[1]

1．慢启动算法

当发生丢包并开始重传时，不再采用指数增长的方式，而是采用线性增长，缓慢地测试网络的承受能力。如不再发生超时，则持续线性增加 CWDN 大小。

2．拥塞避免算法

在此状态下，采用 CWND 与 ssthresh 比较，当 CWND＞ssthresh 时采用拥塞避免算法线性缓慢地增加 CWND 大小。每个往返路径时间（RTT）只在 CWND 值上添加一个 MSS（最大最小段值），每当 TCP 发送方收到新的 ACK 时，向 CWND 添加一个 MSS。

3．快重传算法

当发生报文段丢失时，该算法将在重传数据包之前等待一定的超时时间，这会增加端到端的时延。在等待超时过程中，可能会发生后续消息段已被接收方接收，但因长时间无法确认，发送方会认为它丢失了的问题，从而造成不必要的重传，浪费资源和时间。

TCP 使用累积确认机制，也就是说，当接收端收到的消息段大于预期的序列号时，将重复发送最后一个确认消息段的确认信号，将其称为冗余 ACK。

累积确认机制如图 5-3 所示，成功接收到消息段 1，并确认了 ACK2，接收端的预期序号为 2，丢失消息段 2 时，消息段 3 未按顺序到达，与接收期望不符，接收端重复发送冗余 ACK2。

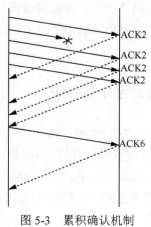

图 5-3　累积确认机制

采用这种累积确认机制时，在等待超时过程中如果收到 3 个重复的 ACK，就会立即重传，从而大幅度提高效率。

4．快恢复算法

快恢复算法的逻辑如下。

（1）CWND=CWND+3MSS，加 3MSS 的原因是收到 3 个重复的 ACK。

（2）重传 DACKs 指定的数据包。

（3）如果再收到 DACKs，CWND 大小增加 1。

（4）收到新的 ACK 即验证重传的包，然后直接退出快恢复算法，此时 CWND 将被设定为 ssthresh。

传统的拥塞控制机制中存在着很多问题，如丢包分类。TCP 拥塞控制将所有丢包的原因都归结于网络拥塞，但是这样做会在本不该触发拥塞控制时触发拥塞控制，降低数据传输速率。不仅在丢包分类问题上，诸如拥塞窗口更新、队列管理，以及拥塞诊断都存在着不同的问题，下面将介绍机器学习如何解决传统拥塞控制中存在的问题，让拥塞控制更加智能化，构建起智能网络。

5.2 丢包分类

无论底层介质是有线还是无线，TCP 拥塞控制机制都能有很好的表现。尽管标准的 TCP 拥塞控制机制已针对有线网络进行了优化，但是并不能对丢包的原因进行类别划分。主要问题在于 TCP 拥塞控制机制把所有丢包原因识别为网络拥塞，这个做法并不正确。这是因为造成丢包的因素有很多种。① 网络拥塞：在有线网络中，丢包概率非常高，只要发生网络拥塞，数据包就会发生丢失，但两者之间的关系并不是充分必要条件。② 数据包重新排序：排序会带来时延，时延很大就会被判定成丢包。③ 链路差错：无线网络链路质量差，存在各种扰动，通信质量不稳定，也会导致丢包现象的发生。④ 链路中断：通信链路被断开，导致数据包无法成功传送，当数据包无法到达传输终端时，就被标记为发生丢包。⑤ 切换丢失：节点切换导致的丢包问题。⑥ 时延：时延很大造成数据包被判定为丢失。TCP 拥塞控制机制是当出现丢包时就判定为网络拥塞，并降低数据包的传输速率，导致端到端吞吐量降低。我们主要讨论机器学习算法在拥塞控制中的应用，接下来让我们看看机器学习是如何解决丢包分类问题的。

5.2.1 基于朴素贝叶斯算法的丢包分类方法

近年来，随着无线通信技术在互联网中的普遍应用，无线信道上的 TCP 拥塞控制变得越来越重要。在这种情况下，未分类的包丢失可能不再是有效信号，因为这些丢包全被认定为发生了网络拥塞。在这种情况下通常根据 RTT、CWND 大小、ACK 数据包之间的到达时间对丢包进行分类。这里介绍一种通过 RRT、CWND 大小、ACK 数据包之间的到达时间区分丢包类别的朴素贝叶斯分类方法。

在确定分类依据指标后,需要确定有哪些类别。为了更容易理解和简化模型,把丢包的类别分为 3 类:网络拥塞、重新排序、其他丢包原因。接下来着重介绍一下重新排序,当 TCP 发送一系列背对背数据包时,这些数据包将被放在瓶颈链路的队列末尾。如果此队列没有足够的空间容量,则仅将序列前面的数据包放入队列中,序列后面的数据包将被丢弃。在这里假设一个先进先出(FIFO)队列,在丢包的情况下,最后一个成功传输的数据包可能会遇到高时延,因为它必须等待充满数据包的队列传输。这种情况通过图 5-4 中的数据包序列($a1$,$a2$,$a3$,$a4$)进行说明。在数据包重新排序的情况下。按顺序发送的最后一个数据包可能不会出现较大的时延,原因是对于重新排序事件,缓冲区并不会溢出,这与网络结构有关(例如多通道路径、负载平衡等),这种情况由图 5-4 中的数据包序列($b1$,$b3$,$b2$)说明。

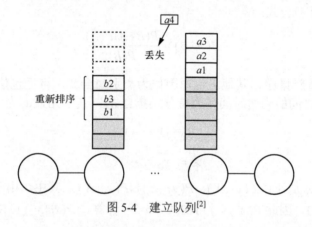

图 5-4　建立队列[2]

下面来了解一下什么是朴素贝叶斯算法,存在一组数据集,特征输入向量对应类别标签,对这样给定的样本类型进行分类,求特定样本出现的条件下,每个类别出现的概率,以最大者为准。在不知道其他信息的情况下,以较大概率发生的事件作为其类别。

朴素贝叶斯算法流程如图 5-5 所示,整个流程被分成了 3 个阶段。

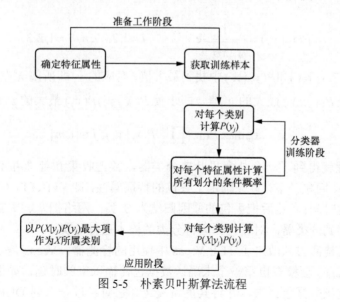

图 5-5　朴素贝叶斯算法流程

（1）准备工作阶段。该阶段中需要确定输入变量即分类依据的特征，这一部分需要主观确定特征是什么。然后获取样本集，该样本集包括每个样本对应的特征属性及样本的类别标签，如果有需要，可对特征属性向量进行预处理。

（2）分类器训练阶段。这个阶段主要工作是统计每个类别标签在样本中出现的次数，计算条件概率并生成分类器，该过程的主要依据是贝叶斯公式。

（3）应用阶段。这个阶段采用已经生成好的分类器，输入待分类的样本特征属性向量，通过已训练好的分类器实现对样本的分类。

当确定了分类依据、分类的具体类别及朴素贝叶斯算法流程就可以开始构建基于朴素贝叶斯算法的丢包分类模型。

该模型基于贝叶斯公式：

$$P(A|B) = \frac{P(B|A)P(A)}{P(B)} \tag{5-1}$$

将网络拥塞、重新排序、其他丢包原因作为类别集合 Y，将丢包信息的 RTT、CWND 大小、ACK 数据包之间的到达时间作为待分类集合 X，其中元素 x_i 为 X 的特征属性：

$$Y = \{y_1, y_2, y_3\} \tag{5-2}$$

$$X = \{x_1, x_2, \cdots, x_n\} \tag{5-3}$$

根据式（5-1）分别计算 $P(y_1|X)$、$P(y_2|X)$ 和 $P(y_3|X)$，其中，由于假设 X 中各个自变量是服从正态分布的，因此 $P(X|y_j)$ 可由式（5-5）计算，$P(x_i|y_j)$ 可由式（5-6）计算：

$$P(y_j|X) = \frac{P(X|y_j)P(y_j)}{P(X)}, j = 1, 2, 3 \tag{5-4}$$

$$P(X|y_j) = P(x_1|y_j)P(x_2|y_j)\cdots P(x_n|y_j), j = 1, 2, 3 \tag{5-5}$$

$$P(x_i|y_j) = \frac{1}{\sqrt{2\pi\sigma^2}}e^{-\frac{(x_i-\mu_{y_j})^2}{2\sigma_{y_j}^2}}, i = 1, 2, \cdots, n, j = 1, 2, 3 \tag{5-6}$$

从 $P(y_1|X)$、$P(y_2|X)$ 和 $P(y_3|X)$ 中找到最大值，对应的 y_j 即所属 X 的类别。由于 $P(X)$ 是一定的，要求使 $P(y_j|X)$ 最大的 y_j 值，即求使 $P(X|y_j)P(y_j)$ 最大的 y_j 值，即：

$$\hat{y} = \arg\max_{Y} P(y_j)\prod_{i=1}^{n} P(x_i|y_j), j \in [1, m] \tag{5-7}$$

通过上述过程就得到了一个朴素贝叶斯分类器，数据收集和处理并不是所要讲述的重点，所以在此省略。回顾一下，首先确定了丢包的特征属性，即 x={RTT, CWND 大小, ACK 数据包之间的到达时间}。然后把丢包的原因归结为 3 类：网络拥塞、重新排序、其他丢包原因。最后计算得到分类器，对丢包原因待分类的样本进行分类。

这种丢包分类检测方法改进了 TCP Vegas 中使用的检测器，Vegas 是一个基于时延的简单丢包检测器。Vegas 会检查自第一个未确认数据包传输以来的时延，如果此时延大于新的超时阈值，则假定该数据包丢失，并将其重新发送。它对经过一系列 DUPACK 后到达的前

2 个正常 ACK 执行相同的测试,以便从 2 个或 3 个彼此靠近的丢失中恢复过来。在本节中,使用朴素贝叶斯算法来检测丢失,而不是使用简单阈值判定。

5.2.2 隐马尔可夫模型的丢包分类方法

在有线网络中,数据包丢失的主要原因是网络拥塞,网络状态可以表现为拥塞或不拥塞。然而,当涉及无线链路时,无线信道衰弱同样会导致数据包丢失。在端到端模型中,通过区分丢包类型是无线丢包还是拥塞丢包,可以使其在有线/无线混合环境中有效运行。隐马尔可夫模型(HMM)的丢包分类方法集成了数据包丢失对技术和隐马尔可夫模型。本节介绍 HMM 丢失对 RTTs 信号的分类模型。基于该模型,对拥塞丢包、无线丢包、其他丢包进行分类。在这一部分,首先简要介绍丢失对和 HMM。

1. 丢失对

丢失对是发送方背对背发送的一对数据包,假如其中一个恰好丢失,由于这两个数据包彼此之间的距离足够近,直到其中一个数据包丢失为止,没有丢失的数据包会将当前数据包丢失的时延状态传回发送方。这对数据包可以是主动检测方案中的一对检测数据包,也可以是被动测量方案中由 TCP 代理(如 TCP Reno)发送的一对数据包。

2. HMM

HMM 已成为功能强大的建模工具,主要原因有两个:第一,HMM 拥有丰富的数学结构,具有奠定广泛应用的理论基础;第二,HMM 在合适的条件下有很好的表现。HMM 是一种统计信号模型,该模型可以为信号处理系统的理论描述提供一定基础,信号通常表示为时间序列 $\{o_t : t = 1, 2, \cdots\}$,这个时间序列的产生可以认为是从马尔可夫链中,仅在离散的时间点采取行动。当采取行动时,它将基于与当前状态关联的概率分布生成观察向量,信号可以是离散形式,也可以是连续形式。本节着重介绍具有高斯连续观测值的 HMM,其特征在于以下要素。

模型状态数量为 N,记 $\{S_1, S_2, \cdots, S_N\}$ 为状态空间集合,当模型在时间 t 处且状态 S_j 中时,当前观测值 o_t 的概率密度函数可以用高斯密度表示:

$$b_j(o_t) = N[o_t; \mu_j, \sigma_j^2] \tag{5-8}$$

其中,N 是具有均值 μ_j 和协方差 σ_j^2 的高斯密度函数。状态转移概率分布为 $A = \{a_{ij}\}$,其中:

$$a_{ij} = P[s_{t+1} = S_j \mid s_t = S_i](1 \leqslant i, j \leqslant N) \tag{5-9}$$

初始状态分布 $\pi = \{\pi_1, \pi_2, \cdots, \pi_N\}$,其中 $\pi_i = P[s_1 = S_i](1 \leqslant i \leqslant N)$。

对于训练样本,需要记录每一个丢失对的丢包类别,以便于分类器训练。

3. EM 算法

EM 算法的思想是利用启发式迭代,其本身是无法计算模型相关参数的,但是可以先随机给出隐含数据,然后利用观测和隐含进行极大化对数似然,显然,由于之前是随机给出的隐含数据,所以求得的模型参数几乎是不理想的,但这并不影响,继续在当前情况下猜测隐含数据,然后再进行极大化对数似然,如此反复,直到模型参数收敛,就得到了合适的模型参数。

> **EM 算法伪代码**
>
> 输入：观测数据 $x=(x^{(1)},x^{(2)},\cdots,x^{(m)})$，联合分布 $p(x,z;\theta)$，条件分布 $p(z|x;\theta)$，迭代步数 J
>
> Step1：初始化模型参数 θ 的初值 θ^0，该过程是随机给出初值
>
> Step2: for j from 1 to J
>
>   a）E 步：求解联合分布的条件概率
> $$Q_i(z^{(i)}) = P(z^{(i)}|x^{(i)},\theta^j)$$
> $$L=(\theta,\theta^j)=\sum_{i=1}^{m}\sum_{z^{(i)}}Q_i(z^{(i)})\log P(x^{(i)},z^{(i)};\theta)$$
>
>   b）M 步：极大化 $L(\theta,\theta^j)$，得到 θ^{j+1}
>
>   c）如果 θ^{j+1} 已收敛，则算法结束。否则继续回到步骤 a）进行 E 步迭代
>
> 输出：模型参数 θ

通过 EM 算法对 HMM 进行求解，其输入特征是丢失对的 RTTs，分类类别为拥塞丢包、无线丢包，以及其他丢包，不难看出这是一个模型参数学习问题。我们采用鲍姆—韦尔奇算法解决这一问题，该算法也被应用于 k 均值聚类算法。在本节中介绍了两种丢包分类的机器学习算法应用，除了这两种还有很多方法，例如神经网络、支持向量机、决策树等，就不再一一赘述了。

本节介绍了如何利用朴素贝叶斯算法和 HMM 解决拥塞控制中的丢包分类问题，基于朴素贝叶斯算法的丢包分类方法更加简单，便于操作。HMM 的丢包分类方法需要借助丢失对技术，也是一种有效的丢包分类方法。下面介绍机器学习在队列管理上的应用。

5.3 队列管理

队列管理是网络中存在的一种机制，它是对 TCP 拥塞控制的一种补充。队列管理随着网络拥塞控制机制的更新也在不断改进。传统的队列管理技术采用 FIFO 方案处理数据包，每个队列都会有一个最大允许长度，当超过最大允许长度时，后续的数据包就会被自动丢失。主动队列管理（AQM）通常采用尾部丢弃的方法，它是一种拥塞恢复机制，可以维持互联网的稳定运行。但存在诸如队列已满、死锁和全局同步之类的问题，AQM 并不是等到达到最大允许长度才开始进行丢包，它是预测到即将发生拥塞，提前采取对应的措施。AQM 是一种主动拥塞控制机制，可以有效地解决全局同步的问题。

1．随机早期检测

最初的 AQM 方案随机早期检测（RED）是建立在 FIFO 的队列调度之上，有着预防拥塞的思想，通过检测输出队列长度，只要预测马上要发生拥塞时，就立即降低数据的传输速率。RED 有以下优点。

（1）使数据包丢失率和排队时延最小化；

（2）防止出现全局同步的现象；

(3) 避免了突发服务的偏见,当数据流突然很大时,该数据流的数据包容易被丢弃;

(4) 具有一定独立性,即便没有传输层协议配合,依旧能有效地避免拥塞。

RED 算法分为两个部分。首先,需要计算出平均队列的长度;然后,计算丢包的概率。之所以需要计算平均队列长度,主要是因为数据传输的突发性,计算式如下:

$$\bar{Q} = (1-w)\bar{Q} + w \cdot q \tag{5-10}$$

其中,w 是权值,q 为采样时的实际队列长度。从式(5-10)中可以看出,如果 w 比较小,那么数据的突发性就可以弱化很多。当 w 很大时,平均队列长度容易受到短期变化的影响;当 w 比较小时,平均队列长度相对稳定。

在 RED 中,该算法通过计算平均队列长度描述拥塞程度,进而计算丢弃数据包的概率,实现对平均队列长度的有效控制,接下来介绍两个相关的阈值 $\min_{th}$ 和 $\max_{th}$。当 $\bar{Q} > \max_{th}$ 时,所有的分组都被丢弃;当 $\min_{th} < \bar{Q} < \max_{th}$ 时,需要计算出被丢弃的概率;当 $\bar{Q} < \min_{th}$ 时,没有分组需要被丢弃。

2. BLUE 算法

BLUE 采用链路利用率和丢包率来管理队列,它通过用概率 P_m 来标记传入的数据包,所增加的 P_m 在 BLUE 中作为拥塞的通知。当队列变得空闲时,此可能性 P_m 降低。BLUE 使用 3 个参数:freeze_time 定义两次连续的相似 P_m 更新之间的最小时延;d_1 确定溢出时 P_m 的增加量;d_2 显示链路空闲时 P_m 的减少量。BLUE 算法的伪代码如下所示。

BLUE 算法伪代码
数据包丢失事件: 　　If((now-last_update)>freeze_time) 　　　　$P_m = P_m + d_1$ 　　　　last_update=now 链路空闲事件: 　　If((now-last_update)>freeze_time) 　　　　$P_m = P_m - d_2$ 　　　　last_update=now

上面介绍了两种传统的主动队列管理方法,下面将介绍机器学习算法在传统队列管理上的应用、机器学习与队列管理是如何结合的。

5.3.1 基于模糊神经网络的队列管理方法

AQM 是一种避免拥塞的机制,通过主动地降低拥塞,以便提供早期拥塞通知。然而这种方法需要手动调整,并不能准确捕捉输入流量的变化,从而导致不稳定。基于模糊神经网络的队列管理,我们使用一种神经模糊预测方法来捕捉流量的变化,并准确地检测未来的拥塞。

本节介绍一种 AQM 机制 α-SNFAQM,α-SNFAQM 使用神经模糊预测模型检测拥塞程度,首先区分严重拥塞和轻度拥塞,再决定是否需要丢弃数据包,为了实现其算法,采用了

3个参数,即瞬时队列长度、输入速率和预测输入速率,下面详细地对其进行介绍。

间隔 I 定义了算法变量的更新频率,预测的是每个间隔 I 被选择作为传输所有缓冲区字节所需的时间。这样设置的原因是给排队中的包足够的时间在第 τ^{th} 间隔离开缓冲区。因此,这些数据包肯定不会在两个连续的控制间隔中被计数两次。C 代表链路容量,则有:

$$I = \frac{bs}{C} \quad (5\text{-}11)$$

输入速率 $\text{IR}(\tau-1)$ 是在 $(\tau-1)^{th}$ 间隔 I 中到达队列的流量字节数。预测输入速率 $\text{PIR}(\tau)$ 是预测的第 τ^{th} 间隔 I 到达队列的流量。输出速率是队列在间隔 I 内可以提供的流量。

α-SNFAQM 算法的流程框图如图 5-6 所示。

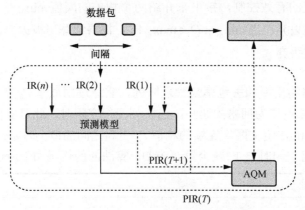

图 5-6　α-SNFAQM 算法的流程框图[3]

可以看出 $\text{IR}(1),\cdots,\text{IR}(n)$ 和 $\text{PIR}(T)$ 是模糊神经网络预测模型的输入,预测模型输出的是 $\text{PIR}(T+1)$,再通过 AQM 机制进行操作。关于神经网络已经介绍,在此不再赘述,仅给出必要的网络结构和相关设计。α-SNFAQM 中预测模型的模糊网络结构如图 5-7 所示。

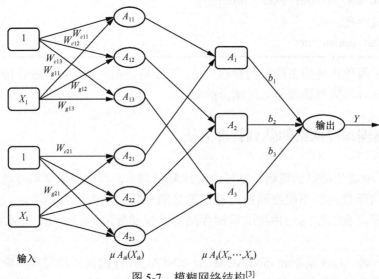

图 5-7　模糊网络结构[3]

网络的输入变量在前面已经叙述，这里给出隶属度函数：

$$\mu A_{ik}(X_{ik}) = \exp(-\left|W_{gik}x_i + W_{cik}\right|^{l_{ik}}) \qquad (5\text{-}12)$$

那么网络输出有：

$$Y = \frac{\sum_{k=1}^{c} y_k}{\sum_{k=1}^{c} \mu A_k(X_1, \cdots, X_n)} \qquad (5\text{-}13)$$

在 α-SNFAQM 算法中模糊网络的输出仅有重度拥塞和轻度拥塞。根据预测输出的拥塞严重程度，α-SNFAQM 做出对应的决策。

5.3.2 基于模糊 Q-learning 的队列管理算法

前面已经介绍了 RED 和 BLUE，基于模糊 Q-learning 的队列管理方法是对 BLUE 的一种改进，这种模型也被称为 Deep Blue。其目的是解决 BLUE 里 d_1 和 d_2 步长固定的问题。

参数 freeze_time 是一个重要参数，它的不同取值会导致完全不同的结果。步长参数 d_1 和 d_2 有助于 BLUE 实现最佳的 P_m。步数越大，BLUE 收敛到最佳值的速度就越快，但是可能会导致 BLUE 在这个值附近一直振荡。网络状况的学习是选择 d_1 和 d_2 的关键因素之一。下面来简要介绍一下 Q-learning 的基本思想，Q-learning 算法的拓扑图如图 5-8 所示。

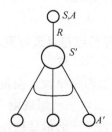

图 5-8　Q-learning 算法的拓扑图[4]

首先根据状态 S 选择动作 A，此过程采用的是 ε-贪婪算法。然后执行动作 A，得到奖励 R，之后进入状态 S'。这时如果是 Sarsa，继续基于状态 S'，用 ε-贪婪算法选择 A'，然后更新价值函数。

对于 Q-learning，选择使 $Q(S',a)$ 最大的动作作为 A' 来更新价值函数：

$$Q(S, A) = Q(S, A) + \alpha(R + \gamma \max_a Q(S', a) - Q(S, A)) \qquad (5\text{-}14)$$

对应到图 5-8 中就是在下方的 3 个圆圈代表的动作中选择一个动作使 $Q(S', a)$ 最大，并将其记为 A'。选择新的动作需要在状态 S' 的基础上更新价值函数后进行。这一点也和 Sarsa 稍有不同。对于 Sarsa，价值函数更新使用的 A' 会作为下一阶段开始时的执行动作。至于模糊 Q-learning 中的模糊指的就是模糊神经网络，在 5.3.1 节中已经对模糊网络进行简单叙述，这里便不再提及。接下来具体看下模糊 Q-learning 算法框图，如图 5-9 所示。

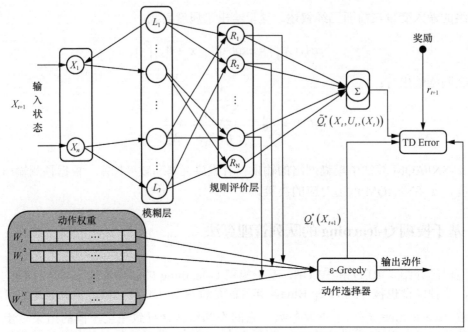

图 5-9 模糊 Q-learning 算法框图[5]

在 Deep Blue 里面，BLUE 中的 freeze_time 将被剔除，d_1、d_2 两个参数将被替换成 d_{11}、d_{1n} 和 d_{21}、d_{2n}，下面详细介绍下 Deep Blue。

（1）初始化学习参数 γ 和探索速率 θ。

（2）模糊 Q-learning 算法输入向量构造包含最近更新的当前队列长度和数据包丢弃概率（p_m）的输入向量，该向量定义学习的当前状态。

（3）模糊隶属度采用三角隶属函数将每个输入向量模糊化为低、中、高 3 个级别。

（4）最佳 Q 值的估计：当前输入值触发一组规则，由规则评估层计算真值。最佳 Q 值是每个规则的真实值乘以其在整个规则库中的最佳操作值得出的最大值。

$$Q^*(X_t) = \frac{\sum_{R_i \in A(X_t)} \alpha_{R_i}(X_t) \times (\max_{a \in U^i} W_t^i(a))}{\sum_{R_i \in A(X_t)} \alpha_{R_i}(X_t)} \quad (5\text{-}15)$$

（5）为了计算每个状态动作到特定状态的转移概率，TD 误差的计算式为：

$$\tilde{\varepsilon}_{t+1} = r_{t+1} + \gamma \times Q_t^*(X_{t+1}) - \tilde{Q}_t(X, U_t(X_t)) \quad (5\text{-}16)$$

（6）根据下式更新模糊网络中的参数：

$$W_{t+1}^i(U_t^i) = W_t^i(U_t^i) + \tilde{\varepsilon}_{t+1} \times \alpha_{R_i}, \forall R_i \in A(X_t) \quad (5\text{-}17)$$

（7）动作集：在 Deep Blue 中不再仅有两个步进长度 d_1、d_2，它比 BLUE 的步进选择动作要多，而且是在时变的，即 d_{11}、d_{1n} 和 d_{21}、d_{2n}，d_{11}、d_{1n} 代表增加的步进长度，d_{21}、d_{2n} 代表减少的步进长度。

现在不难理解，该模型采用模糊 Q-learning 对传统 BLUE 进行了改进，通过模糊 Q-learning 将传统 BLUE 中固定步长采用智能决策的方法变成自适应步长。可以看到智能算法在拥塞控制中扮演着十分重要的角色。我们对模糊 Q-learning 算法进行了仿真，通过改变 Q-learning 里的环境，每 1000 步迭代作为一个循环，试验结果说明模糊 Q-learning 有着极好的收敛效果。

本节介绍了机器学习在队列管理问题中的应用，分别讲述了基于模糊神经网络的队列管理方法和基于模糊 Q-learning 的队列管理算法，基于模糊 Q-learning 的队列管理算法是对传统 BLUE 算法的改进，具有自适应步长，并得到了不错的效果。下面将介绍机器学习在 CWND 更新问题上的应用。

5.4 CWND 更新

CWND 是在互联网中防止通信拥塞现象发生的一种措施，它限制了发送方在接收 ACK 之前可以传输的数据量。这是一种在发送端采用拥塞避免算法及慢启动算法相结合的方法，它限制了数据包的发送速率，是装在发送端的一个可滑动窗口。拥塞避免及慢启动是 CWND 更新的关键，在这里进行简述。

1. 慢启动

慢启动的主要特征是试探性地发送数据，不在最开始就发送大量的数据包，由小到大地增加 CWND 大小，也就是说先探测下网络的拥塞程度。每当收到一个 ACK 时，CWND 增加 1 个最大报文段长度，实现指数级增长，当 CWND 达到慢启动门限初始值时，则切换为拥塞避免算法。

2. 拥塞避免

在 CWND 达到慢启动门限初始值时，改变 CWND 增大速率，从指数级增长的方式变为线性增长的方式。这种线性增长的方式降低了 CWND 的增长速率。当检测到网络拥塞时 CWND 的调整方式取决于拥塞的类型。如果丢包是由于超时触发的，则 CWND 会被重置为 1，并重新进入慢启动阶段，同时慢启动门限设为当前 CWND 值的一半，以减少未来发生严重拥塞的可能性。而如果丢包是由 3 个重复 ACK 触发的快速重传机制引起的，则 CWND 不会直接重置为 1，而是减少一半，并进入快速恢复阶段，以减少拥塞对传输性能的影响，同时避免完全回到慢启动阶段，从而更快恢复数据传输效率。

CWND 的更新在一定程度上防止了拥塞现象的发生，但是，TCP 是根据特定网络条件进行设计的，其中就包括所有的丢包原因都被认定为发生了拥塞，这样就将导致无线链路中网络通信速率发生不必要的降低。由于资源受限，特别是功率受限，在有限带宽限制的 WANET 和 IOT 网络中，如何正确更新 CWND 是一个挑战。强化学习在这方面表现十分突出，它以一种奖励机制的学习方式很好地解决了 CWND 的更新问题，在本节将介绍学习自动机和 Q-learning 是如何解决 CWND 更新问题的。

5.4.1 基于学习自动机的 CWND 更新方法

TCP 采用拥塞控制机制来确定更新 CWND 的大小，但是这种方法将导致网络拥塞频繁地发生。其原因是 TCP 是拥塞丢包和无线丢包的拥塞控制机制，它并不能区分丢包现象发生的原因。为此必须提供一种行而有效的控制机制，来根据网络条件更新 CWND 的大小并区分无线丢包和拥塞丢包。TCP 通过观察事件的发生，例如 ACK 和 DUPACK 数据包的到达，动态适应不断变化的网络环境，并适当地更新 CWND 的大小。

首先对学习自动机进行简单的介绍，学习自动机隶属于强化学习范畴，其抗噪能力十分优异，在线学习与优化能力已经被应用于各个领域中。

1. 环境定义

环境是自动机交互的对象，是一个三元组 $<A,C,B>$，其模型如下：

$$\begin{aligned} A &= \{a_1, a_2, \cdots, a_r\} \\ B &= \{b_1, b_2, \cdots, b_m\} \\ C &= \{c_{ij} = \Pr\{b(n) = b_j \mid a(n) = a_i\}\}, 1 \leq i \leq r, 1 \leq j \leq m \end{aligned} \quad (5\text{-}18)$$

如果 c_{ij} 不随时间改变而发生变化，那么就可以认定这个环境是一个稳定的环境，否则为不稳定的环境。一般情况下，B 通常仅包含 0 和 1 两种元素，如果 B 是一个有限的集合，那么称这个环境为 P 模型；如果是一个范围区间，那么称这个环境为 S 模型。

2. 自动机定义

自动机是自主学习而不需要监督就工作的系统，从数学上来说，自动机的输入动作集合为 B，状态集合为 Q，输出行为为 A，状态转移方程为 T，输出方程为 O，自动机系统如图 5-10 所示。

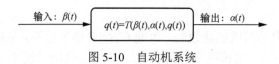

图 5-10　自动机系统

其中 $Q = \{q_1(t), q_2(t), \cdots, q_s(t)\}$ 是 t 时刻所处的状态，T：$Q \times B \times A \to Q$ 表示状态转移函数。

学习自动机指的是与环境交互以改变其行为的自动机，环境与学习自动机间的交互如图 5-11 所示。它的工作流在时间 n 上，学习自动机在状态 $q(n)$ 下以一定的概率从行为集 a 中选择一个行为 $\alpha(n)$ 执行，然后进入一个随机环境。随后，随机环境对这个行为给出反馈 $B(n)$。当学习自动机获得反馈 $B(n)$ 后，它会根据一定的规则更新自己的状态 $q(n+1)$。这个循环一直持续到选择惩罚概率最小行为的概率为 1。

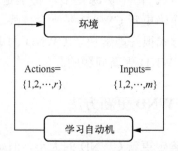

图 5-11　环境与学习自动机间的交互[6]

在了解了学习自动机的原理后，看下它是如何在 CWND 更新中应用的，学习自动机的

CWND 更新方法如图 5-12 所示。

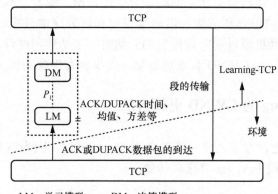

图 5-12　学习自动机的 CWND 更新方法[6]

图 5-12 中的 LM 和 DM 是我们提及的学习自动机，它的输入动作为 ACK/DUPACK 的时间、均值、方差，输出为丢包类别。

LM 模块负责通过观察网络响应来了解网络状况。两个数据包到达之间的时间称为到达时间。计算到达时间的均值和方差，这两个参数是在每个时刻结束后计算出来的。

DM 模块的任务是让学习自动机基于概率随机选择采取行动。这样有助于自动机高效地选择各种动作，并相应地适应不断变化的网络条件。由于更好的行为被 LM 模块赋予了更高的概率值，这些行为被 DM 模块选择的概率更高，同时低概率行为也不会被完全忽略。

当一个行为得到正反馈时，其概率增加，而所有其他行为的概率降低。如果一个行为收到了负反馈，那么该行为的概率就会降低，而其他行为的概率就会增加。其数学表达式如下。

当动作 1 得到正反馈时：

$$p_1(n+1) = p_1(n) + a(1-p_1(n)) \tag{5-19}$$

$$p_2(n+1) = (1-a)p_2(n) \tag{5-20}$$

当动作 1 得到负反馈时：

$$p_1(n+1) = (1-b)p_1(n) \tag{5-21}$$

$$p_2(n+1) = p_2(n) + b(1-p_2(n)) \tag{5-22}$$

这里 $0 < a < 1$、$0 < b < 1$，同理对其他动作有着相同的表达式，自动机状态见表 5-1。

表 5-1　自动机状态

状态	动作	CWND 立即改变量	CWND 期望改变量
乘性增加	加倍	CWND=CWND+MSS	CWND=CWND×2
乘性减少	减半	CWND=CWND+MSS	CWND=CWND/2
保持	不变	CWND=CWND+0	CWND=CWND
加性增加	线性增加	CWND=CWND+frac	CWND=CWND+MSS
加性减少	线性减少	CWND=CWND−frac	CWND=CWND−MSS

在任何时候，自动机都处于以下 5 种状态中的 1 种：乘性增加、乘性减少、保持、加性增加和加性减少。对应上述自动机状态的动作分别是倍增、减半、不变、线性增加和线性减少。加倍和线性增加的动作分别增加一倍增量窗口和百分比增量窗口，frac 可以被定义为 $MSS^2/CWND$。学习自动机通过观察数据包的到达时间来适应网络环境的方法，能够更好更快地学习网络状态，可以让 CWND 有效地更新，更少地发生拥塞情况。

5.4.2 基于 Q-learning 的 CWND 更新方法

在介绍此 CWND 更新方法之前，需要介绍 Vegas 算法，因为该算法是对 Vegas 算法的一种改进。拥塞避免阶段中 Vegas 算法具体如下。

计算期望的吞吐量：

$$\text{expected\_rate} = \text{cwnd}(t)/\text{base\_rtt} \tag{5-23}$$

其中，cwnd(t) 是 CWND 此刻的大小，base_rtt 是当路由器缓存为空时的 RTT。

计算实际的吞吐量：

$$\text{actual\_rate} = \text{cwnd}(t)/\text{rtt} \tag{5-24}$$

计算差值：

$$\text{diff} = (\text{expected\_rate} - \text{actual\_rate})\text{base\_rtt} \tag{5-25}$$

CWND 调整策略：

$$\text{cwnd}(t+\Delta t) = \begin{cases} \text{cwnd}(t), & a < \text{diff} < b \\ \text{cwnd}(t) - 1, & \text{diff} > b \\ \text{cwnd}(t) + 1, & \text{diff} < a \end{cases} \tag{5-26}$$

缓存中的数据包如果保持在 (a,b) 这个区间内，则 CWND 大小保持不变，也就是保持稳定；如果小于 a 则增大 CWND 大小；如果大于 b 则减小 CWND 大小。基于 Q-learning 的 CWND 更新方法流程如图 5-13 所示。

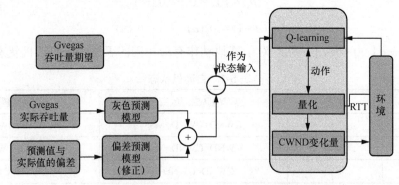

图 5-13　基于 Q-learning 的 CWND 更新方法流程[7]

下面分别讲解其中不同模块的实现方法。

1. 基于灰色预测模型的吞吐量预测

在这里采用的是 GM(1,1)模型进行预测,灰色预测适用于数据具有指数趋势的情况,假设有一组某个阶段的吞吐量序列 $x^{(0)} = (x^{(0)}(1), x^{(0)}(2), \cdots, x^{(0)}(n))$,以它建立 GM(1,1)模型:

$$x^{(0)}(k) + az^{(1)}(k) = b \tag{5-27}$$

其解为:

$$x^{(1)}(t) = (x^{(0)}(1) - b/a)e^{-a(t-1)} + b/a \tag{5-28}$$

最后得到未来吞吐量序列:

$$\hat{x}^{(0)}(k+1) = \hat{x}^{(1)}(k+1) - \hat{x}^{(1)}(k), k = 1, 2, \cdots, n-1 \tag{5-29}$$

2. 偏差预测模型(修正)

利用偏差预测模型对预测误差进行修正:

$$ar^0(k) = \frac{a\hat{x}^0(k) - \text{v\_actual\_}(k)}{\text{v\_actual\_}(k)}$$

将预测误差的原始序列作为灰色预测模型的输入。因此,误差预测被定义为 $ar^0(t+1)$,残差修正将减少预测和实际吞吐量之间的误差。最后,给出带残差修正的吞吐量预测:

$$\text{xv\_actual} = a\hat{x}^0(t+1) + a\hat{r}^0(t+1)\text{v\_actual\_}(t) \tag{5-30}$$

3. 拥塞控制机制(Gvegas)

基于 Gvegas 机制,引入 min RTT 和 max RTT 来调整 CWND 的更新策略,保留 Vegas 机制的优势,同时结合 Q-learning 进行自适应调节。CWND 变化规则如下:

$$\text{cwnd} = \begin{cases} \text{cwnd} + \text{bl} + 1, & \text{RTT} \leqslant \min \text{RTT} \\ \text{cwnd} + \text{bl} + 1 + \dfrac{1}{(\max \text{RTT} - \min \text{RTT})^2}(\text{RTT} - \min \text{RTT})^2, & \min \text{RTT} < \text{RTT} \leqslant \max \text{RTT} \\ \text{cwnd} + \text{bl}, & \text{RTT} > \max \text{RTT} \\ \text{cwnd} + \text{bl} - 1, & \text{RTT} > 2\max \text{RTT} \end{cases}$$

$$\tag{5-31}$$

Q-learning 算法在前面已经介绍过很多次了,这里不再赘述。下面给出本节算法的伪代码。

基于 Q-learning 的 CWND 更新算法伪代码

初始化 $ax^0[t] = ax^1[t] = ax^z[t] = Q(s_t, a_t, r_t)$

while cwnd > threshold in each RTT do
  预测理论吞吐量
  网络反馈更新 $ax^0[t]$ 的实际吞吐量
  更新 $ar^0[t]$ 的吞吐量误差;
    for $i = 1 \to t$ do
      更新 ax^1, ax^z, ar^1 和 ar^z 的序列
    end for
  评估灰色预测的相关参数

采用偏差预测模型对预测值进行修正，并更新
确定最新的状态
获取最新的 CWND 更改大小
采用贪婪算法对 Q-learning 进行更新
end while

基于灰色预测和 Q-learning，采用跨层吞吐量模型计算可达到的吞吐量，并预测下一时段的吞吐量，这种方法实现了实时控制，结果显示平均吞吐量和时延方面均优于 Vegas 算法，从 5.4.1 节和 5.4.2 节的两个智能算法在 CWND 更新方面的应用，不难看出强化学习在这方面有着十分突出的表现。

下面给出 Q-learning 的一些参数设置：贪婪度 $\varepsilon=0.9$；学习率 $\alpha=0.1$；奖励递减值（折扣因子）$\gamma=0.5$。

我们对灰色预测与 Q-learning 结合的方法进行了仿真实验，在假设中状态有 4 种，处于每个状态时，可执行的动作有 4 个，分别是 a、b、c、d，通过训练得到的 Q 值表见表 5-2。

表 5-2 Q 值表

状态	动作			
	a	b	c	d
1	−5.216031	−7.176705	0.000000	−10.421145
2	−6.861494	−8.367250	11.000000	−7.496944
3	−9.999945	−9.999886	−9.999595	11.000000
4	0.000000	−15.999656	−15.999575	−15.999797

Q-learning 通过 Q 值表来对处于不同状态下的模型做出最好的动作选择。

本节主要介绍了强化学习如何解决 CWND 更新问题，强化学习作为机器学习里面非常重要的一类，是以一种奖励机制进行学习的算法，为智能决策提供了强有力的工具。在 CWND 更新问题上，强化学习主要作用于 CWND 的动作决策中。

5.5 拥塞诊断

网络协议根据预测的网络参数来调整其拥塞控制机制，例如一些多播和多路径协议依赖 TCP 网络流量的预测来调整它们的行为，而且 TCP 根据 RTT 预测计算超时重传。但是预测这些网络参数的传统方法并不准确，这主要是因为网络的时变特性和其中复杂的非线性关系。

由于传统方法存在缺陷，机器学习在实时预测网络参数中得到了广泛的应用，例如预测 RTT、网络流量等。这些问题的处理多数采用监督学习方法，并取得了不错的效果。本节将分别介绍一种基于灰色神经网络预测网络流量的方法和一种支持向量回归（SVR）预测 RTT 的方法。在基于灰色神经网络预测网络流量的方法中，机器学习算法被应用于修正灰色 GM(1,1)的残差，提高了预测精准度。在 SVR 预测 RTT 中采用了 Ping 主机的 RTT 测量方法，得到了网络中端到端的时延数据，采用 RBF 核函数建立预测模型，对 RTT 进行精准预测。

5.5.1 基于灰色神经网络预测网络流量

传统的预测网络流量模型（如马尔可夫模型、自回归模型、Poisson 模型）已经不能有效地刻画具有明显多尺度特性的网络流量数据。网络流量预测具有高度非线性，既会受到不可预测的突发情况影响，比如红黑客大战、光缆阻断，也会受到天气、旅游、法定节假日等因素的影响。如果将其中的各种因素进行充分的考虑，那势必会带来算法复杂度和成本的增加，这种情况并不是我们希望见到的。为此，采用了理论较为成熟的灰色预测方法，通过神经网络来对误差进行修正，神经网络的 X 标签对应原始序列，Y 标签对应误差序列。

1．灰色 GM(1,1)预测

灰色模型 GM(1,1)的表达式：

$$x^{(0)}(k) + az^{(1)}(k) = b \tag{5-32}$$

2．GM(1,1)模型的建立

设有原始数据序列为网路流量数据组：

$$\boldsymbol{X}^{(0)} = (x^{(0)}(1), x^{(0)}(2), \cdots, x^{(0)}(n)) \tag{5-33}$$

为了生成 AGO 的递增数列，将序列进行累加：

$$\boldsymbol{X}^{(1)} = (x^{(1)}(1), x^{(1)}(2), \cdots, x^{(1)}(n)) \tag{5-34}$$

其中：

$$x^{(1)}(k) = \sum_{i=1}^{k} x^{(0)}(i); k = 1, 2, \cdots, n \tag{5-35}$$

可建立微分方程：

$$\frac{\mathrm{d}^{(1)}x}{\mathrm{d}t} + a\boldsymbol{X}^{(1)} = b \tag{5-36}$$

以差分替代微分，微分方程可转化为：

$$\begin{bmatrix} x^{(0)}(2) \\ x^{(0)}(3) \\ \vdots \\ x^{(0)}(n) \end{bmatrix} = \begin{bmatrix} -\frac{1}{2}\boldsymbol{X}^{(1)}(1) + \boldsymbol{X}^{(1)}(2) & 1 \\ -\frac{1}{2}\boldsymbol{X}^{(1)}(2) + \boldsymbol{X}^{(1)}(3) & 1 \\ \vdots & \vdots \\ -\frac{1}{2}\boldsymbol{X}^{(1)}(n-1) + \boldsymbol{X}^{(1)}(n) & 1 \end{bmatrix} \begin{bmatrix} a \\ b \end{bmatrix} \tag{5-37}$$

简记为 $\boldsymbol{Y}_N = \boldsymbol{XB}$，通过最小二乘法求解该式，那么可以得到该方程组的解：$\boldsymbol{B} = (a/b) = (\boldsymbol{X}^{\mathrm{T}}\boldsymbol{X})^{-1}\boldsymbol{X}\boldsymbol{Y}_N$，带入原微分方程，可得 $\boldsymbol{X}^{(1)}(K+1) = (\boldsymbol{X}^{(0)}(1) - b/a)\mathrm{e}^{-ak} + b/a$，然后将其累减生成下式：

$$X^{(0)}(k) = X^{(1)}(k) - X^{(1)}(k-1) \qquad (5\text{-}38)$$

这是根据原始数据得到的预测网络流量序列，关于灰色预测方法还有几点必须提及的注意事项，灰色预测模型容易受到原始数据长短的影响，太长或太短都会影响预测精准性，另外，如果信息时间比较久就很难反映当下网络流量吞吐量的变化规律，所以灰色预测模型序列维度需要相等，且保持动态更新，使该序列总是反映当前最新信息，其计算流程如下。

某一时刻原始数据序列为 $X^{(0)} = (x^{(0)}(1), x^{(0)}(2), \cdots, x^{(0)}(k))$，根据 GM(1,1)建模的结果，数列还原为 $X^{(0)}(k) = X^{(1)}(k) - X^{(1)}(k-1)$，得到 $x^{(0)}(k+1)$，丢弃开始时刻的数据 $x^{(0)}(1)$，添加新数据 $X^{(0)}(k+1)$，之后的 GM(1,1)模型序列为：

$$X^{(0)} = (x^{(0)}(2), x^{(0)}(3), \cdots, x^{(0)}(k+1)) \qquad (5\text{-}39)$$

GM(1,1)模型从一组单一离散序列中寻找变化规律，建模方法成本低、方法简单，因此模型精度不高，需要通过神经网络方法对其进行修正。

3．BP 神经网络修正模型

Rumelhart 等科学家于 1986 年提出反向传播（BP）网络，这种网络得到了广泛应用。这里采用 BP 神经网络来对残差进行预测，设有 N 个学习样本 $\{X_k, Y_k\}$，其中 $k = 1, 2, \cdots, N$。神经元节点 i 输出记为 O_k，则节点 j 的输入为 $\text{net}_{jk} = \sum W_{ij} O_k$，目标函数 E 为：

$$E = \frac{1}{2} \sum_{k=1}^{N} e_k = \frac{1}{2} \sum_{k=1}^{N} (d_k - O_k) \qquad (5\text{-}40)$$

其中，d_k 为样本真实值，O_k 为神经网络输出的预测值，根据附加动量项的误差 BP 算法，获得更新后的权重和阈值。本节采用的 BP 神经网络结构如图 5-14 所示。

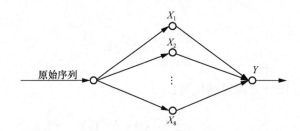

图 5-14　BP 神经网络结构

BP 神经网络参数最小目标误差 goal=0.00065，隐藏层为 1 层，节点数为 8，学习速率 lr=0.035，有 1 个输入神经元和 1 个输出神经元，最大迭代次数 epochs=60000。

4．灰色系统与神经网络融合方式

首先需要对网络流量数据序列进行预处理，包括降噪、剔除异常点或者取平均值来降低数据突发性的影响，之后将序列 $\{x^{(0)}(i)\}$ 带入改进的动态 GM(1,1)模型，得到一组预测误差数据，也就是残差序列 $e^{(0)}(i) = x^{(0)}(i) - \hat{x}^{(0)}(i), i = 1, 2, \cdots, n$，然后用神经网络对 $e^{(0)}(i)$ 进行预测，得到预测值 $\hat{e}^{(0)}(i)$，模型的最终预测结果为 $\hat{X}^{(0)}(i) = \hat{x}^{(0)}(i) + \hat{e}^{(0)}(i)$。这一过程就是通过神经网络对残差序列进行预测，之后修正灰色预测模型预测的网络流量，使得该模型在残差波动比较大的环境中也适用。灰色神经网络预测模型系统如图 5-15 所示，其伪代码如下。

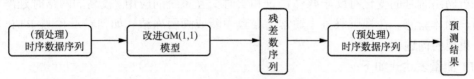

图 5-15　灰色神经网络预测模型系统

灰色神经网络预测模型伪代码

初始化灰色系统相关参数，BP 神经网络初始阈值，并执行以下循环
　　for 1: t
　　　　step 1：根据原始网络流量序列得到灰色预测系统（随着输入序列变化，灰色模型参数也动态变化）
　　　　step 2：将原始网络流量序列代入 BP 神经网络得到预测残差的网络模型（随着输入序列神经网络模型参数动态变化）
　　　　step 3：根据 $\hat{X}^{(0)}(i) = \hat{x}^{(0)}(i) + \hat{e}^{(0)}(i)$，通过 BP 神经网络模型对灰色系统预测结果进行残差修正，得到修正后的预测序列
　　　　step 4：动态改变原始网络流量序列
　　end

对这个方法进行相关仿真，由于 BP 神经网络特有的性质阈值随机，每次结果有着细微区别，同时还会出现振荡的现象，当然这些问题可以被解决，例如通过遗传算法对初值进行优化，来避免结果不稳定的现象，也可以通过共轭梯度来解决 BP 神经网络振荡难以收敛的问题。仿真结果如图 5-16 所示。

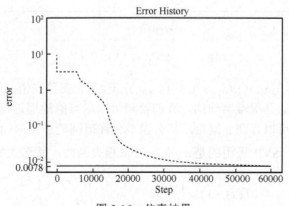

图 5-16　仿真结果

从仿真结果上看，BP 神经网络可以很好地通过原始序列对灰色预测模型的预测误差进行修正。

5.5.2 一种 SVR 预测 RTT 的方法

分析网络时延的变化有助于媒体协议和实时交互系统的应用。较高的网络时延严重影响终端用户的体验感，在视频服务中通常会导致中断或画面冻结。如何精准预测 RTT 也是一个十分重要的问题。

RTT 测量表达式如下：

$$T = T_e - T_s \tag{5-41}$$

往返时延包含了发送和接收在同一路径的情况，这是理想的网络时延测量方法。Ping 是测量网络传输时延和丢包率最方便快捷的工具，它是一个测试网络连接性的程序。Ping 方法在网络系统中的应用起步较早。目前，它广泛应用于网络系统故障检测，突出的研究成果是 IPv6。它已经可以在支持 IPv6 的设备上进行诊断和测试，Ping 方法得到了大多数网络协议和各种系统设备的支持。

下面介绍 SVR 算法，SVM 与 SVR 算法如图 5-17 所示，区别有以下两点。
（1）SVM 是要使到超平面最近的样本点的距离最大；
（2）SVR 则是要使到超平面最远的样本点的距离最小。

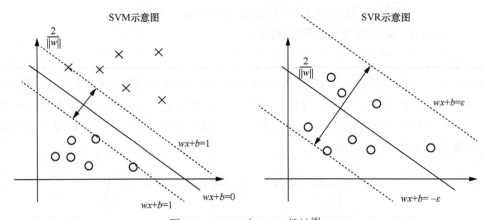

图 5-17　SVM 与 SVR 算法[8]

给定训练样本 $D = \{(x_1, y_1), (x_2, y_2), \cdots, (x_n, y_n)\}, y \in R$，在预测值问题中，最理想的状态是 $f(x)$ 和 y 标签相等。这是很难实现的，我们希望可以尽可能地逼近这个结果。在 SVR 中可以假设 $f(x)$ 和 y 之间可以存在 ε 偏差，那么误差允许范围就是两倍的 ε。如果偏差被允许，则认为是正确的预测，SVR 采用的是 ε – intensive 损失函数，其形式如下：

$$e(f(x)-y) = \begin{cases} 0, & |f(x)-y| < \varepsilon \\ |f(x)-y| - \varepsilon, & |f(x)-y| \geq \varepsilon \end{cases} \tag{5-42}$$

当误差小于 ε 则忽略误差，否则误差值函数为实际值减去 ε，SVR 回归函数如下：

$$y = f(x) = w\varphi(x) + b \tag{5-43}$$

式（5-43）中 $\varphi(x)$ 为输入样本空间 R^d 高纬度特征空间 H 的非线性映射。可以通过泛函数最小化来调整 w 和 b：

$$\min\left\{\frac{1}{2}\|w\|^2 + C\frac{1}{L}\sum_{i=1}^{N} e(f(x_i) - y_i)\right\} \quad (5\text{-}44)$$

$$\text{s.t.}\begin{cases} y_i - w\varphi(x) - b \leq \varepsilon \\ w\varphi(x) + b - y_i \leq \varepsilon \end{cases} \quad (5\text{-}45)$$

其中，C 是平衡系数。求解最优回归超平面的规划问题便转化为：

$$\min\left\{\frac{1}{2}\|w\|^2 + C\frac{1}{L}\sum_{i=1}^{N}(\zeta_i + \zeta_i^*)\right\} \quad (5\text{-}46)$$

$$\text{s.t.}\begin{cases} y_i - w\varphi(x) - b \leq \varepsilon + \zeta_i, \zeta_i > 0 \\ w\varphi(x) + b - y_i \leq \varepsilon + \zeta_i^*, \zeta_i^* > 0 \end{cases} \quad (5\text{-}47)$$

引入拉格朗日乘子与核函数 $K(x_i, y_j)$，核函数如下：

$$K(x_i, y_i) = \exp\left(\frac{-\|x_i - y_i\|^2}{2\sigma^2}\right) \quad (5\text{-}48)$$

求得最优超平面的线性回归函数为：

$$f(x) = \sum_{i=1}^{N}(a_i - a_i^*)K(x_i, x) + b \quad (5\text{-}49)$$

为建立网络 RTT 预测模型，还需要对动态网络 RTT 进行测量、修正和参数化，动态网络需要在网络运转过程中实时记录网络时延数据，这些数据可以建立一组二元数据对 $\langle t_1, d_1\rangle, \langle t_1, d_1\rangle, \cdots, \langle t_n, d_n\rangle$。$d(t)$ 是网络往返时延 RTT 关于时间的函数，每次步进一个时间间隔，训练样本为：

$$S = \begin{bmatrix} S_1 \\ S_2 \\ \vdots \\ S_{t-l} \end{bmatrix} = \begin{bmatrix} (d(1), \cdots, d(l))^\text{T} \\ (d(2), \cdots, d(l+1))^\text{T} \\ \vdots \\ (d(t-l), \cdots, d(t-1))^\text{T} \end{bmatrix} \quad P = \begin{bmatrix} d(l+1) \\ d(l+2) \\ \vdots \\ d(t) \end{bmatrix} \quad (5\text{-}50)$$

这样定义了网络训练样本，有时还需要根据网络的特性对数据进行预处理，在这之后就可以通过上文中建立的 SVR 实现对网络中 RTT 的预测。动态网络时延更新是一个非常重要的步骤，它可以实时反映最新网络的时延规律，挖掘出最新的信息。如果需要更加精准的 RTT 预测，则需要对算法进行改进及考虑计算机的计算时间等因素。

本节介绍了机器学习中监督学习方法如何预测拥塞控制中一些关键参数。传统的灰色预测模型过于简单，导致精度不够，加入 BP 神经网络进行误差修正后的灰色预测模型表现出了更好的预测效果。SVM 提供了一种少量样本就可以做到精准预测的能力，SVR 以一种置信的思想对数据进行预测。本节还介绍了动态更新数据样本对预测网络参数的重要性，实时数据更能反馈网络的当前状态，使预测效果更加精准。

5.6 总结

在介绍完机器学习是如何解决拥塞控制中存在的问题后，我们来回顾一下本章的主要内容。第 5 章主要讲述了机器学习是如何解决拥塞控制中存在的一些问题的，首先介绍了 TCP 拥塞控制状态机和拥塞控制算法等网络拥塞控制基础知识。通过这些学习了在传统的计算机网络中如何避免网络拥塞情况的发生。然后又针对网络拥塞控制中的一些具体问题，例如丢包分类、队列管理、CWND 更新、拥塞诊断进行具体讲解，在 5.2 节中介绍了基于朴素贝叶斯算法的丢包分类方法和 HMM 的丢包分类方法，前者采用贝叶斯公式通过统计带标签的数据生成分类器，对丢包分类原因进行识别；后者是以丢失对 RTTs 信号分类的模型，通过 EM 先猜想后迭代的方法进行求解，也成功实现了对丢包原因进行分类。这里提醒大家，要解决的是分类问题，而不是聚类问题，两者是有区别的。在 5.3 节介绍了 RED 和 BLUE 两种传统队列管理的方法，之后又介绍了基于模糊神经网络的队列管理方法和一种基于模糊 Q-learning 的队列管理算法。在 5.4 节中主要讲了强化学习在 CWND 更新上的应用和如何正确地选取合适的策略。在 5.5 节中主要介绍了拥塞控制中吞吐量和时延的预测方法，分别采用灰度神经网络和 SVR 进行预测。灰度神经网络存在着一些缺陷，可以通过引入遗传算法、共轭梯度等方法进行解决。在被 BP 神经网络修正误差后的灰色预测模型体现出了更准确的预测结果。

参考文献

[1] JERO S, HOQUE E, CHOFFNES D, et al. Automated attack discovery in TCP congestion control using a model-guided approach[C]//Proceedings of the 2018 Applied Networking Research Workshop. New York: ACM, 2018: 95.

[2] FONSECA N, CROVELLA M. Bayesian packet loss detection for TCP[C]//Proceedings of the Proceedings IEEE 24th Annual Joint Conference of the IEEE Computer and Communications Societies. Piscataway: IEEE Press, 2005: 1826-1837.

[3] ZHANI M F, ELBIAZE H, KAMOUN F. $\alpha\_$SNFAQM: an active queue management mechanism using neurofuzzy prediction[C]//Proceedings of the 2007 12th IEEE Symposium on Computers and Communications. Piscataway: IEEE Press, 2007: 381-386.

[4] 张书钦, 李凯江, 张露, 等. 基于 Q-learning 机制的攻击图生成技术研究[J]. 电子科技, 2018, 31(10): 6-10.

[5] MASOUMZADEH S S, TAGHIZADEH G, MESHGI K, et al. Deep blue: a fuzzy Q-learning enhanced active queue management scheme[C]//Proceedings of the 2009 International Conference on Adaptive and Intelligent Systems. Piscataway: IEEE Press, 2009: 43-48.

[6] VENKATA RAMANA B, MANOJ B S, SIVA RAM MURTHY C. Learning-TCP: a novel learning automata

based reliable transport protocol for ad hoc wireless networks[C]//Proceedings of the 2nd International Conference on Broadband Networks, 2005. Piscataway: IEEE Press, 2005: 484-493.
[7] JIANG H, LUO Y, ZHANG Q Y, et al. TCP-Gvegas with prediction and adaptation in multi-hop ad hoc networks[J]. Wireless Networks, 2017, 23(5): 1535-1548.
[8] SMOLA A J, SCHOLKÖPF B. A tutorial on support vector regression[J]. Statistics and Computing, 2004, 14(3): 199-222.

第 6 章

QoS/QoE 管理

近些年,用户服务质量(QoS)和体验质量(QoE)已经引起了学术界和产业界的广泛关注。QoS 指对业务数据在互联网中传输的质量和可靠性的有效度量。QoE 用于描述用户对服务性能的评价,它不仅从网络性能层面考虑了评价指标,也兼顾了用户主观对服务评价的影响因素。为了用低成本、高效益、高竞争性和高效率的方式为用户提供最佳的 QoE,网络和服务提供商必须有效地管理网络 QoS 和 QoE[1]。了解网络性能对 QoE 的影响至关重要,因为它决定了网络服务的成功与否。通常根据网络参数(如带宽、丢包率、时延、抖动)和应用参数(如多媒体服务的比特率)来测量 QoE。虽然监控 QoS 参数对于提供高质量的服务十分必要,但是对于服务提供商而言,从用户的角度评估 QoS 更为关键。消费者的需求在互联网的高速发展过程中非常重要,因此,用户 QoS 和 QoE 是运营商应该始终关心的问题。要将消费者满意度维持在较高水平,必须持续关注和改善 QoS 和 QoE。在网络系统的设计过程中,QoS 和 QoE 的管理尤为重要。本章主要讨论机器学习算法在 QoS/QoE 管理中的应用,重点关注如何解决 QoS/QoE 管理问题。

6.1 QoS/QoE 概述

在早期的工作中,用户 QoE 和 QoS 之间没有区别。随着相关研究的发展,我们认识到了 QoS 与 QoE 的差别。本节主要介绍 QoS 和 QoE 的基本知识。首先介绍相关概念,然后说明 QoS 与 QoE 的关系及影响因素,最后介绍 QoS 与 QoE 的区别。通过本节可以认识到 QoS 与 QoE 相互关联、不可分割,又有所不同。

6.1.1 QoS/QoE 概念

QoE 用于描述终端用户对服务性能的评价,QoS 用于描述网络具有保证服务水平的能力。网络和服务提供商采用适当的方式管理 QoS 和网络服务,才能以高成本效益、高竞争性和高效的方式为用户提供最优的 QoE。

QoE 和 QoS 很难脱离彼此单独讨论,提高网络性能指标(QoS)可以保证或者增加 QoE,管理 QoE 和 QoS 也需要从多个角度,如计划、实施和工程方面来进行研究。简单来讲,网络和服务的目标应该是达到最优用户 QoE,而用户 QoS 是有效实现该目标的重要基础。吞吐量、丢包率、时延、时延变化和可用性是 QoS 的关键指标,这些因素在提升 QoE 时仍然很重要,而 QoE 不仅限于网络的技术性能,还存在一些在很大程度上影响用户整体感知的非技术方面问题[2]。影响 QoE 的技术因素(主要是 QoS)和非技术因素如图 6-1 所示。QoE 价值链如图 6-2 所示。

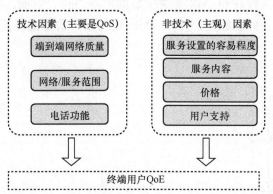

图 6-1 影响 QoE 的技术因素(主要是 QoS)和非技术因素[2]

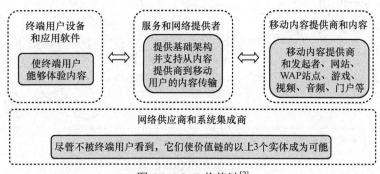

图 6-2 QoE 价值链[2]

QoE 和 QoS 是相互依赖、不可分割的两个概念,如果不参考 QoS,对 QoE 的讨论是不完整的。理解它们之间的区别与关系非常重要,后续我们将讨论 QoS 和 QoE 及其管理之间的关系。

6.1.2 QoS/QoE 区别

QoS 定义为网络以有保证的服务级别提供服务的能力,能够保证网络低时延、低拥塞的属性。QoS 涵盖了蜂窝网络和终端中的所有功能、机制和过程,这些功能、机制和过程可确保在用户设备(UE)与核心网络(CN)之间提供协商的服务质量。

QoE 是用户在使用时感知服务的可用性——用户对服务的满意程度,例如,服务的可访问性、可用性、可保留性和完整性。用于评判服务可访问性的性能指标包括相关承载服务的不可用性、安全性（身份验证、授权和计费）、激活、访问、覆盖、阻塞和建立时间等；用于评判服务完整性的性能指标包括用户数据传输期间的吞吐量、时延、时延变化（或抖动）和数据丢失。在不同的客观环境下，用户对服务满意程度的感知也有所变化。

QoE 和 QoS 的区别如图 6-3 所示。QoE 是指用户对特定服务或网络质量的看法，用"感觉"而不是指标表示，它以"极好""好""差"等人类感觉来表达。QoS 是依据网络参数来衡量的，用户关注 QoS 参量对自身而言没有特别大的意义，QoS 本质上是一个技术概念，和网络与终端中实现 UE 和 CN 之间协商的质量属性（承载服务）的所有功能、机制和过程有关。在大多数状况下，较好的 QoS 会带来好的用户 QoE，然而，仅仅满足 QoS 参数并不一定就可以使用户获得更好的感受，用户 QoE 还与用户自身的经历、心理状态和所处环境息息相关。

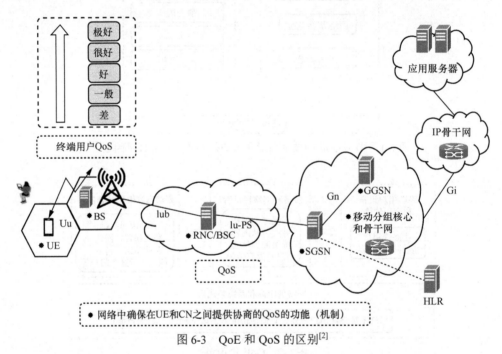

图 6-3　QoE 和 QoS 的区别[2]

要满足终端用户的需要，得到网络的理想 QoS，就必须着眼于终端用户的感受，提供能够支撑高 QoE 的服务性能。QoS 通常被视为自下而上的过程，由点对点性能差异方法的级联组成，很少考虑端到端的情况。只有将终端用户作为 QoS 的最终受益者，才适合用自上而下的方法来评估 QoS。实际上，这意味着需要获得最终用户对 QoS 性能（QoE）期望的全面了解，并以这些期望为动力，促进对各个网络域（如 UE、接入网、核心网、骨干网和外部数据网络及相应的接口）特定 QoS 机制（功能）的提升。

良好的用户体验非常重要，QoS 的目标是提供较高的 QoE。网络中统计的信息很少可以直接反映用户满意度。如果数据包内是乱码信息，即使传输效率再高也不会获得良好的用户满意度。因此，使用 QoS 机制减少抖动或平均数据包传递时延而改善 QoE 的推测，并非在所有情况下都准确，关键还是要针对用户的需求来提高网络性能。提供高质量 QoE 需要了解有助于用户理解目标服务的因素，并运用这些知识来定义操作要求。这种自上而下的方法通过确保设备或系统满足用户要求,从而降低开发成本及用户拒绝和投诉的风险。如果网络能够实现对 QoS/QoE 的准确预测,则能够极大地提高网络状态的可预知性和网络资源的有效利用率。接下来探讨机器学习技术在网络中是如何进行 QoS/QoE 预测的。

6.2 QoS/QoE 预测

传统网络控制技术的唯一目标是实现 QoS 指标,这种定量指标是以网络为中心的。如今用户满意度逐渐成为衡量网络性能的重要指标,学者们将研究重点逐渐转移至 QoE 指标上。QoS 和 QoE 之间的映射关系非常复杂,因为它们通常位于高维空间中,并且容易受到噪声的影响。根据网络中的基本参数预测 QoS/QoE 是一项具有挑战性的任务,封闭形式的建模及实验验证有些脱离实际,随着在计算机网络领域逐渐形成机器学习的理论基础,现在可以通过机器学习技术来解决这一问题。本节介绍基于用户聚类算法和回归算法的 QoS 预测方法及基于 ANN 的 QoE 预测方法。

6.2.1 基于用户聚类算法和回归算法的 QoS 预测方法

我们讨论一种可以有效提高 QoS 预测精度的方法。首先根据位置和网络状况将用户分为不同的组作为预测依据,同组用户之间可以进行数据共享。然后根据同组中用户的 QoS 历史统计数据,采用线性回归算法对基于调用时间和实际工作信息的 QoS 值进行预测。

QoS 预测过程如图 6-4 所示。其中,过程 1 是计算用户距离,该距离对不同用户的 QoS 历史记录进行了标准化。过程 2 是用户聚类,聚类的目的是将用户分组,聚类后,过程 3 使用回归算法基于同一聚类预测 QoS 值,当因 QoS 历史记录较少而无法对用户进行聚类操作时,我们将基于所有用户的历史记录预测 QoS 值。当预测完成时,用户可以在过程 4 中选择最佳服务。过程 5 通过实际 QoS 值修改聚类参数,从而使聚类更加准确。

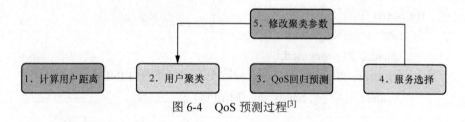

图 6-4 QoS 预测过程[3]

下面分别介绍 OPTICS 算法和基于回归算法的 QoS 预测。

1. OPTICS 算法

相比于传统的聚类算法,OPTICS 算法的最大优点是对输入参数不敏感。OPTICS 算法会对输入的数据特征进行排列,不明显地展现数据聚类,得到一个顺序的特征列表。特征列表内有充足的数据形成聚类,以此将对象分类。我们使用 OPTICS 算法对用户进行聚类,其主要思想是使用二维空间中点的距离表示用户相似度。相似程度由距离远近来决定。

OPTICS 算法主要包括以下参数:U(用户对象)、D(数据集)、ε(距离值)、$N.(q)$

（邻域对象的数量）、MinPts（可用作核心对象 U 的最小邻域对象数量）。

OPTICS 算法在网络集群用户方面具有很多优势，通过 OPTICS 算法处理后，理论上可以获得任意密度的聚类。OPTICS 算法有利于聚类参数的调整，为下一步的聚类优化工作提供便利。同时，OPTICS 算法只关注聚类对象的密度，不关心特定的空间位置，这与 QoS 历史记录的特征是一致的。

在聚类之前，应对 QoS 历史记录进行预处理。QoS 记录之间的差异按照聚类标准转换为空间距离。为了找到聚类的核心，我们将首先定义核心距离的概念。核心距离是使 U 成为核心的最小领域半径。如果 $|N.(q)| <$ MinPts，则表示 U 不是核心对象。

选择核心的思路是从具有最小核心距离的点开始处理所有点。更具体地说，该算法使用优先级队列来标识每个聚类的核心。完成此操作后，可以选择属于每个核心的点，这可能会导致剩余点的核心距离发生变化，我们应调整受影响点在优先级队列中的位置。

OPTICS 算法

//eps 代表领域半径的最大值，$\varepsilon <$ eps

OPTICS（D, eps, MinPts）{

 for 每个 D 中的点 U

  U.reachability-distance = UNDEFINED;

 for 每个 D 中没有被处理的点 U{

  N = getNeighbors（U, eps）；

  标记 U 为 processed;

  //初始化优先级队列

  Seeds = empty priority queue;

  if（core-distance（U, eps, MinPts） !=UNDEFINED）{

   //如果 U 有核心距离，则置入 U 和它的邻域点集到优先级队列

   update（N, U, Seeds, eps, MinPts）；

   //按顺序处理队列中的点，使在队列中的点升序排列

   for Seeds 中的每个下一个 q{

    N' = getNeighbors（q, eps）；

    标记 q 为 processed;

    if（core-distance（U, eps, MinPts） !=UNDEFINED）

    update（N', q, Seeds, eps, MinPts）；

   }

  }

 }

}

2．基于回归算法的 QoS 预测

回归算法是一种监督学习算法，首先利用测试集数据建立模型，再利用训练好的模型对原始数据进行处理，最后通过回归分析，得到两个或多个变量之间定量关系的相互依赖性。

我们的目标是获取某个时间段内网络的平均 QoS 值，但这一真实值较难获得，而采用

回归算法可以很好地表示网络中各性能参量的变化趋势,正符合我们获取 QoS 的目标。如果训练好的模型准确,我们就可以得到较为准确的 QoS 预测值。此外,可以通过求解线性方程来确定线性回归算法的参数,在实际运用中该算法时间复杂度低,实用性强。所以,我们采用线性回归算法预测 QoS 值。

在线性回归预测过程中通常采用最小二乘法和梯度下降两种算法,旨在找到直角坐标系中的一条直线,使所有样本点到这条直线的距离的和是最小的。该方法常用在预测和分类领域。

运用线性回归算法进行 QoS 预测包括以下步骤。

(1) 获得要预测的服务,并以 QoS 值作为输出建立相应的二进制线性回归模型。

(2) 查询服务的 QoS 记录,并通过机器学习的方法计算回归模型中的参数。

(3) 使用回归模型计算当前的 QoS 预测值并返回。

在线性回归算法中,我们对相关参数进行了如下定义:自变量是当前时间 t 和当前网络中的负载 l,因变量是 QoS 值 q。在忽略噪声的情况下,我们提出了如下基于机器学习的二进制线性回归模型:

$$q(t,l) = w_2 t + w_1 l + w_0 \tag{6-1}$$

训练集是 QoS 记录,如下:

$$X = \{t_i, l_i, \text{QoS}_i\}_{i=1}^{N} \tag{6-2}$$

我们将从 QoS 记录中学习 w_2、w_1 和 w_0,这 3 个参数应使以下表达式的值最小:

$$E(w_2, w_1, w_0 | X) = \frac{1}{N} \sum_{i=1}^{N} (\text{QoS}_i - (w_2 t_i + w_1 l_i + w_0))^2 \tag{6-3}$$

最小值点可通过以下表达式计算。在获得对 w_2、w_1 和 w_0 的偏导数之后,我们令偏导数为 0,然后计算 w_2、w_1 和 w_0:

$$\begin{aligned}
\sum_{i=1}^{N} t_i \left(\text{QoS}_i - (w_2 t_i + w_1 l_i + w_0) \right) &= 0 \\
\sum_{i=1}^{N} l_i \left(\text{QoS}_i - (w_2 t_i + w_1 l_i + w_0) \right) &= 0 \\
\sum_{i=1}^{N} \left(\text{QoS}_i - (w_2 t_i + w_1 l_i + w_0) \right) &= 0
\end{aligned} \tag{6-4}$$

为了使预测的结果更加准确,我们还可以通过比较测得的网络平均 QoS 的实际值和预测值来修改参数。QoS 预测值可以用 Q_0 表示,实际值可以用 Q' 表示。通过扩大和减小领域半径,即核心距离,我们可以重新预测 QoS 值,并分别用 Q_1 和 Q_2 表示结果,以便于计算两次结果之间的偏差指数,对预测进行调整。偏差指数的计算公式:$P_1 = (Q' - Q_0)/(Q_0 - Q_1)$,$P_2 = (Q' - Q_0)/(Q_2 - Q_0)$,我们选择 P_1 和 P_2 之间的最小值,并调整 MinPts。

6.2.2 基于 ANN 的 QoE 预测方法

神经网络是由具有适应性的简单单元组成的广泛并行互联的网络,有模拟生物神经系统的能力,可以与真实世界进行交互,做出相应的反应。ANN 是 QoE 预测的常用模型之一,它能够将输入的网络性能指标值映射到人们对 QoE 的感知。我们的 QoE 预测是根据 ANN

进行的。

ANN 分为多层网络和单层网络，每层网络中含有多个神经元，带有可变权重的有向弧连接着各层神经元，这些连接相当于 ANN 的记忆。要达到处理信息、模拟输入/输出之间关系的目的，网络需要通过对已知信息的反复学习训练，再逐步调整改变神经元的连接权重[4]。

基于 ANN 的 QoE 预测模型如图 6-5 所示。使用具有 3 层网络的 ANN，输入层记为 x，隐藏层记为 h，输出层记为 y。输入层和隐藏层之间的权重矩阵记为 W，隐藏层和输出层之间的权重矩阵记为 U。原始目标特征向量记为 f，由质量关联特征（Quality-Associated Feature，QAF）的测量值组成。

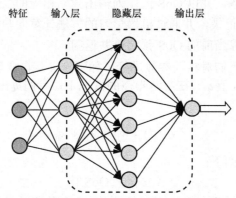

图 6-5　基于 ANN 的 QoE 预测模型[5]

传统的基于 ANN 的 QoE 预测模型的工作方式为：ANN 直接接收特征向量，其中 M 是输入层中节点的数量，等于输入性能指标种类数，也等于 QAF 的数量。

$$x_i = f_i, \ i = 1, \cdots, M \tag{6-5}$$

在隐藏层，神经元的输出通过以下方式计算，N 是隐藏层中节点的数量，$w_{j,i}$ 是 W 位于第 j 行第 i 列的元素，b_i 是第 i 个偏差。hnet_j 是节点 j 输入的加权总和：

$$h_j = \sigma(\mathrm{hnet}_j) = \sigma\left(\sum_{i=1}^M w_{j,i} x_i + b_i\right), j = 1, \cdots, N \tag{6-6}$$

隐藏层的激活函数用 $\sigma(x)$ 表示：

$$\sigma(x) = \frac{1}{1+\mathrm{e}^{-x}} \tag{6-7}$$

图 6-5 中的输出层仅包含一个节点，其值为预测的 QoE，计算如下：

$$y = \theta(\mathrm{ynet}) = \sum_{j=1}^N u_j h_j + c_j \tag{6-8}$$

其中，u_j 是 U 第 j 列的元素，c_j 是第 j 个偏差。由于输出层只有一个节点，得到的矩阵 U 是行数为 1 的矩阵。ynet 是输出节点的输入加权总和，$\theta(x)$ 是输出层的激活函数，即：

$$\theta(x) = x \tag{6-9}$$

数据集由 $(f, y*)$ 形式的数据样本组成，其中 f 是特征向量，$y*$ 是对平均意见得分（MOS）质量的人工评估。在训练中，最小化的损失函数为：

$$E(\Lambda) = \sum_{r=1}^{R}(y_r - y_r*)^2 \tag{6-10}$$

其中，R 是训练集中的数据样本数，需要学习的 ANN 参数集由 $\Lambda = \{W, U, b, c\}$ 表示。

ANN 的学习是通过标准 BP 算法执行的，它的执行建立在梯度下降的基础上。

如图 6-5 所示，在给定的条件下，我们提出了一种基于特征变换的方法来适应基于 ANN 的 QoE 预测模型，而不是在新条件下重新训练 ANN 的整个参数集。假设收集了足够的网络性能数据样本，并且在源条件下对 ANN 进行了很好的训练，使该方法具有较好的抗噪声性能和容错性。

与常规模型相比，本模型的主要差异为：首先，ANN 不需要知道输入/输出之间的确切关系，不需要大量参数，网络中的参数往往是固定的；其次，ANN 不是将 QAF 的原始特征值直接输入 ANN 的输入层，而是应用了线性变换，在新条件下将特征向量自适应到适合源条件的向量上。此外，由于进一步假设了 QAF 彼此独立，此时仅仅独立缩放和移动每个特征值，就可以减少自由参数的数量，并且只需要少量的适配数据就可以进行训练。

功能适配的正式定义如下：

$$x = Vf + a \tag{6-11}$$

$$V = \begin{Bmatrix} v_{11} & \cdots & 0 \\ \vdots & v_{22} & \vdots \\ 0 & \cdots & v_{33} \end{Bmatrix} \tag{6-12}$$

接下来我们讨论缩放和移动的每个特征值：f 是特征向量，V 是变换矩阵，a 是解释特征值移动的偏差矢量，x 是特征向量。计算出 x 后，隐藏层和输出层按照式（6-6）～式（6-9）正向传播进行计算。式（6-12）中的自由参数包括在 $\Lambda = \{V, a\}$ 中，可以通过 BP 算法进行训练，并对它们进行一定的修改，我们将在下面进行描述。

在反向传播中，算法的循环迭代主要通过激励传播和权重更新实现，由于输入层和隐藏层的变换矩阵是固定不变的，所以只需训练变换矩阵 V。在反向传播过程中，我们仍计算每层的增量值，并将该增量值用于计算梯度。

在输出层：

$$\delta_Y = \frac{-\partial E}{\partial \text{ynet}} = \frac{-\partial E}{\partial y}\frac{\partial y}{\partial \text{ynet}} = (y*-y)\theta'(\text{ynet}) = (y*-y) \tag{6-13}$$

在隐藏层：

$$\delta_{H,i} = \frac{-\partial E}{\partial \text{hnet}_i} = \frac{-\partial E}{\partial \text{hnet}}\frac{\partial \text{hnet}}{\partial h_i}\frac{\partial h_i}{\partial \text{hnet}_i} = \delta_Y u_i \sigma'(\text{hnet}_i) = \delta_Y u_i h_j(1-h_j) \tag{6-14}$$

在输入层：

$$\delta_{X,i} = \frac{-\partial E}{\partial \mathrm{xnet}_i} = \sum_{j=0}^{N_2} \frac{-\partial E}{\partial \mathrm{hnet}_j} \frac{\partial \mathrm{hnet}_j}{\partial x_i} \frac{\partial x_i}{\partial \mathrm{xnet}_i} = \sum_{j=0}^{N_2} \delta_{H,j} w_{j,i} \qquad (6\text{-}15)$$

然后，我们可以分别计算 V 和 a 的梯度：

$$\Delta v_{i,j} = \delta_{X,i} f_j, \quad \Delta a_i = \delta_{X,i} \qquad (6\text{-}16)$$

需要特别关注一下，当整个 ANN 能够进行可靠训练，并且有大量数据可用于 ANN 时，此线性变换将被合并为 ANN 的输入层和隐藏层之间的非线性变换。在数据有限的情况下，固定预训练的 ANN 只进行线性特征变换的训练会更有效。

本节讨论了关于 QoS 和 QoE 预测的方法，在机器学习方法的加成下，往往能够达到对 QoS/QoE 的良好预测，由于预测值往往与真实测量值存在一定的差距，还需要有一套有效的评估方法来对 QoE 和 QoS 做出准确评估，下节将进行详细介绍。

6.3　QoS/QoE 评估

随着移动服务的增长，对于运营商来说，尤为重要的是能够准确测量其网络的 QoS 和 QoE，并且针对测量结果有针对性地进一步提高其 QoS。目前存在基于主观和客观两类 QoS 评估方法：主观评估方法基于用户的主观经验，也受到用户所处环境的影响；客观评估基于实际中特定指标的度量。这两类评估方法都存在各自的问题，在主观评估方法中，观察者的主观偏见是难以避免的，因此往往无法准确地评估问题。在客观评估方法中，难以及时有效地对环境变化进行评估，且用户对于这些指定度量往往无法主观感知，这可能会导致网络 QoS 评估错误，并对用户的体验造成负面影响。在这种情况下，需要找到一种无论用户处于哪种环境下都可以评估 QoS 的方法。

低 QoE 将导致用户对服务整体满意度下降，进而使网络服务提供商的市场认可度降低，最终影响运营收益。尽管 QoE 本质上是非常主观的，我们仍然可以设计一种策略来尽可能实际地衡量它。一般将某些 QoS 的指标通过权重划分，导入一个可以对 QoE 进行量化评分的体系中进行衡量。衡量 QoE 的能力将使运营商从可靠性、可用性、可扩展性、速度、准确性和效率等各个方面，对网络性能进行衡量，也能了解到这些参数对总体用户满意度的贡献。当前基于分组的通信网络的 QoE 及其竞争优势由这些要素共同决定。

衡量 QoE 具有以下两种实用方法[2]。

（1）使用终端数量统计样本的服务水平方法。依靠总体网络用户的统计样本来衡量网络中所有用户的 QoE。此过程涉及：确定关键应用程序的权重；识别和加权 QoE 关键绩效指标（KPI）；设计适当的统计样本，并对统计样本进行 KPI 测量；利用手机中的移动代理使结果更准确；根据每个单独的服务和服务组合的 KPI 值给出总体 QoE 得分（指数）。

（2）使用 QoS 参数的网络管理系统（NMS）方法。得到的用户可感知的 QoE 性能目标，反映了来自网络各个部分的 QoS 性能指标。过程中使用 NMS 测量这些 QoS 指标，从网元收集 KPI 数据并将其与目标级别进行比较。该过程涉及：QoS KPI 及其对 QoE 的影响之间关系的识别；网络中 QoS KPI 的测量；通过某些映射规则，使用测得的 QoS KPI 对用户的

QoE 进行评级。

本节将介绍评估 QoS 和 QoE 的两种基于机器学习的方法，分别是基于 SVM 的 QoS 评估方法和基于 KNN 的 QoE 评估方法。

6.3.1 基于 SVM 的 QoS 评估方法

基于 SVM 的 QoS 评估模型如图 6-6 所示，使用该模型后，网络具有了能够从历史观察中动态学习的能力。

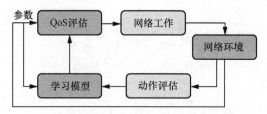

图 6-6 基于 SVM 的 QoS 评估模型[6]

下面对该模型的运行过程进行描述。

首先，对网络输入的性能指标参数进行 QoS 评估，得到评估结果，评估结果是随后网络工作进行响应的依据。网络环境根据 QoS 评估结果做出响应后，对 QoS 评估模型进行检查并确定损失函数，最后，学习模型根据性能评估结果修正 QoS 评估的权重，从而得到系统中预测风险最小的结果。其中，评估结果为 $\hat{y} = f(x, \omega)$，ω 是函数 f 的权重；损失函数为 $L(y, f(x, \omega)) = \begin{cases} 0, y = f(x, \omega) \\ 1, y \neq f(x, \omega) \end{cases}$；最小的预测风险为 $R(\omega) = \int L(y, f(x, \omega)) \mathrm{d}F(x, y)$。

采用机器学习模型的思路是从以往的数据中观察学习，对数据集进行训练，以使 QoS 评估随着时间增加变得更为准确，该过程表示为：

$$\min \quad R(\omega) = \int L(y, f(x, \omega)) \mathrm{d}F(x, y)$$
$$\text{s.t.} \quad 0 < F(x, y) < 1, \quad 0 < \omega < 1 \tag{6-17}$$

采用机器学习方法可以有效减少 QoS 错误评估的预期风险。采用统计学习理论中的经验风险最小化（ERM）作为标准来设计我们提出的 QoS 评估方案。经验风险表示为：

$$R_{\text{emp}}(\omega) = \frac{1}{n} \sum_{i=1}^{n} L(y_i, f(x_i, \omega)) \tag{6-18}$$

我们的目标是表征 QoS 的评估，在实际的机器学习方法中还需要考虑的一个重要因素是计算成本，因为 QoS 的评估可以从适当的观察结果中以可靠的计算成本获得。与此同时，评估的准确性也值得关注。在 QoS 评估的实际实施中，要考虑到训练数据匮乏的问题，这会对评估质量造成影响。

真实的 QoS 值始终是非线性的，如果以线性方法对其进行近似，训练数据量会很大。在这种情况下，我们需要增加 QoS 评估的 VC(H)（VC 维）来实现输出近似正确的 QoS 评估。综合上述因素，我们可以考虑使用 SVM 来提高 QoS 的评估性能，在训练数据有限的情况下，SVM 是一种有效的方法。SVM 通过对真实的 QoS 值采取二分类的方式进行分类。对 QoS 值学习样本求解的最大边距超平面决定了 SVM 广义线性分类器的决策边界。通过损失函数求得经验风险，通过引入正则化项来降低求解过程中的结构风险。SVM 是常见的核学习方法，通过核方法可以实现非线性分类。SVM 的训练结果只和模型训练时的支持向量有关。

对于 QoS 评估问题，假设有训练数据 $(x_1, y_1), (x_2, y_2), \cdots, (x_i, y_i)$，其中 $x_i \in R^n$，n 是训练数据中的参数数量。$y_i \in \{1, -1\}$ 表示 QoS 评估的结果，其中 1 表示正类，-1 表示负类。边距是不同类别的训练数据之间的最小距离，样本位于一类的边界上，称为支持向量，如图 6-7 所示。

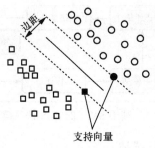

图 6-7 训练数据的边距[6]

在边距不受空间维数影响的前提下，通过找出最佳参数 α，将训练数据与最大边距超平面分开：

$$\begin{cases} \max L(\alpha) = \sum_{j=0}^{n} \alpha_i - \frac{1}{2} \sum_{i=1}^{n} \sum_{j=1}^{n} y_i y_j \alpha_i \alpha_j \langle x_i \cdot x_j \rangle \\ \text{s.t. } 0 < \alpha_i < C, \sum_{j=1}^{n} y_i \alpha_i = 0, i = 1, 2, \cdots, n \end{cases} \quad (6\text{-}19)$$

在评估 QoS 的过程中，始终有两个影响性能的关键因素，即有限的训练数据集和有限的算力。将数据投影到高维特征空间中，是一种能够提高 QoS 评估计算能力的有效方法。简单地将输入 QoS 参数映射到另一个空间可以简化任务，图 6-8 显示了从二维输入空间到二维特征空间的映射，其中原始输入 QoS 参数不能由输入空间中的线性函数分开，但是在特征空间中可以由线性函数分开。在这个过程中，核函数发挥了主要作用。

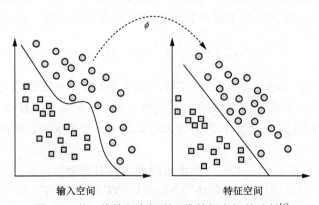

图 6-8 从二维输入空间到二维特征空间的映射[6]

QoS 评估的任务是找出一组最小的特征集，这些特征仍然能够传达原始特征中包含的基本信息，这个过程也称为降维：

$$x = (x_1, \cdots, x_n) \rightarrow \Phi(x) = (\Phi_1(x), \cdots, \Phi_d(x)), d < n \tag{6-20}$$

为了在 QoS 评估中实现这一思想，我们需要选择一组非线性特征，并将数据以新的形式表示，达到重写的目的，相当于将输入 QoS 参数的固定非线性映射应用于特征空间：

$$f(x) = \sum_{i=1}^{n} \alpha_i y_i \langle \phi(x), \phi(z) \rangle \tag{6-21}$$

其中 $K(x,z) = \phi(x), \phi(z)$ 就是核函数，ϕ 是从输入空间到内部积形式中表示的特征空间的映射。通过这种方式，我们能在高维空间中很轻松地分离不同种类的原本非线性的 QoS，因此使用核函数有助于减少计算成本，并提高系统性能。

通过上面的分析和讨论，在 QoS 非线性的情况下，SVM 集成的核功能使原本非线性不可划分的特征变得线性可分，大大增强了 QoS 评估的能力。使用 SVM 集成的核功能，不仅可以满足我们对数据的需求，也可以降低计算成本。

6.3.2 基于 KNN 的 QoE 评估方法

我们使用空间矢量量化对 QoE 进行建模，该模型允许对概率密度函数进行建模。这项工作是通过对由大量点构成的区域进行划分来完成的。每个区域都以其质心为特征，用质心来表征向量。矢量量化由于其强大的密度匹配特性而被广泛用于数据压缩。我们创建的 QoE 空间是通过空间矢量量化实现的。通过创建这样的空间，可以将瞬时状态与各个影响参数之间的关系明确表示出来。如果假设 k 为会影响体验质量的参数，则可以使用 k 参数以 k 维矢量形式表示 QoE 空间 Γ，如下所示：

$$\Gamma = [\gamma_1, \gamma_2, \cdots, \gamma_i, \cdots, \gamma_k]$$

其中，$\gamma_i (1 < i < k)$ 表示第 i 个参数的瞬时值。通过这种表示，可以看出传输中数据流的瞬时状态由向量 Γ 提供，可以说 Γ 直接决定了 QoE。这在图 6-9 中得到了形象的描绘，图 6-9 所示为由两个参数构成的二维 QoE 空间。该空间被划分为许多不重叠的区域 P_i。每个区域都可以选出一个参考点（实心点）来映射区域内的任意点，这个参考点通常是该区域的质心。例如在图 6-9 中，设某个参考点在不同时刻的位置为分区向量（在这种情况下为二维向量）。

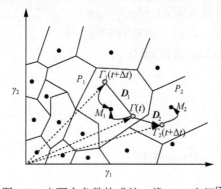

图 6-9　由两个参数构成的二维 QoE 空间[7]

在 $(t+\Delta t)$ 时刻考虑以下两种可能情况：① $\Gamma_1(t+\Delta t)$ 经过位移 $\boldsymbol{D}_1$ 并保持在同一分区 P_1 中，表示 M_1 映射到与之相同的点 $\Gamma_1(t)$，从而产生相同的 QoE 指数；② $\Gamma_2(t+\Delta t)$ 经过了 $\boldsymbol{D}_2$ 位移，但移动到了另一个分区 P_2，并映射到另一个参考点 M_2。需要注意的是，所有参数 γ_i 只能是非负数，图 6-9 中仅显示了第一象限。

正确评估 QoE 的一种方法是应用 1-NN 算法，这是 KNN 算法的一种特殊情况。首先假设所有实例都是映射到 k 维空间中的点（通常用欧几里得距离得出最近相邻点），之后考虑 N 个这样预先计算的 QoE 点，并将其称为 M_j，$1 \leqslant j \leqslant N$。在 k 维空间中 M_j 的坐标表示为 $[M_{j1}, M_{j2}, \cdots, M_{jk}]$。通过这样的定义，我们可以计算实例到预先计算的点之间的距离关系。到实例 $\Gamma = [\gamma_1, \gamma_2, \cdots, \gamma_k]$ 的误差 d_j 只是从 Γ 到目标点的欧几里得距离。

$$d_j = \sqrt{\sum_{i=1}^{i=k}(\gamma_i - M_{ji})^2} \tag{6-22}$$

通过以上分析可以看出，预先计算的 QoE 指数（即 M）的数量越少，QoE 的预测就越准确。

大多数服务提供商会寻找具有代表性的 QoE 指数，以便计算出更准确的 MOS。由于不同人对同一业务的评价指标是有差别的，计算出较为准确的结果可能比较困难。解决此问题的另一种方法是预先计算的 MOS 足够多，以使投影的 MOS 在允许的误差范围内。误差是对预测 MOS 的不精确度的度量。我们可以通过可容忍的误差反向推算出 QoE 指数的数量 N，以创建样本空间。更明确地说，平均（均方）误差 D 由下式给出：

$$D = \sum_{i=1}^{N} \int_{R_i} (x - M_i) f_X(x) \mathrm{d}x \tag{6-23}$$

整个 QoE 空间被划分为不同的区域 R_i，$1 \leqslant i \leqslant N$。其中 M_i 是区域 R_i 的 QoE 指数，$f_X(x)$ 是随机变量 X 的概率质量函数。所以可以得出，总误差是每个区域中各个误差的总和，这超出了 QoE 指数的数量 N。为解决这个问题，我们做出如下考虑。

QoE 空间是连续的，我们在每个区域 R_i 内进行积分，从而捕获 QoE 参数时间方面的瞬时值。因此，如果给出了可容忍的误差 (D_thresh)，则 QoE 指标的数量 N 可以如下获得：

$$N = \max\left\{n : \sum_{i=1}^{n} \int_{R_i} (x - M_i) f_X(x) \mathrm{d}x < D_\text{thresh}\right\} \tag{6-24}$$

基于 KNN 的 MOS 算法伪代码

输入：k-parameters 采样值（即 $p1, p2, p3, \cdots, pk$）
输出：参数的 MOS 预测，返回 MOS[N]中的一个
packet *pkt ← video packet 来自 eth0
从 *pkt 提取 parameters
min ← 9999
for i 从 1 到 N do
    for j 从 1 到 k do
        distortion$_j = (P_j - \text{Param}_j[i])^2$
    end for

第 6 章 QoS/QoE 管理

$$\text{distortion}[i] = \sum_{j=1}^{k} \text{distortion}_j$$

  if min < distortion[i] then
    min ← distortion[i]
    handle ← i
  end if
 end for
return MOS[handle]

本节介绍了评估 QoS 和评估 QoE 的方法，分别是基于 SVM 的 QoS 评估方法和基于 KNN 的 QoE 评估方法，描述了算法的原理、建模，以及在评估准确性上的表现。可以看出，良好的 QoS/QoE 评估可以显著提高网络整体效率。

6.4 QoS/QoE 相关性

6.4.1 QoS/QoE 的相关性

  了解网络性能对 QoS 的影响非常重要，这决定了服务的好坏。然而在实际网络中，实时评估 QoS 却非常困难。通过监视网络性能指标是比较常见的做法，问题在于如何将这些网络 QoS 与用户感知的 QoE 相关联。在过去的几年中，学者一直在努力在寻找 QoS 与 QoE 之间的关联性，为此他们将用户行为与网络上的流量特征映射到 QoS，然而想要成功将这些流量特征与用户满意度相关联并不是一项简单的任务，仍然需要进一步研究。

  不同于 QoS 的是，用户 QoE 更注重用户对业务的主观体验。通过 QoE，我们可以较好地了解目前的任务与网络环境质量和用户感受的关联，QoE 是用户、网络、服务层面作用要素的全面反映，体现了用户对于服务的满意程度[8]。用户 QoE 的测量和预测是非常复杂的工作，其关键主要表现在主客观之间的对应关系上，既包括时延、丢包率、抖动和地理位置等客观因素，也包括用户与应用进行交互的环境因素，还包括用户的个人因素。因此，为了精准确定影响 QoE 的各种环境变量与 QoE 之间的关系，需要建立一个具有环境感知能力的测量与预测模型。

  显然，QoS 和 QoE 具有一定的关联，如果 QoS 无法保证，用户 QoE 必然会受影响；如果优化了 QoS，用户 QoE 也能得到改善。

  QoE 与 QoS 之间的对比关系见表 6-1。

表 6-1　QoE 与 QoS 之间的对比关系

类型	QoE	QoS
面向对象	面向业务、面向用户	面向网络、面向运营商
关注点	关注用户期望的体验效果	关注管理用户会话
研究对象	用户主观体验	网络、网元性能

将网络层的 QoS 监控与测量和用户服务感知关联起来是一个比较难解决的问题，因为用户对于网络质量监控参数了解甚少，他们只关注服务带给自己的直观感受。通过了解网络层 QoS 参数与用户 QoE 感知之间的相互转换关系，可以选取合适的方法使用户的 QoS 感知保持在一个标准上。我们知道，决定 QoS 和 QoE 之间关系的因素有很多，用参数表征是很复杂的，在探寻 QoE 与 QoS 关系的过程中，大大增加了我们要考虑的因素数量，使研究变得更加复杂。

在这项工作中，我们尝试从两方面着手，一方面将在可操作性网络上测得的各种流量特征相关联，另一方面在实验平台上测试用户体验。同时进行两方面工作可以直接观察到两项实验结果之间的关系。更准确地说，需要验证用户会话量如何，以及在何种程度上代表用户满意度。我们可以通过修改某些网络的性能指标之间的关系（如损耗、下载时间和吞吐量之间的关系），加深对用户满意度影响的理解。

QoE 本质上是一项非常主观的指标，它基本是由拥有不同背景的用户决定的。我们可以设计一个自动化的策略来尽可能真实地测量它。测量 QoE 将使网络运营商对可靠性、可用性、可伸缩性、速度、准确性和效率等方面的网络性能有一定的了解，这些指标对总体的用户满意度都做出了一定贡献，也要求对影响 QoE 的因素有充分的了解，并且能够准确识别，接着尝试确定测量这些因素的方法。

QoE 在一定程度上受 QoS 参数的影响，而 QoS 参数对网络要素非常依赖，其中起到关键作用的要素是数据包丢失、抖动和时延。往往个别数据包的丢失或者时延会导致网络的阻塞、模糊，甚至是数据流不同水平的退化。

时延定义为数据包从它的来源到最终目的地被接收所花费的时间。在视频业务中，时延直接影响用户观看视频的感受。当时延超过阈值时，会使视频块冻结与丢失。时延的阈值会根据多媒体服务的性质而改变。

影响 QoE 的另一个重要的 QoS 参数是抖动，它常与时延相互关联，但二者又有所区别。抖动是数据包到达终端用户缓冲区的时间方差。当数据包通过不同的网络路径到达相同的目的地时，就会发生这种情况，如视频中会出现画面抖动和冻结。

通过在终端用户处增加一个大的接收缓冲区，抖动的影响可以被抵消或在一定程度上减少。接收缓冲区可以被设计在硬件和软件中，分别被称为静态缓冲区和动态缓冲区。在增加了一个大范围的缓冲区后，当数据包无序到达时，在缓冲时间过期后，应用程序将丢弃该数据包，从而使网络抖动的容错级别升高。

数据包丢失对呈现给终端用户的 QoE 有直接的影响。如果发生数据包丢失，那么解码器就很难正确解码数据流，最终呈现的 QoS 可能不如预期。

6.4.2 基于机器学习的 QoS/QoE 相关性分析

新兴多媒体服务的出现给云服务提供商带来了新的挑战，他们必须对终端用户的体验做出快速反应，并提供更好的 QoS。云服务提供商应该使用能够高效地对收集到的信息进行分类、分析和适应的智能系统，以满足终端用户的体验需求。近年来兴起的机器学习方法刚好可以满足上述需求。本节介绍一下基于机器学习的 QoS/QoE 相关性。

影响 QoE 的重要参数有网络参数、视频特征、终端特征和用户档案类型。我们描述了以 MOS 的形式收集 QoE 数据集的不同方法，并采用机器学习的方法对收集的初步 QoE 数据集进行了分类。我们评估了 6 种分类模型，并确定了最适合的 QoS/QoE 关联任务。

机器学习通过提供训练、识别、概括、适应、提高和可理解的功能，来达到学习的目的，进而能够对网络性能进行优化。机器学习有两种类型，即无监督学习和监督学习。无监督学习是指在未标记的 QoS/QoE 数据中找到隐藏的结构，将其分类成有意义的类别；监督学习假设 QoS/QoE 数据的类别结构或层次是已知的，它们需要一组带标签的类，并返回一个能够将数据库映射到预定义的类标签的函数。监督学习是一种常用于数据分类的方法，它是一种从外部提供的实例推理产生一般假设的算法搜索，它对未来的实例进行预测，构建一个简洁的模型来表示数据分布。在本例中，由于数据集是离散性质的，所以考虑了监督学习的分类方法，在数据集上应用了 6 种机器学习数据分类方法，分别是 KNN、朴素贝叶斯（NB）、决策树（DT）、SVM、神经网络（NN）和随机森林（RF）。

这 6 种方法面对不同大小的数据集和不同类型的输入参数时，会表现出不同的性能，总体来说，呈现以下特点。

KNN 相对来说是最简单的分类方法，并且在监督统计模式下，它的性能相对于其余方法来说是最优的；NB 方法对每项参数进行分别学习，大大加快了计算操作进程；DT 能够对输入数据集进行有效分类，且树形结构使结果具有良好的可读性；SVM 可以解决双分类模式识别问题；NN 可以求解多元非线性问题，但是面对大型数据集时，性能会显著下降；RT 使用了多个 DT 来实现对庞大数据集的良好分类。

接下来输入 QoS 和 QoE 的性能参数，并分别使用这 6 种方法来进行分类，学习二者的相关性，并对结果进行统计和分析。

作为机器学习模型的输入需要考虑 9 个参数，分别是性别、观看频率、兴趣、时延、抖动、丢失、条件丢失、运动复杂性和分辨率，分别根据每个参数进行预测难免会带来偏差。为了达到偏差最小化的目的，我们执行了 4 折交叉验证来有效地估计错误率，具体步骤如下。选择一个单一的子样本作为测试数据，其余的 3 个子样本作为训练数据。重复此步骤 4 次，每次使用 4 个子样本中的一个作为测试数据。将结果取平均值，得到一个单一的估计。在建模过程中，使用 6 种分类方法的模型对结果进行比较，选择最好的模型。不同模型之间的错误类别用平均绝对错误率来比较。6 个分类器的平均绝对误差如图 6-10 所示，可以看出在分类方面，DT 模型的平均绝对误差最小（0.123），其次是 RF 模型（0.133）。SVM 模型的平均绝对错误率最高（0.258）。结果表明，DT 模型和 RF 模型是当前数据集上较可靠的模型。

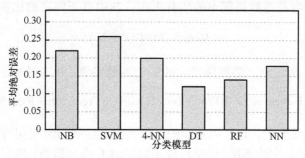

图 6-10　6 种分类模型的平均绝对误差

为了选择最优模型，我们对这 6 种模型进行实例分类测试，确定正确分类的实例数量。在对测试结果进行统计后，得到的数据如图 6-11 所示，对应最佳分类的两种模型是为 RF 模型和 DT 模型。其中，RF 模型中正确分类实例占 74.6%，DT 模型中正确分类实例占 73.8%。表现最差的是 4-NN 模型，正确分类实例的比例仅为 49.5%。结果表明，DT 模型和 RF 模型是较好的模型。

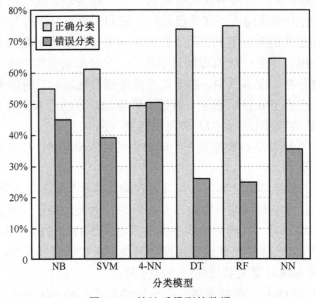

图 6-11 统计后得到的数据

为了能够选择出最优的基于机器学习的判断 QoS/QoE 相关性的模型，我们进一步用 5 个统计指标来比较 DT 模型和 RF 模型的性能，这 5 个指标是 TP、FP、精度、召回率和 F-measure。

（1）TP：被正确分类的负例。该测量的最佳值是 1。

（2）FP：本来是负例，错分为正例。其值接近于 0，意味着模型运行结果较好。FN 与 FP 相反，表示本来是正例，错分为负例。

（3）精度：针对模型判断出的所有正例而言，其中真正例占的比例。

$$Precision=TP/(TP+FP)$$

（4）召回率：针对的是数据集中的所有正例，其中真正例占的比例。

$$Recall=TP/(TP+FN)$$

（5）F-measure：衡量测试的精确度，其中 1 为最佳值，0 为最差值。

$$F\text{-measure} = 2(Precision \times Recall) / (Precision + Recall)$$

分类的结果可以是负的，也可以是正的。如果测试结果与现实相符，说明做出了正确的分类。如果测试的结果与实际不符，说明出现了问题。RF 模型和 DT 模型的平均加权见表 6-2，根据这些指标，可以得出结论，在计算 QoS/QoE 相关性方面，RF 模型比 DT 模型性能表现稍好些。

表 6-2　RF 模型和 DT 模型的平均加权

模型	TP	FP	精度	召回率	F-Measure
RF	0.754	0.076	0.753	0.754	0.753
DT	0.744	0.086	0.749	0.744	0.746

本节介绍了 QoS 和 QoE 的相关性，分析了 QoS 和 QoE 的各自影响指标，并通过机器学习的分析方法对这些指标的相关性进行了处理，在分析了 6 种基于监督学习的方法后，我们得出了 RF 模型在分析二者相关性时表现相对较好。

6.5　总结

本章主要讨论机器学习算法在 QoS/QoE 管理问题中的应用。首先介绍了 QoS/QoE 相关概念，网络和服务的目标应该是达到最优用户 QoE，而用户 QoS 是有效实现该目标的主要基础。然后介绍了如何用机器学习算法解决 QoS/QoE 预测问题，包括基于用户聚类算法和回归算法的 QoS 预测方法、基于 ANN 的 QoE 预测方法；解决 QoS/QoE 评估问题，包括基于 SVM 的 QoS 评估方法、基于 KNN 的 QoE 评估方法。最后讨论了 QoS/QoE 相关性的问题。如何提升网络服务的 QoS/QoE，仍然是现有网络体系结构中的一个热点研究问题。互联网中的新兴应用（如视频流、网络电话等）产生大量不同的流，每个流需要不同的处理，会对 QoS/QoE 管理造成影响。同时，随着新兴网络架构 SDN、CDN、NGN 等的提出，QoS/QoE 管理又将面临新的问题与挑战。

参考文献

[1]　（意）David Soldani，（加）Man Li，（法）Renaud Cuny 等著. UMTS 蜂窝系统的 QoS 与 QoE 管理[M]. 北京：机械工业出版社，2009.

[2]　SOLDANI D, LI M, CUNY R. QoS and QoE Management in UMTS Cellular Systems[M]. New Jersey: John Wiley & Sons Inc, 2006.

[3]　SHI Y L, ZHANG K, LIU B, et al. A new QoS prediction approach based on user clustering and regression algorithms[C]//Proceedings of the 2011 IEEE International Conference on Web Services. Piscataway: IEEE Press, 2011: 726-727.

[4]　郭科，陈聆，魏友华. 最优化方法及其应用[M]. 北京：高等教育出版社，2007.

[5]　DENG J F, ZHANG L, HU J L, et al. Adaptation of ANN based video stream QoE prediction model[M]//Advances in Multimedia Information Processing – PCM 2014. Cham: Springer International Publishing, 2014: 313-322.

[6]　WANG J Y, LIU H L, SONG M. Notice of Retraction: a novel QoS evaluation scheme based on support vector machine[C]//Proceedings of the 2011 Seventh International Conference on Natural Computation.

Piscataway: IEEE Press, 2011: 724-727.
[7] VENKATARAMAN M, CHATTERJEE M, CHATTOPADHYAY S. Evaluating quality of experience for streaming video in real time[C]//Proceedings of the GLOBECOM 2009 - 2009 IEEE Global Telecommunications Conference. Piscataway: IEEE Press, 2009: 1-6.
[8] MUSHTAQ M S, AUGUSTIN B, MELLOUK A. Empirical study based on machine learning approach to assess the QoS/QoE correlation[C]//Proceedings of the 2012 17th European Conference on Networks and Optical Communications. Piscataway: IEEE Press, 2012: 1-7.

第 7 章 故障管理

故障管理是网络管理中一项基本的功能,要求网络服务运营商及网络管理人员对整个网络、网络中的硬件设备及网络中正在运行的应用程序有深入透彻的了解。随着网络规模的爆发式增长,以及网络功能虚拟化和软件化等新技术的提出,故障管理变得越来越具有挑战性。

随着人工智能与机器学习技术的不断发展和创新,智能算法可以用来解决上述挑战,以便最大限度地解决网络性能退化问题。细分用于故障预测、故障检测、根因定位和故障缓解等领域的技术有利于我们全面地认知故障管理。本章将分别介绍机器学习和人工智能应用于上述 4 个故障管理领域的相关算法。

7.1 故障管理概述

故障管理包含故障发现、故障记录和故障解决 3 个步骤,其中,故障发现由检测异常事件实现,故障记录由对应的日志记录实现,故障解决则是根据故障现象采取相应的跟踪、诊断和测试措施[1]。随着网络规模的不断扩大,网络相关业务激增,互联网企业面临更多的故障问题,这带来了巨大的经济损失。即使是经验丰富的运维人员,在面对复杂的故障告警信息时,也会感到棘手。2019 年部分互联网企业的网络故障问题见表 7-1。

表 7-1 2019 年部分互联网企业的网络故障问题

时间	企业	详情
3 月	腾讯	部分产品线出现大型宕机事件
4 月	脸书	Facebook Messenger、Instagram 等服务应用无法访问
5 月	微软	Azure 出现大规模宕机状况
6 月	谷歌	Youtube 等流媒体出现问题
9 月	雅虎	由于服务器停电,网站出现大规模宕机
10 月	苹果	苹果服务,如 Apple Music 出现宕机状况

原始的故障管理是被动的,可以被看作一个故障检测、根因定位及故障缓解的循环过程。首先,网络管理人员通过联合检测技术检测各种不同的网络状态,比如,在 Web 应用中 HTTP 应答报文的 3 位状态码表示请求是否被理解或满足,404 表示请求失败,未在服务器上发现所希望得到的资源,5XX 表示服务器在处理请求的过程中有错误或者异常状态发生;然后是根因定位,比如交换机容量减少、某个上层应用包生成速率激增、交换机由于故障停用及某链路失效等网络状态,都会造成网络故障,这需要精确定位故障网络中硬件或软件元素的物理位置,并确定故障原因;最后,故障缓解用于修复或纠正网络行为。随着新型网络技术的不断发展,复杂的网络架构是难以执行被动故障管理的。

相比之下,新型的故障管理是主动的,可以利用机器学习算法来解决上述挑战,以便最大限度地降低网络的性能退化问题。通过预测故障并启动自动缓解程序,可以防止未来可能发生的相关网络问题。接下来主要介绍机器学习是如何解决故障管理中的挑战的。

7.2 故障预测

主动故障管理的一个基本挑战是故障预测,以避免即将到来的网络故障。传统的网络运维主要采取故障发生之后,再进行运维的被动方式。然而,随着现代分布式系统的日益复杂及新型网络技术的不断发展,传统方法的容错能力逐渐下降、恢复代价逐渐增高。因此,在线故障预测逐渐发展起来。

故障预测的方法分为 3 类:基于物理模型、基于数据驱动及基于这两种方法混合的方法。

基于物理模型的方法首先通过动态建模,模拟出预测的物体模型,然后根据模型进行预测,这种方法准确度高,且参数有实际的物理意义,有理有据,缺点是对于复杂环境的系统,很难对其进行物理建模。

基于数据驱动的方法是根据采集到网络设备的历史数据建立预测模型,不需要重建复杂的物理模型,所以不必对系统机理非常了解,只要有充足的数据即可。但是预测的准确度没有基于物理模型的高,而且预测的准确度会受到采集数据误差的影响,可以说基于数据驱动的方法是一种对复杂度和准确度折中的方法。

将基于物理模型和基于数据驱动两种方法进行混合,可以充分结合两种方法的优势。此方法需要我们预先建立相关的物理模型,然后用数据驱动的方法进一步调整系统的参数。

接下来介绍几种常应用于故障预测的建模方式与机器学习算法。

7.2.1 基于网络建模技术的故障预测分析算法

网络的日益复杂会降低网络的可靠性和稳定性,分析表明,当前的网络大多处于不健康的状态。利用网络的一些物理指标,如激光温度偏移、输出光功率、环境温度、不可用时间、输入光功率和激光偏压电流等,建立设备运行时的状态,可以通过一些算法来预测未来的故障发生率。

1. 连续时间马尔可夫链分析

连续时间马尔可夫链是用来分析数据的模型，它是一种具有无记忆性、状态空间离散且在时间上连续的随机过程。之所以可以在网络中选择这种模型，是因为网络中具有各种瞬态分析，这些分析可以提供对网络状态的额外观测，在连续时间马尔可夫链模型中，过去的故障由转移概率所捕获，所以它所占用的内存较少。此外，连续时间马尔可夫链还可以用于建立预测模型。

我们假设随机过程 $\{X(t), t \geq 0\}$，状态空间 $I=\{i_n, n \geq 0\}$，若对于任意 $0 \leq t_1 < t_2 < \cdots < t_{n+1}$ 及 $i_1, i_2, \cdots, i_{n+1} \in I$，有：

$$P\{X(t_{n+1}) = i_{n+1} \mid X(t_1) = i_1, X(t_2) = i_2, \cdots, X(t_n) = i_n\} \\ = P\{X(t_{n+1}) = i_{n+1} \mid X(t_n) = i_n\} \tag{7-1}$$

则称 $\{X(t), t \geq 0\}$ 为连续时间马尔可夫链。

假设故障到达的时间和故障维修时间呈指数分布，指数分布在数学上可以使用连续时间马尔可夫链分析。这里只分析处于两种状态的网络：健康状态和故障状态。故障间隔时间的 μ 值为 1/平均值；维护时间的 λ 值按类似方法计算。利用上述两值，可以计算发生器矩阵 $\boldsymbol{Q}$ 和速率矩阵 $\boldsymbol{R}$。网络两态系统的计算如下：

$$\boldsymbol{Q} = \begin{bmatrix} -\mu & \mu \\ \lambda & -\lambda \end{bmatrix} \tag{7-2}$$

$$\boldsymbol{R} = \begin{bmatrix} 0 & \lambda \\ \mu & 0 \end{bmatrix} \tag{7-3}$$

矩阵 $\boldsymbol{Q}$ 又称为密度矩阵，或者瞬时概率转移矩阵，矩阵 $\boldsymbol{Q}$ 具有行和为零，对角线元素为负数等特性，如果矩阵 $\boldsymbol{Q}$ 中元素为零，则表示这种直接转移不可能发生。

利用这两个矩阵，我们可以进行各种瞬态分析，概率向量计算方式为：

$$\boldsymbol{P}(t) = \boldsymbol{P}(0) * \mathrm{e}^{Q(t)} \tag{7-4}$$

其中，$\boldsymbol{P}(0)$ 是指初始化的概率向量。为了得到更高的计算效率，这里采用均匀化的方式计算概率向量：

$$\boldsymbol{P}(t) = \sum_{k=0}^{\infty} \mathrm{e}^{-\beta t} \frac{(\beta t)^k}{k!} \hat{\boldsymbol{p}}^k \tag{7-5}$$

采用概率转移矩阵 $\hat{\boldsymbol{p}} = \boldsymbol{I} + \boldsymbol{Q}/\beta$，并且用误差公式截断求和：

$$\varepsilon = 1 - \sum_{k=0}^{M} \mathrm{e}^{-\beta t} \frac{(\beta t)^k}{k!} \tag{7-6}$$

基于式（7-6），推导出将无限和截断为所需误差值的算法，概率转移矩阵为 3 个性能矩阵的计算奠定了基础。第一个性能矩阵是占用时间：

$$\psi_{i,j}(T) = \int_0^T p_{i,j}(t) \mathrm{d}t \tag{7-7}$$

其中，$p_{i,j}(t)$ 为传输概率矩阵 $\boldsymbol{P}$ 的元素。

第二个性能矩阵是第一次通过时间,这是系统从最优状态到次优状态的期望时间:

$$r_i \xi_i = 1 + \sum_{j=1}^{N-1} r_{i,j} \xi_j, \ 1 \leq i \leq N-1 \tag{7-8}$$

其中,$i, j \in S$,并且 $r_i = \sum_{j=1}^{N} r_{i,j}$。

第三个性能矩阵是稳态或极限分布,被定义为 $\psi = [\psi_i \ \psi_j]$,其中:

$$\psi_j = \lim_{t \to \infty} \Pr(X(t) = j) \tag{7-9}$$

$$\psi_j r_j = \sum_{i=1}^{N} r_{i,j} \psi_i \tag{7-10}$$

$$\sum_{i=1}^{N} \psi_i = 1 \tag{7-11}$$

通过上述计算式可以解得网络的稳态分布,由此我们可以得到网络系统中的 3 个性能矩阵。

2. SVM 回归算法

SVM 回归算法在时间序列数据上可与多种技术相媲美。这里将网络物理指标作为输入,标签为故障发生率。SVM 模型将实例映射为空间中的点,以便有一个尽可能宽的空白空间。为了达到回归目的,这个空间被一个超平面分割,多数情况下超平面是一个线性函数,SVM 也可以使用一个核技巧,通过将输入映射到更高维空间来使用非线性函数。通过为每个观测值 x_n 引入非负乘数 α_n 和 α_n^*,从原始函数构造拉格朗日函数,SVM 试图为每个训练点 x 寻找一个不大于观测响应值 y_n 的 ε 偏差的函数 $f(x)$,由此形成一个优化问题,用其拉格朗日对偶公式求解。然后,拉格朗日函数在下面的约束条件下最小化:

$$\sum_{n=1}^{N} (\alpha_n - \alpha_n^*) = 0 \tag{7-12}$$

$$\forall n: 0 \leq \alpha_n \leq C$$
$$\forall n: 0 \leq \alpha_n^* \leq C$$

常数 C 是一个正数值的有界约束,用于控制对位于 ε 边缘之外的观测值施加的惩罚。为了得到最优解,这里利用 KKT 互补条件作为优化约束条件。这些条件表明,ε 内的所有观测值都有非零的拉格朗日乘数(α_n 和 α_n^*),也叫支持向量。此外,用于预测新值的函数仅依赖支持向量,其式为:

$$f(x) = \sum_{n=1}^{N} (\alpha_n - \alpha_n^*) G(x_n, x) + b \tag{7-13}$$

其中,$G(x_n, x)$ 是核函数,线性 SVM 回归的核函数为:

$$G(x_1, x_2) = x_1' x_2 \tag{7-14}$$

对于高斯或者 RBF 回归,核函数公式为:

$$G(x_1, x_2) = \exp(-\|x_1 - x_2\|^2) \tag{7-15}$$

下面我们实现 SVM 算法,将数据分为训练数据和测试数据,训练数据为总数据的 3/4,测试数据为总数据的 1/4。在网络故障的场景下,变量是故障发生率,到达间隔次数以小时为单位,第 n 个故障的发生次数用 τ_n 表示。SVM 算法的接受者操作特征曲线(ROC)如图 7-1 所示,其中,横坐标为伪阳性率,纵坐标为真阳性率,可以看到曲线下面积为 0.82,通过对网络物理指标建模,能够预测出较为精准的故障发生率。

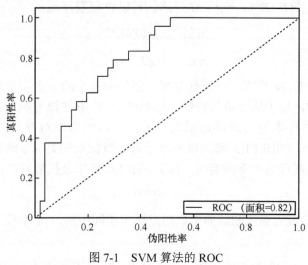

图 7-1　SVM 算法的 ROC

7.2.2　基于流形学习技术提取故障特征并生成故障预测的算法

下面介绍的算法在特征提取过程中并未依赖经验丰富的管理员来过滤和压缩错误事件,而是用流形学习技术来提取故障特征,并且自动进行故障预测。

线性流形学习算法是一种对非线性流形学习算法的线性扩展算法,比如熟悉的主成分分析(PCA)法等。接下来着重介绍局部线性嵌入(LLE)算法,它可以分为两步。

第一步,输入样本为包括 CPU 故障、网络故障、内存故障在内的 3 种网络故障集。根据邻域关系计算出所有网络故障样本的领域重构系数 w,也就是找出每个样本和其领域内的样本之间的线性关系,如下式:

$$\min_{\omega_1,\omega_2,\cdots,\omega_m} \sum_{i=1}^{m} \left\| \boldsymbol{x}_i - \sum_{j \in Q_i} \omega_{ij} \boldsymbol{x}_j \right\|_2^2 \tag{7-16}$$

$$\text{s.t.} \sum_{j \in Q_i} \omega_{ij} = 1$$

其中,$\boldsymbol{x}_i$ 和 $\boldsymbol{x}_j$ 均为已知,令 $C_{jk} = (\boldsymbol{x}_i - \boldsymbol{x}_j)^{\text{T}}(\boldsymbol{x}_i - \boldsymbol{x}_k)$,$\omega_{ij}$ 有闭式解:

$$\omega_{ij} = \frac{\sum_{k \in Q_i} C_{jk}^{-1}}{\sum_{l,s \in Q_i} C_{ls}^{-1}} \tag{7-17}$$

第二步，根据领域重构系数不变，求每个样本在低维空间的坐标：

$$\min_{\omega_1,\omega_2,\cdots,\omega_m} \sum_{i=1}^{m} \left\| z_i - \sum_{j \in Q_i} \omega_{ij} z_j \right\|_2^2 \tag{7-18}$$

令 $\boldsymbol{Z} = (z_1, z_2, \cdots, z_m) \in \Box^{d \times m}$，$(\boldsymbol{W})_{ij} = \omega_{ij}$。

所以 $\boldsymbol{M} = (\boldsymbol{I} - \boldsymbol{W})^{\mathrm{T}} (\boldsymbol{I} - \boldsymbol{W})$，利用 $\boldsymbol{M}$ 矩阵，可以将问题写成：

$$\begin{aligned} \min_{Z} \quad & \mathrm{tr}(\boldsymbol{ZMZ}^{\mathrm{T}}) \\ \mathrm{s.t.} \quad & \boldsymbol{ZZ}^{\mathrm{T}} = \boldsymbol{I} \end{aligned} \tag{7-19}$$

因此问题转变为对 $\boldsymbol{M}$ 矩阵进行特征分解，然后取最小的 d' 个特征值对应的特征向量组成低维空间的坐标 $\boldsymbol{Z}$。由于缺乏监督特性，原始的 LLE 算法没有利用到每个点的类成员特征。而训练集中每个样本的类成员是预先知道的，因此可以对原始算法进行拓展，监督 Hessian 局部线性嵌入（SHLLE）算法就使用了每个数据点的类标签映射到低维空间。在上述第一步中，如果数据点属于不同类别，那么 SHLLE 算法会扩展其内部点距离：

$$\Delta' = \Delta + \alpha \max(\Delta) \Lambda_{ij} \tag{7-20}$$

其中，$\max(\Delta)$ 是 Δ 的最大输入项，如果数据点属于相同类别，Λ_{ij} 取值为 0，否则取值为 1，α 取值为 (0,1)。

自主故障预测框架由 3 个功能组成：性能监视、特征提取和故障预测。自主故障预测过程可以按照以下 3 个步骤运行。

（1）性能监视。收集故障和非故障条件下各种性能指标的数据。

（2）特征提取。采用流形学习技术进行降维，得到提取的特征。

（3）故障主动恢复。通过比较性能指标与故障样本的运行趋势，相应的分类器将提供故障警报，以指导主动恢复操作。

相应地，故障预测分为两个阶段：训练阶段和测试阶段。在训练阶段，SHLLE 算法用于对样本进行降维，优化 SHLLE 参数设置。在测试实验中，由于非线性映射的计算量较大，在算法中采用非参数推广来近似这种映射。自主故障预测框架的 3 层架构如图 7-2 所示。

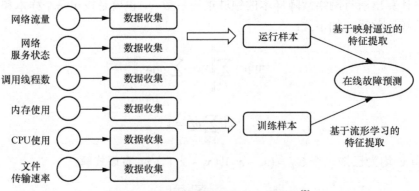

图 7-2 自主故障预测框架的 3 层架构[2]

为了得到故障预测所需的数据，可以利用故障注入方法来识别哪些性能指标会受到故障影响，并且从试验台上收集经验数据。算法通过检索资源的使用情况和应用程序统计的信息来监视试验台中每个节点上的变量。通过定期检查变量，可以获得有关节点上所有正在运行的进程组合资源的使用情况。该算法将初始变量分为与系统性能紧密相关的 4 个组：接口组、IP 组、TCP 组和 UDP 组。为了监控系统中的网络流量，这里设计并实现了一个基于 NetFlow 技术的网络检测器，可以收集网络中的 IP 封包的数目等相关信息。此外，使用由管理信息库（MIB）所描述的简单网络管理协议收集网络接口和链路信息。

本节主要介绍了人工智能技术在故障预测中的应用，介绍了 SVM、连续时间马尔可夫链等建模方式，以网络中的软/硬件状态作为输入，拟合最终的网络故障状态。我们实现了 SVM 算法，训练数据为总数据的 3/4，测试数据为总数据的 1/4，并画出了相应的 ROC。最后介绍了一种基于流形学习技术的故障预测方法。

7.3 故障检测

传统的网络故障检测方法包括分段检查和分层检查，分段检查是将网络链路分为用户端、接入设备、中继设备、主干交换设备等的网络段，分别检测链路之间是否有故障问题；分层检查根据网络的 7 层协议（从上到下依次为：应用层、表示层、会话层、传输层、网络层、数据链路层和物理层）进行应用程序分层及数据传输分层，分别检测各层是否有网络故障问题。

下面列出一些传统的网络检测命令。

Ping：TCP/IP 网络体系中应用层的命令，用于测试被 Ping 主机的连通性，根据被 Ping 主机的反馈信息，可以推测出被测试主机的相关配置。

IPConfig：用于查看主机 IP 参数的相关配置信息，例如默认网关、IP 地址、子网掩码、域名服务等。

Netstat：用于查看本机当前进行的会话。

Nslookup：用于对 DNS 进行检查。

随着网络单元部署密度的增加，以及物联网作为 5G 的用例之一，维持数据需求的关键是现有网络基础设施是否拥有较高的可靠性。另外，网络运营商需要逐渐降低每个用户的平均收费及小蜂窝网络的可靠回程成本。在上述发展趋势下，网络需要提供更可靠的带宽，同时保持低运营成本。传统的被动故障检测方法在可靠性需求上显得力不从心，因此必须开发更多智能化机制来优化、维护宽带基础设施和排除故障。目前网络中拥有大量的数据，如何处理此类数据，进行智能故障检测是一个具有挑战性的问题。

7.3.1 基于聚类的网络故障检测性分析算法

在故障检测中，为了给用户提供极低时延和高 QoE，需要要求故障检测机制是主动机制。接下来介绍基于历史网络故障日志的检测性分析方法，通过 K-means 和 FCM 等聚类算法，分析来自数个服务区域的大量网络故障日志数据点，使运营商能够在未来主动解决类似的故障，提高网络 QoE 和恢复时间。实践表明，聚类算法等无监督学习方式适合用于网络的故障检测性分析中。

接下来依次介绍在故障检测中常用的两种算法。

1. K-means

K-means 是一种基于原型的分区聚类算法,网络日志分析的属性包括故障发生时间、故障发生次数、故障地理区域、故障原因及解决时间。通过将这些原始的历史网络故障日志数据转换成一个知识库,运维人员可以很容易地使用该知识库来做出更好的决策。在网络故障检测中,将历史网络故障日志聚合到 K 个聚类中,其中 K 是用户指定的聚类数。多次迭代寻找最佳聚类质心,使得误差平方和(SSE)最小化的最佳聚类质心是分配给该聚类的所有数据点的平均值,由下式给出:

$$c_k = \frac{1}{m_k} \sum_{x \in c_k} x_k \tag{7-21}$$

K-means 算法的伪代码如下。

K-means 算法伪代码

随机选择 K 个点作为起始质心,并且选择能够最小化 SSE 的部分
重复:
  通过计算所有 K 个质心的数据点的最小距离对数据集进行聚类
  重新计算每个簇的质心
直到
  质心的变化不超过固定百分比

在 K-means 算法中,首先根据肘部法则计算 K-means 算法的最佳分簇个数,得到 K 的最佳值是 6。之后进行多次迭代以得到最小的 SSE,对于存在质心 c_i 的 K 个簇,SSE 计算式为:

$$\text{SSE} = \sum_{i=1}^{K} \sum_{x \in C_i} L^2(c_i, x) \tag{7-22}$$

其中,$L^2(c_i, x)$ 是指每一个数据点 x 与质心之间的欧几里得距离。最小化 SSE 的迭代过程如图 7-3 所示。

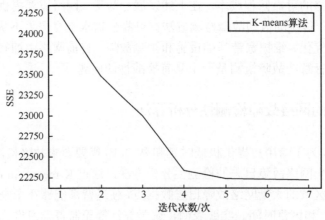

图 7-3 最小化 SSE 的迭代过程

2. FCM

FCM 是一种基于目标函数的模糊聚类算法，主要应用领域为数据的聚类分析，输入为网络故障日志数据。FCM 的目标是通过质心更新最小化 SSE，并将每个数据点分配到计算最近质心。SSE 计算是用欧几里得距离乘以每个簇的 w_{ij}^p（数据点 x_i 属于簇的隶属度）来测量的：

$$c_j = \frac{\sum_{i=1}^{n} w_{ij}^p x_i}{\sum_{i=1}^{n} w_{ij}^p} \tag{7-23}$$

模糊理论强调以模糊逻辑描述现实生活中事物的等级，了解了模糊理论之后，就能够更好地理解模糊聚类算法了。假设有两个集合分别是 A、B，有一个成员 a，传统的分类概念中，a 要么属于 A 要么属于 B，而在模糊聚类的概念中，a 可以 30%属于 A，70%属于 B，这就是其中的模糊概念。

下面是 FCM 算法的伪代码。

FCM 算法伪代码

基于最小总体 SSE 的目标为每个数据点分配成员权重
重复：
    计算每个簇的质心
    重新计算数据点的隶属度权重
直到
    质心的变化不超过固定百分比

类似于 K-means 的算法被称为硬聚类算法，FCM 算法被称为软聚类算法，是对传统硬聚类算法的一种改进。对于大型数据，FCM 算法在迭代次数较少的情况下就会终止，K-means 算法在簇之间会产生较大的分离。在进行聚类算法的时候，FCM 算法会计算每个样本点到中心的隶属度，通过细粒度的隶属度，我们可以更加直观地了解一个数据点到中心的可信度。

7.3.2 基于循环神经网络（RNN）的故障检测机制

接下来介绍一种基于 RNN 的故障检测机制。RNN 可以对一个传感器节点、节点的动态变化及与其他传感器节点的连接情况进行系统的建模，也可以采用这种方法对无线传感器网络中的传感器节点进行识别和故障检测。

无线传感器网络包括以下组件：一组可以和每个传感器互相通信的传感器节点；测量网络链路物理量的传感器；用于数据收集、处理和连接到广域网的系统基站。现代无线传感器节点具有用于本地数据处理、联网和控制的微处理器，由于复杂分布式传感系统中智能故障的检测需求，我们需要对这类传感器网络进行精细化建模，这里介绍一种改进的动态 RNN 对无线传感器网络进行建模的方法。典型的 RNN 结构如图 7-4 所示。

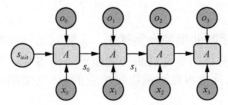

图 7-4 典型的 RNN 结构[3]

我们将 t 时刻训练样本的输入记为 x_t。同理，$t-1$ 和 $t+1$ 时刻训练样本的输入记为 x_{t-1} 和 x_{t+1}；t 时刻模型的隐藏状态记为 s_t，s_t 由 x_t 和 s_{t-1} 共同决定；t 时刻模型的输出记为 o_t，o_t 只由模型当前的隐藏状态 s_t 决定；A 代表 RNN 模型。

RNN 的运算过程如下：

$$s_t = f(U_{x_t} + W_{s_{t-1}} + b) \tag{7-24}$$

$$y_t = \mathrm{softmax}(V_{s_t} + c)$$

其中，f 表示激活函数，U、W、V 均为矩阵，它们作为参数体现了模型的线性关系。

在全连接的神经网络中，神经网络结构包括输入层、隐藏层及输出层，层与层之间全连接，但是每层之间的节点是无连接的。而 RNN 隐藏层之间的节点是具有连接性的，其输入由输入层的输出和上一时刻隐藏层的输出共同组成[4]。

我们可以假设每个传感器节点都有且只有一个传感器，传感器节点可以看作具有记忆特性的动态系统，一个节点的输出将信息转发给下一个节点。虽然标准的 RNN 是分层结构，但是在节点 1 和节点 2 之间引入了一个类似于无线传感器网络系统的自组织网络 RNN，其置信因子取决于节点间通信链路中的信号强度和数据质量。置信因子和神经元的架构如图 7-5 所示。

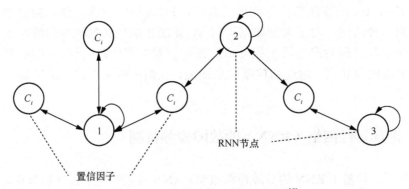

图 7-5 置信因子和神经元的架构[5]

非线性的动态传感器模型被抽象为：

$$y_i(k) = f_i(y_i(k-1), y_i(k-2), \cdots, y_i(k-m), u_i(k)) \tag{7-25}$$

其中，$u_i(k)$ 和 $y_i(k)$ 分别是传感器在 k 处的输入和输出。为了使传感器能够工作，并且用户能够确定实际的传感器输入，函数 f_i 必须是可逆的。

$$u_i(k) = f_i^{-1}(y_i(k-1), y_i(k-2), \cdots, y_i(k-m), y_i(k)) \tag{7-26}$$

式（7-26）表明，要确定样本 k 处的物理输入，需要了解当前和过去 m 个传感器的输出，即：

$$y_i(k) = f_i(y_i(k-1), y_i(k-2), \cdots, y_i(k-m), \overline{u}_i(k)) \tag{7-27}$$

通过证明得到，在输入同一节点的 m 个前输出样本和相邻传感器的 m 个前输出样本的情况下，传感器节点的输出可以近似为一个 RNN。因此，传感器节点由 RNN 建模为：

$$\begin{aligned} y_i(k) = \text{RNN}_i(&y_i(k-1), y_i(k-2), \cdots, y_i(k-m) \\ &C_{ji}y_{ij}(k), C_{ji}y_{ij}(k-1), \cdots, C_{ji}y_{ij}(k-m)) + c \end{aligned} \tag{7-28}$$

其中，$C_{ji}y_{ij}(k)$ 为置信因子，置信因子表示考虑了传感器之间的信任因素。相邻节点 i 和 j 之间的置信因子表示传感器节点 i 在传感器节点 j 生成的数据中的置信度，且与其相邻节点之间的信号强度成正比。

这种传感器模块对应一种 Hammerstein-Wiener 非线性反馈动态传感器网络，这种非线性反馈动态传感器网络模型如图 7-6 所示，由 3 个非线性静态模块包围的线性动态模块组成。

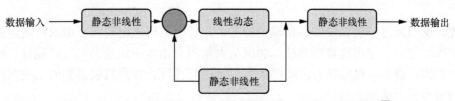

图 7-6　Hammerstein-Wiener 非线性反馈动态传感器网络模型[3]

下面在实验中实现了 RNN 模型，其中，隐藏层采用 16 个神经元，激活函数为 ReLu 函数，输出层采用 Sigmoid 函数。在训练过程中，采用 RMSProp 优化算法，并以均方误差作为损失，随着迭代次数增加，测试集和验证集的结果如图 7-7 所示。

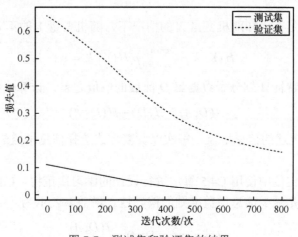

图 7-7　测试集和验证集的结果

本节主要介绍了聚类算法及 RNN 在网络故障检测中的应用。并且实现了 K-means 算法及 RNN 算法，在 K-means 算法中，首先根据肘部法则计算 K-means 算法的最佳分簇个数，得到 K 的最佳值是 6，以和方差作为损失观察算法的拟合效果；在 RNN 算法中，以均方误差作为损失观察算法的收敛性。

7.4 根因定位

根因定位的任务是一旦检测到系统故障，就要找出它的来源。随着互联网技术的日益发展，互联网系统规模越来越大，在一个生命周期内有越来越多的组件在工作，相应的错误事件也会频发。例如，失败的数据库查询可能是由应用程序服务器配置错误、应用程序新版本中的错误、SQL 语句编写错误、网络问题、数据库服务器磁盘损坏等引起的。随着网络系统规模和复杂性的增长，依赖网络运维人员手动检查每个组件的错误源越来越不切实际。因此，采用自动化方式可以快速确定故障原因，并提高系统可用性。

7.4.1 基于决策树学习方法的根因定位

首先，我们通过分层系统跟踪请求的路径，并且使用日志记录每个请求所使用的系统组件和数据库；然后，使用决策树算法，利用从大量独立请求中记录的运行时属性，同时检查多种潜在原因；最后，根据其与故障的关联程度进行排序，并根据观察到的系统部件的偏序对决策树节点进行合并。

常见的构建决策树的算法是 ID3 和 C4.5，下面分别对这两种算法进行介绍。

1．ID3 算法

ID3 算法采用信息增益来选择树杈，使用递归方法构建决策树。下式为信息熵公式：

$$H(x) = -\sum_{i=1}^{n} p_i \log_2 p_i \qquad (7\text{-}29)$$

条件熵 $H(Y|X)$ 是在已知随机变量 X 的情况下，随机变量 Y 的不确定性：

$$H(Y|X) = \sum_{i=0}^{n} p_i H(Y|X=x_i) \qquad (7\text{-}30)$$

信息增益是某个特征 A 划分了数据集 D 前后的熵值之差，计算式如下：

$$I(D,A) = H(D) - H(D|A) \qquad (7\text{-}31)$$

ID3 算法采用了上述的信息增益，每次以贪婪方式选择信息增益最大的属性。

2．C4.5 算法

下面介绍在根因定位中使用 C4.5 算法进行设计的学习决策树。C4.5 算法是对 ID3 算法的一种优化，其目的是减少信息增益准则的偏好性。增益率表示为：

$$\text{Gain\_ratio}(D,A) = \frac{I(D,A)}{IV(A)} \qquad (7\text{-}32)$$

其中，$I(D,A)$ 为 ID3 算法中计算的信息增益，$IV(A)$ 可以理解为特征 A 的固有值：

$$IV(A) = -\sum_{v=1}^{V} \frac{|D^x|}{D} \log_2 \frac{D^v}{D} \tag{7-33}$$

当分布均匀时，熵函数最大化；当分布向某些特征值倾斜时，熵函数向 0 递减。因此，较小的熵表示分布中的较大偏差。C4.5 算法就是选择最大增益率的属性进行分裂。

决策树示意如图 7-8 所示。假设有两个错误源，一个与机器 x 相关，一个与请求类型 y 相关，假设在机器 x 上观察到 15 个失败和 5 个成功的请求，在请求类型 y 上观察到 10 个失败和 6 个成功的请求，图 7-8 显示了从数据中学习到的一个可能的决策树。

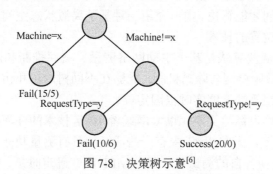

图 7-8　决策树示意[6]

除了学习决策树，还要选择与最大数量的失败相关的重要特征，该框架采用了以下 4 种启发式算法。

（1）忽略与成功请求对应的叶节点。这些叶节点不包含任何失败的请求，因此在诊断失败时没有用处。

（2）噪声过滤。忽略包含少于总失败数 $c\%$ 的叶节点，c 为指定常数。这相当于合理假设只有几个独立的误差源，并且每一个误差源都占故障总数很大一部分。

（3）节点合并。在报告最终诊断之前，删除被后续节点包含的祖先节点来合并路径上的节点。例如，如果机器 x 只运行软件版本 y，那么路径（Version = y and Machine = x）等同于（Machine = x）。系统组件之间的这种包容定义了我们特性的偏序，其中特性 1 ≤ 特性 2，这意味着所有包含特性 1 的请求也包含特性 2。

（4）排名。根据失败次数对预测的原因进行排序，以确定其重要性的优先级。

设 C 表示候选集中有效分量的个数，设 N 是不同故障原因的数目，n 是正确识别故障原因的数目。定义召回率 Recall 和精确性作为算法的评价指标，其中召回率由算法正确诊断出故障原因的百分比来衡量，精确性衡量了候选集的简洁程度：

$$\begin{aligned} \text{Recall} &= n/N \\ \text{fpr} &= \frac{C-n}{C} \\ \text{Precision} &= \frac{n}{C} = 1 - \text{fpr} \end{aligned} \tag{7-34}$$

决策树算法在故障诊断这一特定任务中是特别适用的，学习决策树的结果可以轻松解释可疑系统组件列表。故障日志中大量未标记的数据都是可用的，而标记数据相对来说是比较少的。我们可以预处理故障检测中的相关问题集，将快照标记为故障或正常，也可以在故障诊断自身中使用未标记的快照。C4.5 算法在单故障和多故障情况下都表现良好。

7.4.2　基于离散状态空间粒子滤波算法的根因定位技术

在网络运维中，找出网络中性能问题和其他故障的原因是一个非常耗时的任务。传统运维行业中，网络技术人员必须先观察到网络故障或者性能下降，填写问题日志，然后结合 Ping 和 Traceroute 等多种网络运维指令，在网络中对问题进行精确定位。这一系列的流程可能需要大量的人力和时间才能解决。本节介绍一种基于离散状态空间粒子滤波算法来确定分组交换网络中性能下降位置的技术。

离散状态空间粒子滤波算法是基于主动网络测量、概率推断和网络变化的实时检测机制。它是一种轻量级的故障检测与隔离机制，能够在不同树形拓扑仿真中自动检测和识别故障的位置。也就是说，该算法能够实时根因定位。

网络可以是基于多协议标签交换、以太网或者 IP 等技术的任何类型分组交换网络，我们将网络建模为无向图 G，无向图 G 中有一些活跃的具有测量功能的边缘节点，被称作测量端点（MEP）。通过交换各自的测试包，两个 MEP 能够确定时延、抖动和丢包等网络物理性能指标。另外，无向图 G 中两个边缘节点之间的每条路径都与服务等级协定（SLA）相关联。例如，如果延迟的度量值高于 SLA 规定的值，则会发生 SLA 冲突。

根因定位架构如图 7-9 所示，左侧的 MEP 执行对抖动、时延或数据包丢失的测量，然后将测量值输入 NMS，网络故障定位算法在该系统中运行，推断出故障的位置。

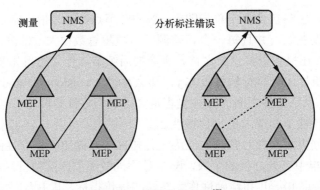

图 7-9　根因定位架构[7]

网络故障定位算法可以对概率质量分布函数进行操作，该概率质量分布是网络段标识符到概率质量分布值（这里称为权重）的向量映射。然后，将每个测量结果与两个 MEP 之间的路径之间所关联的 SLA 进行比较，当检测到不符合 SLA 的路径后，该路径权重增加，其他边权重始终减少，在每次修改权重后，向量都进行归一化操作。

故障定位问题是一个离散的状态空间滤波问题。基于滤波器估计的基本原理是通过重复采样来跟踪系统状态。

粒子滤波器模型假设系统状态可以被建模为一阶马尔可夫过程：

$$a_k = g(a_{k-1}) + \omega_k \quad (7\text{-}35)$$

其中，ω_k 是在时刻 K 处的系统状态，ω_k 是具有某种概率密度函数的噪声，g 是任意函数。假设系统状态 a_k 的连续测量 z_k 相互独立，则 z_k 的测量应仅取决于 a_k：

$$z_k = h(a_k) + v_k \quad (7\text{-}36)$$

其中，a_k 是在时刻 K 处的系统状态，v_k 是具有某种概率密度函数的噪声，h 是任意函数。在这里，系统状态空间对应一组边缘标识符，被离散化建模。故障定位（即 G 中的一个边缘）被建模为系统状态 a_k。如果网络中没有故障，则状态 a_k 指向空状态。此外，z 由向量 $\{m_b, m_e, P, b\}$ 定义，其中 m_i 是入口 MEP，m_e 是出口 MEP，P 是 m_i 和 m_e 之间的路径，b 是布尔值，因此：

$$b = \begin{cases} \text{true} & , \text{SLA not OK} \\ \text{false} & , \text{SLA OK} \end{cases} \quad (7\text{-}37)$$

对式（7-37）的解释：如果给定指标存在 SLA 冲突，则 b=true，否则 b=false。z 表示为 z_{mi}、z_{me}、z_p 和 z_b，假设当两个测量包不同时存在于一个边缘或节点上时，测量是独立的，则可以注意到 z_p 是 z_{mi} 和 z_{me} 之间的一系列边。z_k 对应路径 P 上两个 MEP 之间的测试包的交换，可以通过主动测量时延、抖动或损耗等进行度量。

粒子滤波本质上是迭代进行的，分为两个阶段运行：预测阶段和更新阶段。在预测阶段，如果存在一个已知的控制系统状态模型，那么每一个粒子都会根据该已知模型进行更新；在更新阶段，根据系统的测量或者采样重新计算粒子权重。这里将粒子 x 表示成一个向量 $\{e, w\}$，其中，e 是边缘标识符，w 是归一化的粒子权重。x 包含 x_e 及 x_w。每一个粒子 x 都属于粒子集 S，S 中的粒子数量表示为 $|G|$，即图 G 的边数。该算法的伪代码如下。

粒子滤波算法伪代码

1. 构造等权重 $1/|G|$ 的共 $|G|$ 个粒子的初始集 S
2. 初始化 $S'=\{0\}$，这代表 S' 是一个空集
3. 对于 $i=1,\cdots,|G|$
   设置 $x'_i = x_i$
   对于给定样本集合 z，计算 S 中粒子 x'_i 的新权重 $w'_i = p(z, x'_i)$，加入高斯噪声 w'_i
   更新集合 S'，$S' = \text{union}(S', \{x'_i\})$
4. 由于 w'_i 代表了概率，因此归一化 w'_i 使得 $\sum (w'_i) = 1$
5. 如果概率 w'_i 比阈值 T 高，与 x'_i 对应的边缘节点可被认为是错误节点
6. $S = S'$

该算法实现简单、有效、计算效率高。网络中算法的计算复杂度实际上会随着网络中边数的线性增加而增加。也就是说，每次过滤器更新的计算复杂度是 $O(|G|)$ 级别的。这种复杂度比传统的网络分层运维解决方案所提出的复杂度要低。

本节主要介绍了应用于根因定位的两种人工智能算法，分别是决策树学习方法和离散状态空间粒子滤波算法。传统运维中需要结合 Ping 和 Traceroute 等多种网络运维指令，根

因定位极为耗时,而人工智能与机器学习算法可以在网络环境中快速自动检测和快速定位故障位置。

7.5 自动缓解

自动缓解是指通过消除人为干预和减少停机时间来改进故障管理,自动缓解领域的基本挑战是如何在随机环境中选择最优的操作集和工作集。对于主动故障预测,自动缓解主要是指从可疑网络元素收集信息,以帮助找到预测故障的来源,为了建立信息库,故障管理器可以主动轮询选定网络元素;对于被动故障预测,故障管理器依赖网络被动提交警报。

7.5.1 基于主动故障预测的自动缓解

对于主动故障预测的自动缓解,我们将介绍利用部分可观测马尔可夫决策过程(POMDP)来解决主动故障管理问题,以制定监控、诊断和缓解之间的权衡方案。假设网络具有部分可观测性,以解释某些被监测的观测值在通信网络中可能丢失或时延的事实。

当网络处于压力状态时,必须在收集和传输的数据量与故障检测和诊断的速度及准确性之间进行权衡。这种折中可以自然地表示为一个 POMDP。这里将 POMDP 在实际状态下的精确解计算转化成在强化学习中学习决策规则,并将其快速部署到实际网络中。

在 MDP 条件下,动作被认为是由一个随机环境中的智能体执行的,其中环境可以用一个 4 元组表示:

$$M = (S, A, P_s^a, R) \tag{7-38}$$

其中,S 表示有限的状态集,A 表示有限的动作集,P_s^a 表示状态转移概率,$R: S \times A \to \mathbb{R}$ 是奖励函数。智能体与环境的交互如图 7-10 所示。环境的状态是静止且具有马尔可夫性的,也就是说,每一步的状态 $s_t \in S$ 和动作 $a_t \in A$ 决定了下一时刻的状态 $s_{t+1} \in S$ 和奖励 $r_{t+1} \in R$ 的分布。

$$P(s, a, s') = \Pr[s_{t+1} = s' \mid s_t = s, a_t = a] \tag{7-39}$$

$$R(s, a, s') = E[r_{t+1} \mid s_t = s, a_t = a, s_{t+1} = s'] \tag{7-40}$$

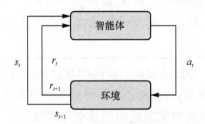

图 7-10 智能体与环境的交互[8]

POMDP 是 MDP 中处理观测不确定性的框架。形式上,基于模型的 POMDP 有 7 元组

$(S, A, T, R, \Omega, O, \gamma)$。其中，$S$ 是一组观察状态，A 是一组动作，T 是在状态间的条件转移概率，而 R 是 $S \times A \to \mathbb{R}$，为奖励函数，$\Omega$ 是一组现阶段的观察，O 是一组条件观察概率。POMDP 的解决方案是指在有限或无限范围内产生最大回报的控制策略。在 MDP（或完全可观察 MDP）中，当前动作只与当前状态有关，与之前的状态和动作无关。而在 POMDP 中，当前动作可能取决于过去动作的整个序列，以及由此产生的观察结果。一个 POMDP 可以让学习器能够在部分可观测到的环境中进行决策最优化[9]。

原则上，通过将 POMDP 视为一个超过信念状态的 MDP，MDP 的求解方式可以直接用于求解 POMDP。然而在实践中，POMDP 通常在计算上难以解决，因此研究人员开发了近似 POMDP 解法。最优动作可表示为：

$$\pi(b) = \arg\max\{a \in A \mid l_a \in Z\} l_a \cdot b \tag{7-41}$$

其中，b 是信念状态，Z 是 S 维度下的解决向量集合，l_a 是对于动作 a 的解决向量。

这里采用了 Sarsa 快速算法进行策略的线性分析。Sarsa 不仅需要知道当前的动作、状态和奖励，还需要知道下一步的状态和奖励。引入衰减系数 λ 后，Sarsa 算法的伪代码如下。

Sarsa 算法伪代码

对于任意的 $s \in S$，$a \in A(s)$，随机初始化 $Q(s, a)$
重复（对于一次迭代）：
    $E(s, a) = 0$ 对于所有的 $s \in S$，$a \in A(s)$
    初始化 S, A
    重复（对于一次迭代中的每一步）：
        采取动作 A，观察 R, S'
        从 Q（比如 ε 贪婪算法）中通过策略选择 A', S'
        $\delta \leftarrow R + \gamma Q(S', A') - Q(S, A)$
        $E(S, A) \leftarrow E(S, A) + 1$
        对于任意 $s \in S$，$a \in A(s)$：
            $Q(s, a) \leftarrow Q(s, a) + \alpha \delta E(s, a)$
            $E(s, a) \leftarrow \gamma \lambda E(s, a)$
        $S \leftarrow S', A \leftarrow A'$
直到 S 达到终点结束

这里我们假设网络在某一时刻只有一个交换机会产生故障，观察到故障后管理器的执行动作包括修复及轮询。由中心控制器收集到的系统状态为 $S = S^0 \cup S^1$，$S^0 = \{s_0\}$，$S^1 = \{s_1, s_2, \cdots, s_N\}$，其中，$S^0$ 指所有交换机处于正常状态，s_i 指只有第 i 个交换机处于故障状态。由管理器所执行的动作包括修复及轮询，$A = A^r \cup A^p$，其中

$$A^r = \{a_1^r, \cdots, a_i^r, \cdots, a_N^r\} \\ A^p = \{a_1^p, \cdots, a_i^p, \cdots, a_N^p\} \tag{7-42}$$

其中，a_i^r 是指修复第 i 个交换机，a_i^p 是指轮询第 i 个边缘节点。正常状态是指运维节点具有

QoS 保障，否则为不正常状态。每一个节点的观测值为 $O = \{\text{normal}, \text{abnormal}\}$。在模拟仿真中，状态转移矩阵为：

$$\boldsymbol{P}(s' = s_k \mid s = s_i, a = a_j^p) = \partial_{ik} \tag{7-43}$$

$$\boldsymbol{P}(s' = s_k \mid s = s_i, a = a_j^r) = \begin{cases} \partial_{ik}, & i \neq j \\ \partial_{ok}, & i = j \end{cases} \tag{7-44}$$

$$\boldsymbol{P}(o \mid s_i, a = a_j^p) = \begin{cases} q_j^i + \mu, & o = \text{abnormal};\ i \neq 0 \\ 1 - q_j^i - \mu, & o = \text{normal};\ i \neq 0 \\ \mu, & o = \text{abnormal};\ i = 0 \\ 1 - \mu, & o = \text{normal};\ i = 0 \end{cases} \tag{7-45}$$

其中，$\mu \ll 1$ 代表错误告警概率，q_j^i 是从第 j 个终端节点开始经过第 i 个交换机的最短路径的分数。奖励函数为：

$$R(s_i, a_j) = \begin{cases} C, & i = j;\ a_j \in A^r \\ C', & i \neq j;\ a_j \in A^r \\ c, & a_j \in A^p \end{cases} \tag{7-46}$$

其中，$C > 0 > c > C'$。

7.5.2 基于被动故障预测的自动缓解

对于被动故障预测的自动缓解，我们介绍一种从非结构化故障单中自动提取工作流的方法，以解决网络故障问题。输入数据是从企业真实运行环境中得到的故障单，提供故障排除的完整历史记录。这里使用有监督的聚类算法对故障单中的每个句子进行自动分类，并删除不相关的句子。我们通过使用多个序列对齐的方法来对齐不同句子描述的相同动作。此外，将聚类应用于寻找具有不同缓解步骤的行动，有助于操作员选择合适的下一步操作。

首先，使用朴素贝叶斯算法计算每个句子里所有包含动作的标签；然后，通过使用聚类挖掘条件可视化工作流；最后，对每个问题的解决方法进行分类。算法流程如图 7-11 所示。

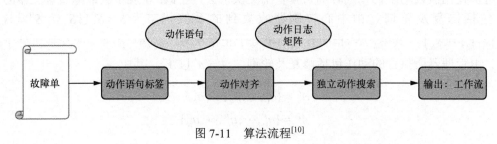

图 7-11 算法流程[10]

接下来对朴素贝叶斯算法进行简要介绍，朴素贝叶斯算法是一种比较典型的分类方法，它基于贝叶斯定理与特征条件独立假设。

对于样本集：

$$D = \{(x_1^{(1)}, x_2^{(1)}, \cdots, x_n^{(1)}, y_1), (x_1^{(2)}, x_2^{(2)}, \cdots, x_n^{(2)}, y_2), \cdots, (x_1^{(m)}, x_2^{(m)}, \cdots, x_n^{(m)}, y_m)\} \quad (7\text{-}47)$$

其中，m 表示有 m 个样本，n 表示有 n 个特征。$y_i, i=1,2,\cdots,m$ 表示样本类别，取值为 $\{C_1, C_2, \cdots, C_K\}$。

先验概率为：

$$P(Y = C_K), k = 1, 2, \cdots, K \quad (7\text{-}48)$$

条件概率为（依据条件独立假设）：

$$\begin{aligned} &P(X = x \mid Y = C_k) \\ &= P(X_1 = x_1, X_2 = x_2, \cdots, X_n = x_n \mid Y = C_k) \\ &= \prod_{j=1}^n P(X_j = x_j \mid Y = C_k) \end{aligned} \quad (7\text{-}49)$$

则后验概率为：

$$P(Y = C_k \mid X = x) = \frac{P(X = x \mid Y = C_k) P(Y = C_k)}{\sum_k P(X = x \mid Y = C_k) P(Y = C_k)} \quad (7\text{-}50)$$

将条件概率公式代入得：

$$P(Y = C_k \mid X = x) = \frac{P(Y = C_k) \prod_{j=1}^n P(X_j = x_j \mid Y = C_k)}{\sum_k P(Y = C_k) \prod_{j=1}^n P(X_j = x_j \mid Y = C_k)} \quad (7\text{-}51)$$

式（7-51）为朴素贝叶斯分类的基本公式。朴素贝叶斯分类器可表示为：

$$P(Y = C_k \mid X = x) = \arg\max \frac{P(Y = C_k) \prod_{j=1}^n P(X_j = x_j \mid Y = C_k)}{\sum_k P(Y = C_k) \prod_{j=1}^n P(X_j = x_j \mid Y = C_k)} \quad (7\text{-}52)$$

在朴素贝叶斯算法计算完每个句子里所有动作标签后，在不同故障单中，描述同一个动作的相应话语是不同的，因此我们需要将动作对齐。最后，采用聚类算法对每个问题的解决方法进行分类。

本节分别介绍了基于主动故障预测的自动缓解算法及基于被动故障预测的自动缓解算法。在主动故障预测的自动缓解中，首先将网络故障状态建模为部分可观测马尔可夫决策过程，采用 Sarsa 强化学习算法进行动作，如交换机的轮询或者修复；在被动故障预测的自动缓解中，首先通过朴素贝叶斯算法计算出故障单里每个句子所包含动作的标签，然后通过聚类挖掘条件可视化工作流，最后对每个问题的解决方法进行分类。

7.6　总结

在本章中,我们从4个方面论述了机器学习对于故障管理的应用。首先,在故障预测中介绍了在蜂窝网络下采用的几种机器学习算法及一种基于流形学习技术的故障预测方法;其次,在故障检测中介绍了机器学习算法和深度学习算法,分别是基于聚类的网络故障检测性分析算法及基于RNN的故障检测机制;再次,在根因定位中分别介绍了基于决策树学习的算法及基于离散状态空间粒子滤波的算法;最后,在自动缓解中介绍了基于主动故障预测的自动缓解机制及基于被动故障预测的自动缓解机制。

总而言之,传统的故障管理技术,比如监控告警型和日志分析型,非常依赖操作人员的经验,一方面,实时性不足;另一方面,系统的规模越大,定位的成本也越大。通过运用人工智能技术,能够提高故障管理效率,降低运维成本,解决网络性能退化问题。

但是,人工智能也不是万能的,将其运用于故障管理技术里也会遇到各种各样的挑战。比如,对于监督学习,由于某些网络中产生故障数据的稀缺性,很难进行训练和优化;对于无监督学习,无监督技术比有监督方法收敛时间更长,可能会遗漏收敛前发生的错误。在实际网络环境及应用开发中,我们需要结合不同的业务,采用不同的算法及框架,以达到最好的分析效果。

参考文献

[1] 杭州华三通信技术有限公司. 路由交换技术-第1卷, 下册[M]. 北京: 清华大学出版社, 2011.

[2] LU X, WANG H Q, ZHOU R J, et al. Using Hessian Locally Linear Embedding for autonomic failure prediction[C]//Proceedings of the 2009 World Congress on Nature & Biologically Inspired Computing (NaBIC). Piscataway: IEEE Press, 2009: 772-776.

[3] YE Q Q, YANG X Q, CHEN C B, et al. River water quality parameters prediction method based on LSTM-RNN model[C]//Proceedings of the 2019 Chinese Control and Decision Conference (CCDC). Piscataway: IEEE Press, 2019: 3024-3028.

[4] 尹丽波.人工智能发展报告(2019-2020)[M]. 北京: 电子工业出版社, 2020.

[5] MOUSTAPHA A I, SELMIC R R. Wireless sensor network modeling using modified recurrent neural networks: application to fault detection[C]//Proceedings of the 2007 IEEE International Conference on Networking, Sensing and Control. Piscataway: IEEE Press, 2007: 313-318.

[6] CHEN M, ZHENG A X, LLOYD J, et al. Failure diagnosis using decision trees[C]//Proceedings of the International Conference on Autonomic Computing, 2004. Proceedings. Piscataway: IEEE Press, 2004: 36-43.

[7] JOHNSSON A, MEIROSU C. Towards automatic network fault localization in real time using probabilistic inference[C]//Proceedings of the 2013 IFIP/IEEE International Symposium on Integrated Network Management (IM 2013). Piscataway: IEEE Press, 2013: 1393-1398.

[8] HE Q M, SHAYMAN M A. Using reinforcement learning for pro-active network fault management[C]//Proceedings

of the WCC 2000 - ICCT 2000.2000 International Conference on Communication Technology Proceedings. Piscataway: IEEE Press, 2000: 515-521.
[9] WIERING M, OTTERLO M V. Reinforcement learning[M]. Berlin: Springer, 2012.
[10] WATANABE A, ISHIBASHI K, TOYONO T, et al. Workflow extraction for service operation using multiple unstructured trouble tickets[C]//Proceedings of the NOMS 2016 - 2016 IEEE/IFIP Network Operations and Management Symposium. Piscataway: IEEE Press, 2016: 652-658.

第 8 章

网络安全

近年来,在互联网迅速发展的同时,网络暴露出了更多的安全隐患。随着人工智能逐渐被广泛应用到网络的信息战中,网络的可用性、保密性、完整性受到了严重威胁,可以说网络信息战的一大战场是人工智能的攻防之战。

随着智能网络的发展,与机器学习、人工智能结合的入侵检测技术在海量数据处理、特征提取与分析上展现了自身的高效与灵活。入侵检测系统的引入也引发了研究人员对于网络安全架构的思考,在权衡网络成本与性能的情况下应用机器学习算法成为了网络安全领域的热点之一。只要发生网络活动必然会产生网络流量,入侵检测系统能够有效且准确地进行海量流量数据的监测、分析,并对威胁事件做出预测和响应,保障网络内信息和终端的安全。

入侵检测系统是较早应用人工智能的网络安全技术。伴随物联网设备数量骤增、5G 商业落地、云计算和边缘计算普及,网络流量迎来了爆炸性增长。因此,网络流量的监测和大数据分析已经成为网络安全领域的必要内容。本章将从入侵检测系统的角度,阐述人工智能在网络安全中的应用。

8.1 网络安全概述

本节对目前主流的网络安全技术进行概述,并说明其中仍存在的防御漏洞。接着提及入侵检测系统在网络安全中的重要地位,并对其进行说明。最后概括本节的结构与主要内容,方便读者进行阅读。

8.1.1 网络安全

网络安全技术属于非常广泛的技术领域。从狭义上看,网络安全指某一系统的信息处理和传输的通信安全;从广义上看,网络安全包含对网络系统中软硬件和信息安全的保护。计算机网络的安全管理主要包括防火墙、反垃圾邮件和入侵检测三大技术,网络控制和网络监视两大重点环节。保密性、可用性、可控性、可审查性和完整性是网络安全管理的主要特性。

如图 8-1 所示，网络安全可以在业务上分为边界安全、终端安全、云安全、身份与访问安全、威胁检测和审计安全。

边界安全　　终端安全　　云安全　　身份与访问安全　　威胁检测　　审计安全

图 8-1　网络安全按业务分类[1]

纵观目前主流的防御技术，防火墙作为安全管理的软件和硬件之间的桥梁，建立计算机网络内网、外网之间的保护，缺点是需要网络管理员为其设置判断准则。以杀毒软件为主的网络版杀毒产品部署，可以搜查并阻止终端系统上恶意软件的侵害。但是杀毒软件对网络中入侵行为的防御力度有限，无法对未知的攻击做出响应。防火墙和杀毒软件这类基于规则的防御技术往往仅可以阻断攻击，但不能消灭攻击源，而网络防御技术基于网络流量监控技术，在网络监测方面，已有如深度报文检测等系统利用探针技术来收集网络流量数据的方法。为了保障信息的保密性和完整性，系统可以对流量的有效负载进行加密。此外，通过访问控制技术，如信息加密、身份认证、令牌等可以进一步保障数据的保密性。但从每年的网络安全风险分析与报告中可知，加密密钥和登录凭证可以被破解，攻击者破解的开放端口会为网络和系统带来潜在威胁。随着人工智能技术的发展，检测算法能够更加敏锐、准确地捕捉到多变的入侵规则和异常行为。硬件集成智能的安全系统能够更加高效、完备地应对网络威胁，保护网络和系统的安全。

网络建立的防线能够识别网络中威胁和攻击的前期行为，并做出警报与响应，入侵检测系统承担着这一任务。

8.1.2　入侵检测系统

入侵检测系统目前既有集成化的硬件设备，也有由软件算法构造的网络安全架构。其集网络环境检测、网络状态管理及网络监视等功能于一体，可以结合部署机器学习算法或多智能体用于检测网络攻击。

入侵检测系统的基本功能和执行过程如下。

1．事前预知

对于用户和系统的风险全程可视，如资产、漏洞、弱密码等，提前发现一些潜在的安全问题，分析生成风险评估，并给出对应策略。

2．事中预防

遭受攻击时，入侵检测系统会对网络中的威胁情报做出防御，避免进一步损失。

3．事后检测与响应

持续检测网络中的攻击，对于遭受攻击并产生漏洞的主机进行标记与恢复，并对保护结果进行汇报。

完备的入侵检测系统不仅是网络中的重点区域监控，还需要采用流量检测、协议分析、模式匹配等综合性技术来判断网络的状况。误用检测和异常检测是其中两个主要的检测方法。

误用检测的依据是已建立的规则库，原理是从已知的入侵行为中提取规则，检测之后的网络事件；异常检测的依据是系统或用户的正常活动，原理是构建正常行为的模式集，设置判别阈值，即超过阈值的行为会被标记为攻击。误用检测对正常行为的误判率低，但无法识别未知的攻击类型。异常检测能够检测新型攻击，但由于漏检造成的损失难以预估，故对其阈值的设置有较高要求。

本节内容关注于人工智能在网络安全中的应用，更具体地说是机器学习算法在入侵检测技术中的应用。聚焦于入侵检测问题，将其划分为误用检测、异常检测及混合误用检测与异常检测的入侵检测系统。接下来将描述经典算法的原理、建模，以及在入侵检测上的性能与表现。

8.2 基于误用的入侵检测

误用检测是基于现有的攻击知识，推理预测当前发生的事件是否判断为攻击。误用检测系统是利用规则集，对入侵的行为活动建立模型，学习已发生过的攻击。在真实的网络环境中，其通过监测网络流量，提取网络活动的特征并进行检测、数据分析及数据处理，从而得出检测结果，为进一步响应网络行为提供依据。

如前所述，机器学习算法在海量数据的分析与处理上具有显著优势。其中，神经网络是较早基于机器学习进行误用检测的算法之一[2]。机器学习的主要工作是在大数据中找到数据的模式，通过学习数据特征来拟合网络事件。在以前的网络安全系统中，网络入侵防御需要基于手动筛选、规律总结的规则构建专家系统。然而攻击行为是动态变化的，即使网络攻击的确切特征已知，基于规则的专家系统也难以使用结构化的方式分析如今海量的网络流量，而基于神经网络的误用检测系统可以高效地解决这些问题。同时，规则分类器也为机器学习算法用于误用检测提供了思路，如同样对属性空间进行直线划分的决策树[3]。

本节将对机器学习算法在误用检测中的经典应用进行描述，并在基准的实验评估数据集上进行仿真，对数据处理、仿真结果做出分析。

8.2.1 基于神经网络的误用检测

神经网络作为较早进行误用检测的机器学习算法之一，由于其优秀的自组织与自适应能力受到网络安全专家的青睐。随着网络中积累的数据不断增多，模型的更新使神经网络获得了更多的经验。利用数据集内大量的入侵实例，神经网络可以对其进行训练，学习入侵规则和模式，从而预测用户活动是否为攻击行为。

在误用检测方面，神经网络最重要的特点是它能够建模并学习网络攻击的特征，若观察的实例被判断为攻击的概率超过设定的阈值，将会被系统标记为潜在威胁。

至今为止，已经有多种神经网络模型被提出并得以深入研究，确定神经网络是否能够以合理的精确度识别误用入侵事件，是将该技术应用于入侵检测的第一步。利用BP算法，神经网络解决了深度的学习问题,通过基于梯度优化前向多层有监督训练模型得到的神经网络模型,能够将输入值近似正确地映射到实际的输出值。

定义 BP 神经网络中某节点的激励函数为输入信号与一个偏置项的加权和,则节点 i 的激励函数为:

$$r_i = \sum_{j=1}^{d} w_{ij} x_j - w_{i0} \tag{8-1}$$

其中,x_j 表示位于上一层的任意一个节点,如 j 的输出,w_{ij} 代表与连接节点 i 和 j 相关联的权值,w_{i0} 是节点 i 的偏置。节点 i 的输出为:

$$y_i = f(r_i) = \frac{1}{1+e^{-r_i}} \tag{8-2}$$

加权项 w_{ij} 实际上是和节点 i 相关联的内部参数,因此节点权值的变动将使节点改变其自身行为,从而使整个 BP 神经网络的行为发生改变。

隐藏层数和隐藏层中的节点数是通过试错的过程来确定的。每一个隐藏层节点和输出节点对各个连接权值应用一个 Sigmoid 传递函数 $\sigma(x)$:

$$\sigma(x) = \frac{1}{1+e^{-x}} \tag{8-3}$$

下面用一个简单的例子对神经网络的逻辑结构进行可视化说明,BP 神经网络设置如图 8-2 所示,使用了 3 层网络,其中,第一层中 X 个神经元,第二层中 Y 个神经元,输出层中 Z 个神经元共同组成一个 X-Y-Z 的前馈神经网络。

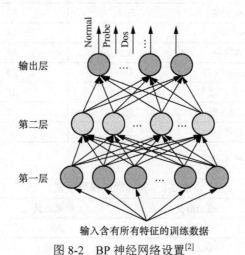

图 8-2 BP 神经网络设置[2]

基于图 8-2 所示的 BP 神经网络模型,我们设计了一个简单的入侵检测系统。在实验中,选择使用 KDD99 数据集进行测试。KDD99 数据集是经典的用于入侵检测算法的评估基准,在本实验中会对该数据集的流量特征与处理过程加以说明。

由于原数据集中大量的变量被标识为字符串,以及具有大量的离散数值,首先需要对其进行数据预处理,一般的做法是把字符串转换为离散的数值。

实验使用的训练集中含有 370516 条流量信息。对所有的攻击类型使用 One-hot 编码，可以将 22 种攻击类型归为 DoS、U2R、R2L、Probe 这 4 类，并用正整数对这 4 类分别标识，分类结果见表 8-1。

表 8-1 分类结果

序号	攻击	归类	id_type	id_cat
0	后门攻击	DoS	1	1
1	缓冲区溢出	U2R	2	4
2	FTP 写入	R2L	3	3
3	密码猜测	R2L	4	3
4	IMAP 访问	R2L	5	3
5	IP 扫描	Probe	6	2
6	Land 攻击	DoS	7	1
7	加载模块	U2R	8	4
8	多跳	R2L	9	3
9	Neptune 攻击	DoS	10	1
10	Nmap 扫描	Probe	11	2
11	Perl 脚本攻击	U2R	12	4
12	PHF 攻击	R2L	13	3
13	致命 Ping	DoS	14	1
14	端口扫描	Probe	15	2
15	Rootkit 攻击	U2R	16	4
16	Satan 扫描	Probe	17	2
17	Smurf 攻击	DoS	18	1
18	间谍软件	R2L	19	3
19	Teardrop 攻击	DoS	20	1
20	盗版客户端	R2L	21	3
21	盗版服务器	R2L	22	3
22	正常	正常	0	0

神经网络模型设置见表 8-2。

表 8-2 神经网络模型设置

层（类型）	输出形状	参数数量	连接到
Input_1	(None,38)	0	—
dense_1	(None,128)	4992	input_1[0][0]
dense_2	(None,32)	4128	dense_1[0][0]
y1out	(None,2)	66	dense_2[0][0]
dense_3	(None,32)	4128	dense_1[0][0]
concatenate_1	(None,34)	0	y1out[0][0] dense_3[0][0]
y2out	(None,5)	175	concatenate_1[0][0]

续表

层（类型）	输出形状	参数数量	连接到
concatenate_2	（None,133）	0	y2out[0][0] dense_1[0][0]
dense_4	（None,64）	8576	concatenate_2[0][0]
y3out	（None,23）	1495	dense_4[0][0]

实验的测试集中含有 123505 条流量信息。以算法攻击检测率和错误警报率作为评价指标，与模型的网络结构对应的网络损失率和算法准确率见表 8-3。

表 8-3 网络损失率和算法准确率

模型	网络损失率	算法准确率
y1	0.1677	0.9634
y2	0.5358	0.9575
y3	0.1270	0.9366

观察测试结果可以看出，神经网络用于入侵检测是有相当高的准确率的。

已有相当多的实验证明了神经网络在误用检测上的应用准确度很高，同时，又因为其具有良好的自学习能力、非线性映射、建模简单、容错性强等特点而备受青睐[4]。在实际的网络环境中，存在由多个攻击者分布式攻击的方式对网络开展的入侵，因此以非线性方式处理来自多个来源的数据的能力很重要。同时，神经网络的固有速度很快，所以入侵响应可以在系统遭受难以估计的破坏之前被做出。

8.2.2 基于决策树的误用检测

决策树属于分类和回归算法的一种，属于有监督的机器学习方法。决策树在逻辑上是一种树形结构，图 8-3 展示了一个简单的决策树模型。树中每一个子节点代表某个属性上的判断，每一个分支表示该逻辑判断的输出结果，最后一层的每个子节点代表一种分类结果。

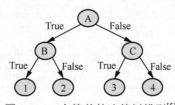

图 8-3 一个简单的决策树模型[5]

入侵检测算法早期是基于规则和专家系统的分类算法，在误用检测与分类的问题上可以很好地利用这些已有的处理规则与经验。

决策树的构建与特征集息息相关，以 KDD99 数据集为例分析，该数据集中的每条数据流量包含 41 个特征和 1 个分类标签。KDD99 提供的训练集含有 125973 条流量信息，测试集含有 22544 条流量信息。

使用 df.describe()函数对数据进行清理，每条流量最终分类的类别用正整数来表示。对高维的流量特征数据进行编码是预处理的常用方式，这里采用一位有效编码。借由 Sklearn 本身强大的工具库，其 feature_selection 可以在数字化后的稀疏二维特征表中将该类别攻击的重要特征按序排列。对于 DoS 攻击来说，最重要的特征是 same_srv_rate，表示在过去某一时段内，在目的地不变的连接中服务相同的流量；排名第二的特征是 Count，指的是过去某一时段内，具有相同的目的地的连接数量。这与我们对 DoS 攻击的逻辑判断也是相符的。

当系统对网络内某个用户行为进行检测时，决策树判断逻辑如图 8-4 所示，这一流程直至最后分类的结果就是决策树的构造过程，每个子节点可以按是否的回答向下继续延伸两条路径。

Count 值是否超过阈值：否	Dst_host_serror_rate≤阈值：是	Dst_host_diff_host_rate≤阈值：是	…	
Count 值是否超过阈值：否	Dst_host_serror_rate≤阈值：是	Flag≤阈值：是	…	
Count 值是否超过阈值：否	Dst_host_serror_rate≤阈值：否	Dst_host_diff_host_rate≤阈值：否	…	
Count 值是否超过阈值：否	Dst_host_serror_rate≤阈值：否	Flag≤阈值：否	…	
Count 值是否超过阈值：是	Diff_srv_rate≤阈值：是	Dst_bytes≤阈值：是	…	
Count 值是否超过阈值：是	Diff_srv_rate≤阈值：否	Gini = 0	分类：Probe	
Count 值是否超过阈值：是	Diff_srv_rate≤阈值：是	Dst_bytes≤阈值：是	…	
Count 值是否超过阈值：是	Diff_srv_rate≤阈值：否	Gini = 1	分类：正常	

图 8-4 决策树判断逻辑

决策树通常包括选取特征、构造决策树、修剪 3 个步骤。由判断逻辑可知，选取的特征实际上是属性分割点，而每一次的分割需要选取连续属性离散化的阈值。贪心决策树算法 ID3 中使用信息增益来进行属性的选择，之后发展出了更为完善的算法 C4.5，对信息增益率的属性进行度量。

以算法 C4.5 为例，用特征集合 A_k 来划分数据集，每次分割的判断逻辑都贪心选择信息增益最大的属性。对于该特征属性 A_k，输入实例数据集 T，属性 A_k 相对于 T 的信息增益为：

$$\text{Gain}(T, A_k) = \text{Info}(T) - \text{Info}_{A_k}(T) \tag{8-4}$$

其中：

$$\text{Info}(T) = -\sum_{i=1}^{n} \frac{\text{freq}(c_i, T)}{|T|} \text{lb} \frac{\text{freq}(c_i, T)}{|T|} \tag{8-5}$$

$$\text{Info}_{A_k}(T) = \sum_{a_k \in D(A_k)} \frac{\left|T_{a_k}^{A_k}\right|}{|T|} \text{Info}\left(\left|T_{a_k}^{A_k}\right|\right) \tag{8-6}$$

要考虑每个属性 A_k 确定训练对象的类的能力。$\text{freq}(c_i, T)$ 表示在集合 T 中属于类别 c_i 的数目，$T_{a_k}^{A_k}$ 是属性 A_k 的值为 a_k 的对象的子集。定义属性 A_k 的分裂信息为：

$$\text{Split\_Info}(T, A_k) = -\sum_{a_k \in D(A_k)} \frac{\left|T_{a_k}^{A_k}\right|}{|T|} \text{lb} \frac{\left|T_{a_k}^{A_k}\right|}{|T|} \tag{8-7}$$

分裂信息的作用是衡量属性分裂数据的广度和均匀性，增益比为分割信息校准的信息增益：

$$\text{Gain\_ratio}(T, A_k) = \frac{\text{Gain}(T, A_k)}{\text{Split\_Info}(T, A_k)} \qquad (8\text{-}8)$$

不同于神经网络，决策树是白盒模型，通过一系列简单的逻辑判断就可以标识当前的网络事件，而神经网络常会产生难以解释的结果。

在 KDD99 数据集上训练模型，得到的分类情况见表 8-4，其中（0,0）表示预测正常且实际正常的事件数目，（1,1）表示预测异常且实际异常的事件数目，（0,1）表示预测正常但实际异常的事件数目，（1,0）表示预测异常但实际正常的事件数目。

表 8-4 决策树在 KDD99 数据集上的分类情况

攻击类型	（0,0）	（1,0）	（0,1）	（1,1）
DoS	9499	212	2830	4630
Probe	2337	7374	212	2209
R2L	9707	4	2573	312
U2R	9703	8	60	7

对得到的结果进行交叉验证，统计得出 4 种入侵类型的准确率、精确率、召回率、F 度量，性能测试结果见表 8-5。

表 8-5 决策树在 KDD99 数据集上的性能测试结果

攻击类型	准确率	精确率	召回率	F 度量
DoS	0.993	0.990	0.990	0.992
Probe	0.993	0.986	0.992	0.990
R2L	0.979	0.965	0.965	0.970
U2R	0.995	0.812	0.816	0.862

通过实验结果可以看出，决策树在 KDD99 数据集上入侵检测的分类效果很好，尤其是对 DoS 与 Probe 两种攻击类型的检测。

事实上，在决策树中，当一个类用少量的训练实例来表示时，容易造成对这个类的学习比较弱，从而导致对真正属于这个类的测试连接分类错误。对于分类效果较差的 U2R 来说，在决策进行属性分裂时，如果属性的值与属于 U2R 的事件有较大的偏离，构建树阶段已存在诱导偏差，就不能对 U2R 做出正确的分类。

本节对机器学习算法在误用检测中的经典应用进行了描述，算法分为神经网络和决策树两大类。通过实验结果分析，我们发现了误用检测的局限性，只能检测已知类型的网络攻击，同时算法的训练效果受制于该攻击类型的攻击数量。下节将介绍如何解决这个问题。

8.3 基于异常的入侵检测

异常检测能够识别网络中新型的入侵事件或异常活动，其通过训练历史数据建立正常网络行为的模型，对新实例进行匹配检测判定。判定标准是将该数据偏离正常行为模型的大小与设定的偏离阈值相比较。基于异常的入侵检测流程如图 8-5 所示。

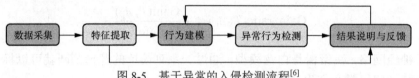

图 8-5　基于异常的入侵检测流程[6]

那么，如何对网络中的正常行为建立模型呢？在真实的网络环境中，除了某一时段内的流量爆炸式攻击，如泛洪、DoS、DDoS 等，异常流量或者说频繁项在整个网络活动中是占比较少的。网络流量的收集与统计并不是短时间内的，从聚类的角度来看，更大、更密集的集群表示的是正常行为，更小、更稀疏的集群表示的是异常行为。

在无监督学习中，模型没有预期的行为和特征来学习，而是通过未标记的数据集来寻找数据中的集群或特征模式，所以在基于异常的入侵检测技术中，无监督学习要比监督学习更受人们青睐。

根据异常检测技术中检测内容的差异，本节从基于流量特征的异常检测与基于有效负载的异常检测这两个方面说明机器学习算法在异常检测技术中的应用。

8.3.1　基于流量特征的异常检测

基于流量特征的异常检测属于基于时间型的入侵检测，是在一段时间内收集到的网络流量中提取特征，并学习正常的网络行为模式。

根据上文的阐述，采用监督学习算法的异常检测系统，算法的性能高度依赖标记正确的训练集。但在真实的网络环境中，由于用户信息的私密性，很难在短时间内获得足够训练量的标记为正常的流量数据。除此之外，网络环境和系统的服务是在不断变化的，对于同一个站点，即便在同一天的不同时段，访问流量也会有较大变化，因此，无监督学习算法在异常检测研究中更受人们青睐。其中，聚类分析算法由于其可伸缩性和高维性的优点，常被用于大型数据库。

1. K-means

K-means 算法是一种经典的无监督算法，它是一种基于质心的迭代求解的聚类算法，主要目的是将 n 个样本点划分为 k 个簇，并且尽可能将相似的样本归类到同一簇内。K-means 算法以欧几里得距离来计算相似度，再更新所有聚类的中心，也称之为质心，这一过程会反复迭代，直至收敛至全局最优解。

从数学角度可以描述为：算法的输入是当前时段内收集到的流量数据集 f，预处理后给定数据集 f 的 p 个特征度量值，构成度量向量 $\{y_{f_1}, y_{f_2}, \cdots, y_{f_p}\}$。

首先，计算平均绝对误差 S_f：

$$S_f = \frac{1}{p}(|y_{f_1} - m_f| + |y_{f_2} - m_f| + \cdots + |y_{f_p} - m_f|) \tag{8-9}$$

其中，$\{y_{f_1}, y_{f_2}, \cdots, y_{f_p}\}$ 是变量 f 的 p 个度量值，m_f 是 f 的平均值。

然后，计算标准化的度量值：

$$x_{f_i} = \frac{y_{f_i} - m_f}{S_f}, i = 1, 2, \cdots, p \tag{8-10}$$

采用均方误差和来作为判决准则：

$$E = \sum_{i=1}^{k} \sum_{p \in C_i} |p - m_i|^2 \tag{8-11}$$

其中，E 是数据集中全部实例的均方误差和，K-means 聚类的目标就是最小化 E；p 为特征向量集合构成的数据集；m_i 表示簇 C_i 中的数据对象的加权平均值；簇 C_i 的数目即为种类数。寻找使均方误差函数值最小的 K 个划分是优化损失函数问题，需要优化变量 m_i，当前数据对象与聚类中心的相似度的计算使用如下欧几里得距离[7]：

$$d(i,j) = \sqrt{|x_{i_1} - x_{j_1}|^2 + |x_{i_2} - x_{j_2}|^2 + \cdots + |x_{i_p} - x_{j_p}|^2} \tag{8-12}$$

此时已经找到与该实例距离最近的聚类中心，接着重复式（8-9）到式（8-12），直到聚类中心不再改变。

使用 NSL_KDD 数据集作为入侵检测算法效果测试的基准，对其提供的数据进行查验，可得到每条流量数据含有 122 个特征和 1 个标签。利用 K-means 算法进行训练，定义评估函数，标记离群点为异常。因为在 NSL-KDD 数据集中含有 DoS、Probe、U2R、R2L 这 4 类入侵攻击事件，所以设置 K=4。

其中一次训练得到的结果见表 8-6，分类准确率达到了 88.3%。

表 8-6　K-means 在 NSL_KDD 数据集上的一次训练结果

聚类标号	标签	数目
0	异常	1960
0	正常	48134
1	异常	12138
1	正常	2959
2	异常	9685
2	正常	16087
3	异常	34847
3	正常	163

在测试数据集上的一次训练结果如图 8-6 所示，总体的准确率达 76.1%。

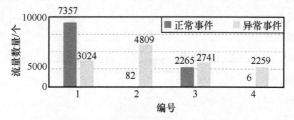

图 8-6　测试数据集的一次训练结果

K-means 算法在整体数据集上的分类准确率并不能完全说明其分类效果，我们进一步对这 4 种异常流量观察分类结果。

4 种攻击类型的分类准确率见表 8-7，可知对基于时间的攻击类型 DoS、Probe 分类准确率是可观的，而对于 R2L 的分类准确率最低，这与该类型的攻击方式有关。R2L 是远程发送来的非法访问数据请求，这种情况经常发生，暴露的漏洞给攻击者登录主机的机会，而不需要在主机上有自己的账号。这种类型的攻击主要体现在数据包的有效负载中，而不是以流量特征的形式，故在聚类分析中不容易被准确检测。

表 8-7　4 种攻击类型的分类准确率

攻击类型	总数	分类准确率
DoS	7458	80.4%
Probe	2421	99.9%
R2L	2754	45.4%
U2R	200	73%

2．随机森林

随机森林是一种基于集成思想的分类与回归算法，尤其在处理高维数据集上优势明显。

在 8.2.2 节中阐述了决策树算法用于分类问题的基本原理，并对逻辑过程进行了绘制。随机森林算法就是以决策树为基础分类器，生成的森林由多个决策树组成，通过有放回的随机抽样样本，构建每棵决策树。

网络流量的特征是高维向量，如 KDD99 数据集中单个流量含有 41 个特征，NSL-KDD 数据集中单个流量含有 122 个特征。对于高维数据，随机森林与决策树相比具有更强的泛化能力。其中随机森林算法对于同一批数据，利用 Bagging 策略来生成不同的数据集，从而不需要交叉验证或测试集，就可以得到测试误差的无偏估计。在 Bagging 策略中，因为在每次学习中都通过采样来训练模型，所以模型的方差有可观的降低。随机森林算法结构如图 8-7 所示。

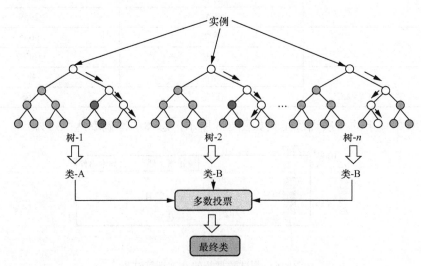

图 8-7　随机森林算法结构

第8章 网络安全

随机森林算法伪代码

输入：某一时间段 Δt 内收集到的流量数据集 $D = \{x_1, x_2, \cdots, x_m\}$，弱分类器迭代次数 T。

Step1:对于 $t = 1, 2, \cdots, T$，

  a）对训练集进行 t 次随机采样，采集 m 次得到包含 m 个样本的采样集 D_t

  b）用 D_t 训练第 t 个决策树模型

Step2:T 个弱分类器以投票方式选出票数最多者为最终类

输出：强分类器 $f(x)$

由于实际网络中的异常情况总是占少数，随机森林应用于异常检测更多是计算离群点。网络异常可以分为两类，一类是与同一网络服务中的大多数行为显著背离的、无规律的活动，另一类是该行为模式属于其他网络服务而不属于它标识的网络服务。

在构造随机森林之后，数据集中的所有实例都被归置在森林中的每棵树中。如果实例 i 和 j 在同一棵树的叶子上，它们的接近度增加 1。最后，通过除以树的数目来对邻域进行归一化。

$\text{class}(i) = A$ 表示实例 i 被标记为 A 类，$\text{prox}(i, j)$ 表示实例 i 与 j 的相似度，从第 A 类中的 j 到第 i 类的平均相似程度 $\overline{P}(j)$ 可由下式计算得到：

$$\overline{P}(j) = \sum_{\text{class}(i)=A} \text{prox}^2(i, j) \tag{8-13}$$

N 表示数据集中的事件数，其中事件 j 的初始离群值为：

$$\frac{N}{\overline{P}(j)} \tag{8-14}$$

对于该时段网络监测范围内的每条流量，算法将计算其初始离群值的中值和绝对偏差。从每个初始离群值中减去中值，将减法的结果除以绝对偏差，以获得最终的离群值。

上述两种算法对于 DoS、DDoS、Probe 等基于时间的攻击类型，有较低的误判率与较高的准确率，这类攻击的流量特征模式易于构建，但对于 R2L 和 U2R 这类与内容相关的攻击来说，其威胁嵌入在数据包的数据部分，单从流量特征分析检测的结果准确率很低，据此提出了面向内容型攻击的基于有效负载的异常检测。

8.3.2 基于有效负载的异常检测

以上分析的是基于时间的入侵检测算法，基于时间指的是对某一时段内的流量数据集进行整体的特征分析。流量特征的提取与建模并不轻松，而且只能体现一部分的网络信息。网络攻击的另一大类是内容型攻击，入侵行为的发生必然会生成含有有效负载的网络流量，这种入侵并不容易通过流量特征检测到。网络流量的有效负载指的是封装在帧中的数据，目前应用较多且较为有效的办法，一是对有效负载建模负载分布，二是利用深度学习方法发现有效载荷的特征模式，而不依赖特征工程。

对有效负载建模负载分布指的是异常检测系统从数据包的有效载荷中学习正常行为模

式，其过程可以描述为：

（1）对数据包负载建模，主要包括服务类型、数据包长度、端口号、数据包负载中的256个ASCII码分布等；

（2）构建入侵检测系统并学习正常行为的模式；

（3）测量传入数据包和正常模型之间的偏差值，偏差越大，则新抵达的数据包属于入侵数据包的可能性就越高。

Krügel等人[8]在 Service specific anomaly detection for network intrusion detection 中提出了采用N-Gram进行有效负载的分析。N-Gram是一种用于自然语言处理的统计模型，由于它可以用来比较两个字符串的相似度，故常被用在模糊匹配领域。

在基于异常的入侵检测中，有效负载实质为字节流。一个N-Gram是指负载中连续N个邻近的字节构成的集合。对单个负载来说，它的特征向量就是每一个N-Gram的相对出现频率。有效负载没有固定的格式，当$N=1$时是模型最简单的情况，此时数据包负载的特征向量可以用每个ASCII码的相对出现频率构成。

应用马氏距离测量待测实例和有效负载模型之间的偏差，计算公式为：

$$d^2(\pmb{x}, \overline{\pmb{y}}) = (\pmb{x} - \overline{\pmb{y}})^{\mathrm{T}} \pmb{C}^{-1} (\pmb{x} - \overline{\pmb{y}}) \tag{8-15}$$

其中，$\pmb{x}$代表待测实例的特征向量，$\pmb{y}$表示训练集得到的模型平均特征向量，$\pmb{C}$是这两个特征向量的协方差矩阵。使用马氏距离衡量偏差程度，入侵的可能性随着该距离的增大而增大。

为了加快计算速度，目前更多采用标准差的方法来表示两个样本的相似程度，马氏距离计算公式能够进一步简化为如下形式：

$$d(\pmb{x}, \overline{\pmb{y}}) = \sum_{i=0}^{n-1} \left(\frac{|x_i - \overline{y_i}|}{\overline{\sigma_i}} \right) \tag{8-16}$$

实际上，在构建的N-Gram有效负载模型中，在检测网络流量时存储了更多的数据信息，模型会以增量模式实现，其原始的特征库也会更新。

根据获取的数据可以计算字符的平均频率：

$$\overline{x} = \frac{\sum_{i=1}^{N} \frac{x_i}{N}}{N} \tag{8-17}$$

其中，N为样本数，当特征库更新后，字符的平均频率也可得到更新：

$$\overline{x} = \frac{\overline{x}N + x_{N+1}}{N+1} = \overline{x} + \frac{x_{N+1} - \overline{x}}{N+1} \tag{8-18}$$

近年来，也有很多工作利用深度学习的方法对有效负载进行特征学习。无论是N-Gram，还是深度学习方法，关键点在于对有效负载的特征建模选择，深度学习方法更多会采用编码技术来对有效负载进行处理。入侵检测中基于有效负载的CNN结构如图8-8所示，其中Softmax层的0、1分别表示检测流量后的标签正常、异常。

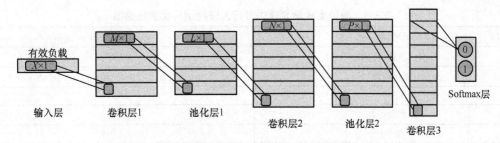

图 8-8　基于有效负载的 CNN 结构[9]

本节从基于流量特征的异常检测与基于有效负载的异常检测两个方面，对机器学习算法在异常检测技术中的应用做出阐述。其中，前者我们描述了 K-means、随机森林算法在入侵检测数据集上的处理，后者我们说明了 N-Gram 在包负载上的分析过程。

8.4　机器学习在入侵检测中的综合应用

在 8.2 节的论述中，我们说明了基于误用的入侵检测依赖已经建立的规则，所以无法检测出新型的、未知的入侵行为。接着在 8.3 节中，我们介绍了具有能够检测出系统中存在未知攻击的异常检测技术，但确定合适的判决异常的阈值较为困难。所以完备的入侵检测系统会联合使用误用检测与异常检测两种方法，如图 8-9 所示。

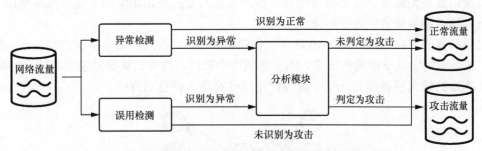

图 8-9　联合使用误用检测与异常检测的入侵检测系统

本节我们关注深度学习和强化学习在入侵检测系统中的应用，以及二者在处理高维数据的特征表达方面具备的独特优势。

8.4.1　基于集成学习的入侵检测

在之前的小节中我们介绍了数种机器学习算法在入侵检测中的应用实例。实际上，集成学习，正如其名，在处理海量数据的分类问题上集成了多种分类算法且能达到较高的效率。借助 Sklearn 库中的分类工具，可以在 Ensemble 模块中集成 SVM、朴素贝叶斯、KNN、长短期记忆（LSTM）等多种分类器，使用集成学习算法进行入侵检测分类的准确率见表 8-8。

表 8-8 使用集成学习算法进行入侵检测分类的准确率

分类器	分类准确率
决策树	0.9930
随机森林	0.9952
KNN	0.9843
朴素贝叶斯	0.4255
SVM	0.5195
集成分类	0.9943

8.4.2 基于深度学习的入侵检测

网络环境的实时动态性使收集的数据信息在不断更新，与之匹配的特征向量和特征数量也在不断学习。由于标记正常活动、已知的入侵行为、新型攻击 3 者的数据量是不平均的，简单逻辑判断的算法会在新型入侵行为的特征学习结果上产生较大偏差，而深度学习算法在特征处理上有良好的表现，能够得到更准确的学习结果。

深度学习能够经过特征学习高效地处理数据，剔除冗余信息，即便是对高维数据也能够快速、精确地做出检测。典型的深度学习算法包括长短期记忆循环神经网络、自编码器、深度信念网、卷积神经网络等。

1. 基于自编码器的入侵检测技术

自编码器是无监督神经网络模型的一种，其在入侵检测系统中的关键作用是使用 BP 算法对输入的高维流量特征进行降维。

自编码器的工作过程如图 8-10 所示，假设输入为 x，得到的输出是新的特征 y，编码过程的目的就是将 x 从 y 中重构出来。为了达到这个目的，通常设置隐藏层使用较少的神经元来替代高维的输入层神经元，这个过程便完成了对输入特征的降维。

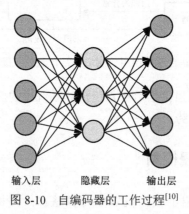

图 8-10 自编码器的工作过程[10]

进一步从数学角度对该过程进行说明。对于输入自编码器网络的训练数据集 $X = \{x_1, x_2, \cdots, x_m\}$，含有 m 个流量数据，x_i 表示一个多维度的特征向量，假设其维度为 d。编码器将输入的向量 x_i 映射到一个隐藏层的向量 h_i，映射过程用函数表示：

$$h_i = g_\theta(x_i) = \sigma(Wx_i + b) \tag{8-19}$$

其中，W 是一个维度为 $d \times d'$ 的权重矩阵，d' 是隐藏层的神经元数目，b 是偏置向量，θ 表示映射过程中的参数，可以用 $\theta=\{W,b\}$ 来描述。

σ 激活函数定义为：

$$\sigma(x) = \frac{1}{1+e^{-x}} \tag{8-20}$$

解码器将编码获得的隐藏层结果 h_i 映射给输入，作为重建后的 d 维向量 y_i

$$y_i = g_{\theta'}(x_i) = \sigma(W'h_i + b') \tag{8-21}$$

其中，W' 是一个维度为 $d \times d'$ 的权重矩阵，b' 是偏置向量，$\theta'=\{W',b'\}$。

训练自编码器的主要目的是缩小输入与输出之间的差异，其实质就是最小化重构误差 $L(x,y)$：

$$L(x,y) = \frac{1}{m}\sum_{i=1}^{m}\|x_i - y_i\|^2 \tag{8-22}$$

其中，m 为用于训练的流量总数。可以采用平方误差函数或交叉熵损失函数，将重构误差进一步表示为：

$$L'(x,y) = -\sum_{i=1}^{m} x_i \log y_i + (1-x_i)\log(1-y_i) \tag{8-23}$$

对于入侵检测的分类判决，可以在此基础上设立损失的阈值。根据式（8-21），平均重构误差可以写为：

$$\overline{L}(x,y) = \frac{1}{m}\sum_{i=1}^{m}\sum_{j=1}^{n}\|x_j - y_j\|^2 \tag{8-24}$$

则重构误差的标准差 s 为：

$$s = \sqrt{\frac{\sum_{i=1}^{m}(L-\overline{L})^2}{m-1}} \tag{8-25}$$

判决的阈值可以设置为：

$$\text{threshold} = \overline{L} + \alpha \times s \tag{8-26}$$

其中，α 是权衡参数。阈值的准确设置对真假阳性率有很大影响。

以上介绍了自编码器中最基础的网络，该网络中只含有隐藏层。在实际复杂的网络环境中，更常见的是采用深度自编码器网络模型，即包含多个隐藏层的模型。

基于深度自编码器网络的入侵检测算法伪代码

输入：某一时间段 Δt 内收集到的流量数据集 $X = \{x_1, x_2, \cdots, x_m\}$，设置隐藏层层数为 L

Step1: for $l \in [1,L]$ do

    a）初始化 $W_l = 0, W_l' = 0, b_l = 0, b_l' = 0$；

    b）定义第 l 个隐藏层的向量表示为 $h_l = s(W_l h_{l-1} + b_l)$，第 l 个隐藏层的输出结果为 $h_l = s(W_l' h_{l-1} + b_l')$

c）while 没有达到停止条件 do
　　i）由 h_{l-1} 计算得出 h_l
　　ii）计算 y_l
　　iii）计算损失函数
　　iv）更新参数 $\theta_l=\{W_l,b_l\}$ 和 $\theta'_l=\{W'_l,b'_l\}$
end while
end for
Step2：计算判决阈值，计算每个样本的标签
Step3：在有监督的情况下执行 BP，调整各层参数

2. 基于深度置信网络的入侵检测技术

上节中深度自编码器网络用于入侵检测表现出了强大的泛化能力，同样具有深层网络结构的深度置信网络（DBN）作为高效分类器也常被用于入侵检测系统。其每一层的组成元件是受限玻尔兹曼机（RBM）。不同于自编码器网络结构的是，RBM 只有两层神经元：输入层与隐藏层。输入层也叫作显层，二者之间具有双向全连接结构。

作为一种概率生成模型，DBN 是由多层 RBM 和最上层的监督学习 BP 神经网络组合而成的。这种自顶向下学习的结构，可以从下一层的活动中推断上一层的表达。使模型易得到输入数据集的压缩编码，算法在数据集的特征表示与检测效果上会有更好的表现。

DBN 的训练过程如图 8-11 所示，主要分为以下两步。

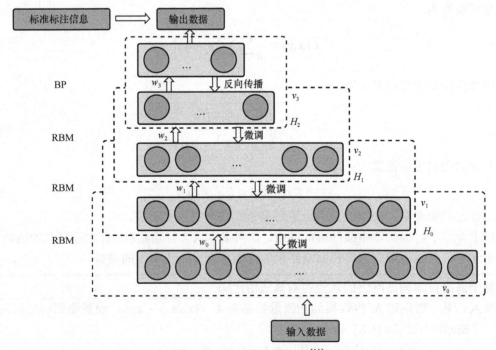

图 8-11　DBN 的训练过程[11]

（1）单独训练每一层 RBM，这个过程是无监督的。由 RBM 的构成结构可以知道，m

层的显层映射得到隐藏层，接着该隐藏层作为显层输入（$m+1$）层。训练过程中，模型要尽可能留下完整的特征信息，如果用误差函数来衡量每次映射的信息丢失，那么这个误差也会从第一层传递到最后一层，并逐步更新。

（2）在 DBN 的顶层建立 BP 神经网络，其通过监督学习来训练分类器。同时，BP 神经网络可以将误差信息传播给每一层 RBM，对整个网络模型有一定的优化作用。

DBN 网络设置 n 个显层神经元节点和 m 个隐藏层神经元节点，显层 v 和隐藏层 h 状态下的 RBM 表示为 (v, h)。RBM 是双向全连接结构，每个显层神经元节点和每个隐藏层神经元节点间存在着能量，可以表示为

$$E(\boldsymbol{v}, \boldsymbol{h}) = -\sum_i a_i \boldsymbol{v}_i - \sum_j b_j \boldsymbol{h}_j - \sum_i \sum_j \boldsymbol{v}_i w_{i,j} \boldsymbol{h}_j \tag{8-27}$$

由于所有的隐藏层节点之间相互独立，RBM 在 (v, h) 下的给定参数可以用联合概率分布表达：

$$p(v, h) = \frac{1}{z} e^{-E(v, h)} \tag{8-28}$$

$$p(v) = \frac{1}{z} \sum_h e^{-E(v, h)} \tag{8-29}$$

$$w_{i,j} = \varepsilon(\langle \boldsymbol{v}_i \boldsymbol{h}_j \rangle_{\text{data}} - \langle \boldsymbol{v}_i \boldsymbol{h}_j \rangle_{\text{modet}}) \tag{8-30}$$

$$p(\boldsymbol{h}_j = 1 | \boldsymbol{v}) = \sigma(b_j + \sum_i \boldsymbol{v}_i w_{i,j}) \tag{8-31}$$

$$p(\boldsymbol{v}_i = 1 | h) = \sigma(a_i + \sum_j \boldsymbol{h}_j w_{i,j}) \tag{8-32}$$

通过吉布斯采样，能够求得已知条件概率的随机向量的联合概率分布，该过程为：

$$\boldsymbol{h}^{n+1} = p(\boldsymbol{h} | \boldsymbol{v}^n) \tag{8-33}$$

$$\boldsymbol{v}^{n+1} = p(\boldsymbol{v} | \boldsymbol{h}^n) \tag{8-34}$$

8.4.3 基于强化学习的入侵检测

作为无模型强化学习，Q-learning 具有模型构造简单、学习速度快等优点，Q-learning 是以离散马尔可夫过程为数学基础的训练过程。

基于多智能体的入侵检测过程如图 8-12 所示，智能体在入侵检测系统中的作用主要是环境状态感知、模型学习、动作决策。实际上成熟的入侵检测系统，尤其是已经硬件产品化的入侵检测系统，可以理解为是一系列的智能体通过合作博弈构建成的多智能体系统。由于基于多智能体的入侵检测系统是非常复杂多样的，在本节中仅对使用强化学习算法的入侵检测技术进行系统化的介绍。

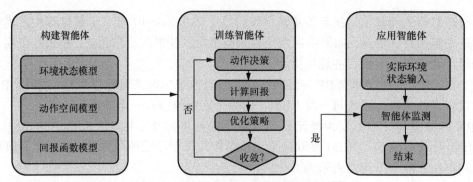

图 8-12 基于多智能体的入侵检测过程[12]

在搭建入侵检测系统的网络中，环境状态可以设置为数据的特征，如协议类型、服务类型等。动作空间可以设置为通信网络入侵检测智能体做出判断，如规定 0 标识未发现入侵检测行为，1 标识 DoS 攻击，2 标识泛洪攻击等。

在第二个模块训练智能体中，与其他算法所述一致，是使用历史数据或者已经处理过的训练集对智能体训练。训练的本质是对智能体动作策略进行优化、改进，主要通过更新动作状态函数实现，这里使用 Q-learning 算法进行迭代，该函数可以表示为：

$$Q(x,a) = R(x,x',a) + \gamma \sum_{x' \in X} P(x'|x,a) \max_{a \in A} Q(x',a) \tag{8-35}$$

其中，x、x' 分别指智能体动作 a 执行前后的环境状态；$Q(x,a)$ 为动作状态函数；$R(x,x',a)$ 为回报函数；$P(x'|x,a)$ 为执行动作 a 后，环境状态由 x 转移至 x' 的概率；γ 为折扣因子。

在训练智能体的动作决策部分，通常会构造基于 ε-贪婪策略来防止智能体的决策偏差。改造后所执行的策略可表示为：

$$\pi^{\varepsilon}(x) = \begin{cases} \pi(x), & p = 1-\varepsilon \\ A, & p = \varepsilon \end{cases} \tag{8-36}$$

其中，$\pi(x)$、$\pi^{\varepsilon}(x)$ 分别为构造智能体前后的执行动作策略。

智能体响应环境状态的变化，按照预设的回报函数计算回报值，并更新其动作状态函数值，更新公式可表示为[13]：

$$Q^{k+1}(x_k,a_k) = Q^k(x_k,a_k) + \alpha[R(x_k,x_{k+1},a_k) + \gamma \max_{a' \in A} Q^k(x_{k+1},a') - Q^k(x_k;a_k)] \tag{8-37}$$

其中，$Q^k(x_k,a_k)$、$Q^{k+1}(x_k,a_k)$ 是指更新前后的动作状态函数；α 是学习因子，用于把控学习效率。

策略优化改进函数 $\pi^*(x)$ 为：

$$\pi^*(x) = \arg\max_{a \in A} Q^k(x,a) \tag{8-38}$$

其中，$\arg\max_{a \in A} Q^k(x,a)$ 表示在环境状态为 x 的情况下，从动作空间 A 中选择动作 a 所能获得的最大动作状态函数值。

本节将第 8.2 节介绍的基于误用的入侵检测与第 8.3 节介绍的基于异常的入侵检测两种

技术结合，说明了机器学习算法在较完整的入侵检测系统中的应用，包括集成学习、深度学习、强化学习 3 个方面。

8.5 总结

8.5.1 问题与挑战

近年来，入侵检测系统在网络攻击预警、网络安全感知等方面发展较为成熟，但面临着多变的网络环境，仍存在以下问题与挑战。

（1）大多数研究测试的入侵检测系统使用的是已建立的流量数据集，而不是真实的网络环境，攻击的实时性和灵活性是难以通过仿真来呈现的。网络安全目前的高需求是"零日攻击"，从基于时间的方法看，是在攻击到达目标之前就被检测和拦截；从基于内容的方法来看，则是在单个流量的前几个数据包就测得威胁，这二者的共同实现才能满足"零日攻击"的需要。

（2）从网络安全的定义来看，目前关于入侵检测的机器学习工作是狭义上的安全措施，必然会面临系统化、硬件化等一系列广义上开展的困难。

（3）算法的鲁棒性在真实的网络环境中非常重要，攻击行为是会不断更新的，攻击方会想方设法来躲避技术检测，但这一点在大多数研究中的讨论甚少。

8.5.2 入侵检测系统的发展趋势

入侵检测系统作为一个网络安全监控系统日渐规模化，目前已有诸多厂商制造、售卖自己的入侵检测系统产品，可见其发展前景之好，我们从以下 3 个方面加以说明入侵检测系统的发展趋势。

1．入侵检测系统的标准化

对于入侵检测系统的研究已经有很多年，其在技术和架构上不断改善。虽然诸多安全产品公司已经推出了硬件产品，构建 L2~L7 层纵深防御体系，但是一直没有出现消息格式、体系结构、通信机制等方面的规范标准。

2．入侵检测系统的智能化

网络安全技术的发展也催化着入侵检测技术的不断革新。在端到端的网络中，信息的私密性也给安全防御技术增加了检测困难。基于与神经网络、数据挖掘等技术相结合的入侵检测方法越来越多，但大多数还停留在基于大数据的分析阶段，而缺少系统和网络的融合。入侵检测系统智能化的发展还需进一步推进。

3．与其他网络安全技术结合构建

入侵检测系统用于检测入侵行为，在对已发生的攻击和已造成的损失方面，并不是完备的安全系统。而现今网络整体的防御包括很多技术，如防火墙、日志检查、网络隔离等，完备的安全框架需要网络内外的结合,在对攻击做出预测和响应的同时,能对网络状态的异常进行恢复。

第 8 章主要讲述了人工智能在网络安全中的应用,更具体地说是机器学习算法在入侵检测系统中的应用。首先介绍了入侵检测系统的功能与执行过程,从而依据检测方法将其划分成误用检测和异常检测两大类。接着探讨了机器学习算法在误用检测系统的典型应用,如神经网络、决策树等。虽然误用检测具有较低的假阳性,但其无法识别新型攻击行为,从而会导致漏检、误报,而异常检测能够弥补这一缺陷。于是,我们研究了在基于异常的入侵检测中比较典型的几种机器学习算法,包括基于流量特征的异常检测算法,以及基于有效负载的异常检测算法。可见,误用检测和异常检测二者共同作用是一个完备的入侵检测系统所必需的。最后,我们又进一步探讨了强化学习和深度学习在入侵检测系统中的应用。

参考文献

[1] WU K H, ZHANG T, LI W, et al. Security model based on network business security[C]//Proceedings of the 2009 International Conference on Computer Technology and Development. Piscataway: IEEE Press, 2009: 577-580.

[2] HAJIMIRZAEI B, NAVIMIPOUR N J. Intrusion detection for cloud computing using neural networks and artificial bee colony optimization algorithm[J]. ICT Express, 2019, 5(1): 56-59.

[3] MUNIYANDI A P, RAJESWARI R, RAJARAM R. Network anomaly detection by cascading K-means clustering and C4.5 decision tree algorithm[J]. Procedia Engineering, 2012, 30: 174-182.

[4] 黄绍斌. 基于改进 BP 神经网络的入侵检测系统的研究与实现[J]. 制造业自动化, 2010, 32(5): 66-69, 118.

[5] QUINLAN J R. Induction of decision trees[J]. Machine Learning, 1986, 1(1): 81-106.

[6] 魏广科. 基于异常的入侵检测技术浅析[J]. 计算机工程与设计, 2005, 26(1): 107-109.

[7] 李洋. K-means 聚类算法在入侵检测中的应用[J]. 计算机工程, 2007, 33(14): 154-156.

[8] KRÜGEL C, TOTH T, KIRDA E, et al. Service specific anomaly detection for network intrusion detection[C]//Proceedings of the 2002 ACM Symposium on Applied Computing - SAC '02. New York: ACM, 2002: 201-208.

[9] LIU H Y, LANG B, LIU M, et al. CNN and RNN based payload classification methods for attack detection[J]. Knowledge-Based Systems, 2019, 163: 332-341.

[10] FARAHNAKIAN F, HEIKKONEN J. A deep auto-encoder based approach for intrusion detection system[C]//Proceedings of the 2018 20th International Conference on Advanced Communication Technology (ICACT). Piscataway: IEEE Press, 2018: 178-183.

[11] GAO N, GAO L, HE Y Y, et al. Intrusion detection model based on deep belief nets[J]. Journal of Southeast University (English Edition), 2015, 31(3): 339-346.

[12] TSANG C H, KWONG S. Multi-agent intrusion detection system in industrial network using ant colony clustering approach and unsupervised feature extraction[C]//Proceedings of the 2005 IEEE International Conference on Industrial Technology. Piscataway: IEEE Press, 2006: 51-56.

[13] 王佳骏, 林承勋, 陈瑾, 等. 基于强化学习的通信网络入侵自适应检测方法[J]. 信息技术, 2019, 43(11): 24-27, 32.

第 9 章

网络大模型

ChatGPT 和 DALL-E 在自然语言处理与图像生成领域取得的突破性进展，使人工智能生成内容（AIGC）成为一种新兴的数据生成手段。生成式人工智能（GAI）的发展轨迹揭示了其从简单的数据处理工具逐步进化为如今能够应对复杂任务的高级系统，其在自然语言生成和图像创造等领域的卓越成就尤为引人注目。AIGC 不仅推动了人工智能的发展，还为数字经济提供了大量合成数据，促进了社会生产力和经济价值的提升。在此背景下，智能网络在优化和支持 AIGC 应用中起着至关重要的作用。智能网络利用前沿的算法和数据分析手段，不仅能有效提升网络性能，还能够灵活应对 AIGC 产生的大量数据流，确保信息传输的高效与稳定。

本章将从两个维度深入探讨网络大模型的性能与发展趋势。首先，我们将分析 GAI 在执行高级功能时，如何依赖网络大模型的强大计算资源。其次，我们将探讨网络大模型如何通过 AIGC 产生的数据和其增强功能来实现自我优化与提升。此外，本章还将展望未来的技术发展趋势和潜在的发展方向。我们将探讨 GAI 和网络大模型未来的创新可能性，以及这些技术如何继续对我们的日常生活和工作产生深远影响。针对计算资源的高需求和处理时延等关键挑战，尤其是在边缘计算和移动网络环境中，我们将展示智能网络如何提供有效的应对策略。通过分析实际案例和应用场景，本章提供一个全方位的视角，帮助读者理解 GAI 与网络大模型的交互和融合如何塑造未来通信网络的新面貌。

9.1 网络大模型概述

本节首先解释何为网络大模型，接着阐述网络大模型的生命周期，包括预训练、微调、缓存和推理。

9.1.1 网络大模型

网络大模型这个概念首先需要从大模型的基础定义开始理解。在数据科学和人工智能领域，大模型通常指的是具有大量参数的复杂模型，这些参数使模型具有高度的灵活性和强大的学习能力[1]。这类模型通过分析和学习庞大的数据集，能够捕捉到复杂的模式和关系，从而在各种任务上表现出色。

大模型的特点包括但不限于以下几点。

（1）参数众多，这些模型包含数百万甚至数十亿的参数，使它们能够学习和模拟极其复杂的数据模式；

（2）深度学习能力强，这类模型通常依赖于深度神经网络，可以处理和分析各种类型的数据，如文本、图像和声音；

（3）高度适应性，因为参数众多，这些模型能够适应各种任务和环境，从简单的数据分类到复杂的预测和生成任务。

基于这些基本特性，网络大模型是在大模型的基础上专门应用于网络领域的一个分支。这里的网络不单指计算机网络，还包括任何可以被建模的复杂系统网络，如社交网络、物流网络、通信网络等。

网络大模型的核心在于以下 3 点。

（1）网络数据的处理和分析。这些模型利用先进的算法来处理和分析网络环境中的各种数据类型。这不仅包括传统的网络流量和连接数据，还包括更复杂的动态信息，如网络拓扑变化、通信模式和节点间的交互。通过深入分析这些数据，网络大模型可以揭示网络运行的内在机制，识别潜在的效率瓶颈或安全威胁，并预测未来的网络行为和需求。

（2）网络设计和优化。应用于网络的结构设计、性能优化、协议生成等，通过模拟和预测网络行为来优化网络设计和运行效率。在网络结构设计方面，这些模型能够考虑多种因素，如网络规模、复杂性和成本效益，提出最优的设计方案。在性能优化方面，它们能够基于实时数据分析提出调整建议，以提高网络的整体性能和可靠性。例如，通过调整路由协议和带宽分配来减少时延和数据丢包。对于协议生成，网络大模型能够通过模拟不同的网络场景，自动生成或优化现有的网络协议，使其更适应当前的网络环境和需求。

（3）网络问题的解决方案。提供解决复杂网络问题的方法，如路由优化、网络安全、负载均衡等。在路由优化方面，网络大模型能够通过分析大量历史和实时数据，预测网络流量趋势，从而制定更有效的路由策略，减少拥堵，提高数据传输效率。在网络安全领域，这些模型可以识别和预测潜在的安全威胁，如不正常流量模式或网络攻击，从而提前采取防御措施。对于负载均衡，网络大模型可以实时监控网络流量和资源使用情况，动态调整资源分配，确保网络的高效运行和稳定性。

综上所述，网络大模型通过集成大量的网络数据、先进的计算技术和深度学习算法，为网络设计、优化和问题解决提供了全新的视角和工具。这些模型的出现不仅是网络科学领域的一大进步，也为未来的网络管理和运维提供了更智能、更高效的方法。

作为基础大模型，网络大模型的生命周期也是一个重要的概念，可以帮助我们理解其中的关键智能方法的原理与应用。网络大模型的生命周期充分涵盖了从模型创建到实际应用的关键阶段，为理解和优化网络大模型提供了一个全面的框架。

9.1.2 网络大模型的生命周期

网络大模型的生命周期包括预训练、微调、缓存和推理，本节更加深入地探讨每个阶段的特点和重要性。这些阶段不仅是模型开发和运营的关键组成部分，而且每个阶段都对模型的最终性能和应用效果有着决定性的影响。接下来，我们将逐一分析这些阶段，以便更好地理解网络大模型的生命周期及其对网络系统的综合贡献[2]。

1. 预训练

网络大模型的预训练阶段是模型生命周期中至关重要的部分。预训练的主要目的是赋予网络大模型足够的"知识"和处理能力，使其能够在后续的微调阶段更有效地适应特定任务或应用。这一阶段对于模型的通用性和灵活性至关重要，因为它为模型提供了广泛的数据背景，从而使模型能够更好地理解和适应后续遇到的特定数据和场景。

预训练通常涉及大量的、多样化的数据集，以确保模型能够学习到尽可能广泛的模式和信息。在网络领域，这可能包括网络流量数据、网络拓扑结构、不同类型的网络攻击数据、常见的网络配置和协议等。网络大模型的架构通常基于深度学习，特别是深度神经网络，如卷积神经网络、循环神经网络或 Transformer 等，现阶段，GAI 被广泛应用于大模型的预训练，我们将在第9.2节详述。预训练技术可能包括监督学习、无监督学习或半监督学习，具体取决于可用的数据类型和预期的应用。

预训练是一个资源密集型的过程，通常需要强大的计算能力和大量的时间。这在很大程度上取决于模型的复杂性和训练数据的规模。确保数据质量和代表性是预训练的一大挑战，因为低质量或具有偏见的数据可能导致模型性能不佳或具有偏见。另一个挑战是平衡模型的规模和性能，过于庞大的模型可能导致过拟合，或在实际应用中效率低下。

2. 微调

微调的目的是调整和优化网络大模型，使其更好地适应特定的网络环境、任务或应用。这一阶段是模型从通用处理能力转向特定任务性能优化的关键过程。微调使模型能够更精确地处理与特定任务相关的数据，提高在特定场景中的准确性和效率。

微调通常使用与特定任务或应用直接相关的数据集进行。例如，如果将模型应用于网络安全领域，那么可能会用特定类型的网络攻击或流量异常的数据集进行微调。这些数据集通常比预训练阶段使用的数据集更小，但更专注于特定任务的特征。在微调过程中，模型的参数会根据新的数据集进行调整。这可能涉及调整学习率、优化器的选择，以及其他超参数的调整。微调通常需要较少的迭代次数，因为模型已经在预训练阶段获得了广泛的基础知识。

图 9-1 展示了 4 种不同的网络大模型微调方法，它们可以用于网络大模型的优化过程。一般微调涉及调整模型所有层的参数，这意味着在模型微调时，整个模型的权重都会根据新的数据集进行更新。这种方法在资源充足时非常有效，但计算成本高。提示微调专注于通过设计特定的输入提示来引导模型的预训练参数产生正确的输出，而不是改变模型的内部权重。这种方法在模型需要快速适应新任务时非常有用，且计算成本相对较低。适配器微调是在模型的不同层之间插入小型的可训练模块（适配器），只有这些模块的参数在微调过程中会被更新。这可以让模型在保持大部分预训练参数不变的同时，适应新的任务或数据。重映射微调通过修改模型的输入和输出处理方式来适应新任务，而不改变模型内部的权重。这种方法可以用于任务或输出类别与预训练任务极为不同的情况。

微调的一个主要挑战是避免过拟合，尤其是在数据量相对较少的情况下。过拟合会导致模型在训练数据上表现良好，但在新的或未见过的数据上表现不佳。另一个考量是如何平衡模型的通用性与特定任务性能。理想的情况是保持模型具有一定的通用性，同时在特定任务上表现出色。通过精细地微调，网络大模型能够在特定的网络任务或场景中实现更高的性能和更精确的结果，从而在实际应用中发挥更大价值。

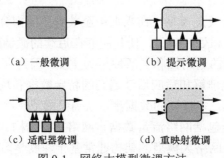

图 9-1 网络大模型微调方法

3. 缓存

网络大模型的缓存阶段通常指的是临时存储计算结果或经常访问的数据，以便快速重用，提高模型的响应速度和整体性能。缓存的主要目的是减少重复计算和数据检索的时间，从而提高效率。当网络大模型在推理时遇到重复的查询或计算需求时，它可以直接从缓存中获取结果，而不用重新进行计算。在网络流量预测、异常检测或实时网络状态监测等场景中，模型可能需要频繁处理相似或重复的数据。缓存这些数据的处理结果可以显著提升性能。在负载均衡和网络路由优化等任务中，缓存可以用来存储网络路径和路由决策的结果，供后续相似情况使用。

有效的缓存策略需要考虑哪些数据或结果最有可能被重复请求，以及如何快速地存取这些信息。常见的缓存策略包括最近最少使用、最不经常使用和时间段缓存等。缓存的挑战在于如何平衡缓存大小和性能。较大的缓存可以存储更多数据，但也需要更多的内存和管理开销。另一个挑战是保证缓存的数据是最新的，尤其是在网络环境快速变化时，缓存的数据可能会过时。

缓存通常需要与网络大模型的其他部分紧密集成，以确保在提高效率的同时不牺牲准确性和可靠性。对于网络大模型来说，有效的缓存策略不仅能提高单个模型实例的性能，还能在多个节点或设备上运行模型时，提高整体的网络服务质量。

4. 推理

在网络大模型的生命周期中，推理阶段指的是模型使用已经学到的知识来处理新的输入数据，并做出决策或预测的过程。推理过程通常发生在模型训练完成后。它涉及将实时数据输入训练好的模型中，模型根据输入执行任务，如分类、预测、生成等。网络大模型在进行推理时，追求高效性和实时性，尤其是在需要快速响应的网络环境中，如实时网络流量管理、入侵检测系统或故障响应。

推理过程面临的挑战主要是如何在大规模和复杂的网络环境中，保持高准确度的同时降低时延。在处理高维度数据时，推理效率成为关键问题，因为它直接影响用户体验和系统性能。为了提高推理效率，通常需要对模型进行优化，如使用模型压缩、量化和知识蒸馏等技术，这些技术可以减小模型的大小和减少计算需求。还可以利用专用的硬件加速器，如 GPU、TPU 或 FPGA，来加速模型的推理过程。模型的推理还涉及部署的问题,即如何将模型从开发环境转移到生产环境。这可能包括模型的封装、API接口的设计,以及与现有系统的集成。

网络大模型在推理时可能需要处理动态变化的网络条件。因此,模型可能需要不断地从新数据中学习,或定期进行重新训练以适应网络环境的变化。在推理时,模型的安全性和可靠性是至关重要的。这包括确保模型不会因为对抗性攻击而产生错误的输出,以及保证在不同网络状况下的鲁棒性。

本节内容关注网络大模型这一新兴的智能网络模式与方向,解释了网络大模型的概念。基于网络大模型的生命周期,说明了预训练、微调、缓存和推理的含义与具体方法。

9.2 GAI赋能网络大模型

本节对目前主流的GAI方法进行概述,并说明其技术实现原理。接着介绍GAI典型应用,并阐述其与网络大模型的关系。

在不断进化的人工智能领域,我们见证了从单一的大数据集分析到自主生成创新内容的显著转变。GAI标志着这一领域的一个重大进展,其在语言生成和图像合成等方面的卓越能力尤其引人注目。随着AIGC的不断发展,基于意图的网络设计迎来了新的可能性。采用如扩散模型和ChatGPT等GAI技术,AIGC已经展现了其在推理和内容创作上的惊人能力,主要体现在对自然语言的处理、代码自动生成,以及将文本转换为图像的功能上。这些应用的发展不仅推动了人与机器之间的交互,还提高了工作效率和创造性任务完成的质量。特别是在自然语言界面的帮助下,用户可以更直观、更高效地与人工智能系统协作,无论是简单的数据查询还是复杂的设计和创作任务都可以轻松处理。这一进步彰显了人工智能在理解和执行人类语言指令方面的巨大潜力,将AIGC推向了一个新的应用高度。此外,这种技术的进步还预示着在网络设计领域的一次变革,使网络结构更加智能化,并且能够适应不断变化的需求和环境。利用GAI,网络系统可以自动生成和优化其协议和配置,从而实现更高效、更安全的数据流动。随着技术的日益成熟和应用场景的不断扩展,预计未来的网络将变得更加灵活和强大,能够支撑起日益增长的数据和复杂的网络服务需求。这些进步不仅加速了网络技术的发展,也为人工智能在更广阔领域的应用打开了新的大门。

AIGC赋能网络大模型如图9-2所示,展示了AIGC技术在不同应用场景中的潜在用途和优势,每个应用场景都概述了AIGC能够带来的创新和改进。对于物理层,AIGC可以通过生成对抗网络(GAN)来生成和优化无线信号,例如通过信号强度指示生成的仿真数据来改进信号传输质量。使用GAI生成的仿真数据可以对物理层进行优化,提高无线网络的稳定性和信号质量。对于数据链路层,AIGC可以用于生成有效的数据链路层协议,增强数据传输的效率和可靠性。通过AIGC技术生成的数据链路层协议能够提高网络流量管理的自动化和智能化水平。对于网络层,AIGC可以应用于自动生成路由协议和策略,提高网络数据传输的效率。使用GAI技术生成的网络层策略能够实现更加高效和智能化的路由决策,减少数据传输的时延和丢包率。对于应用层,AIGC可以利用其生成内容的能力,为应用开发提供新的界面和功能。

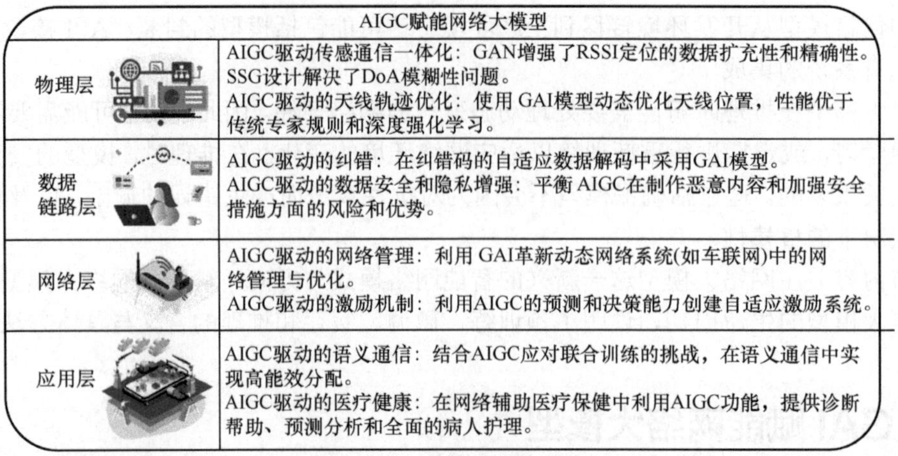

	AIGC赋能网络大模型
物理层	AIGC驱动传感通信一体化：GAN增强了RSSI定位的数据扩充性和精确性。SSG设计解决了DoA模糊性问题。 AIGC驱动的天线轨迹优化：使用GAI模型动态优化天线位置，性能优于传统专家规则和深度强化学习。
数据链路层	AIGC驱动的纠错：在纠错码的自适应数据解码中采用GAI模型。 AIGC驱动的数据安全和隐私增强：平衡AIGC在制作恶意内容和加强安全措施方面的风险和优势。
网络层	AIGC驱动的网络管理：利用GAI革新动态网络系统(如车联网)中的网络管理与优化。 AIGC驱动的激励机制：利用AIGC的预测和决策能力创建自适应激励系统。
应用层	AIGC驱动的语义通信：结合AIGC应对联合训练的挑战，在语义通信中实现高能效分配。 AIGC驱动的医疗健康：在网络辅助医疗保健中利用AIGC功能，提供诊断帮助、预测分析和全面的病人护理。

图 9-2 AIGC 赋能网络大模型

AIGC 技术融入网络大模型，为智能网络系统的构建提供了新的维度。网络大模型作为理解和操作庞大网络数据的基础框架，利用 AIGC 的高级功能，如自然语言处理和图像识别，能够深入分析和预测网络状态，从而做出更加精确和有效的网络管理决策。AIGC 技术的应用不局限于单一网络层级，还能跨越物理层、数据链路层、网络层、应用层，实现各层级之间的交互，为整个网络结构带来全面的智能化升级。在物理层，AIGC 可以通过模拟和优化无线信号的传输，为物理设备间的通信提供稳定、高效的数据流。数据链路层的智能化协议生成，则进一步增强了数据传输的可靠性和效率。在网络层，AIGC 技术的路由策略生成和优化，使得数据在复杂的网络中能够找到最优路径，减少时延，提高传输速度。应用层的创新则是直接面向用户的，AIGC 能够创建更加直观和智能的用户界面，提升用户的互动体验。而在跨层的交互中，AIGC 的全面整合确保了不同网络层级间的协调一致，实现了真正意义上的端到端网络智能化。

整合了 AIGC 技术的网络大模型，能够更加灵活和智能地响应网络条件的变化，如流量波动、网络攻击和配置变更。这种模型不仅能自动优化网络性能，还能预测未来的网络需求和潜在问题，从而提前进行调整。此外，随着网络环境的快速变化和新技术的不断涌现，AIGC 技术的融入为网络大模型提供了持续学习和自我优化的能力，确保网络系统能够适应未来的挑战。

接下来对 GAI 方法进行介绍，并对其在智能网络中的应用进行描述。

9.2.1 GAI 方法

现有的人工智能辅助网络设计存在三大局限。第一，这些系统仍然依赖专家知识，将多个网络问题整合为一个综合优化问题，需要根据经验对众多学习参数进行微调。第二，对于整个系统至关重要的底层神经网络仍然不透明，网络运营商无法理解其性能。缺乏可解释性，对实际部署构成了重大障碍。第三，模型的通用性问题仍然是一个挑战，与传统的基于规则的方案相比，在一种环境中训练有素的模型被引入新环境时，可能会表现不佳。由于缺乏适应性，我们需要不断进行模型设计和参数调整，这极大地阻碍了智能网络的发展。

然而，GAI 通过生成新颖的数据样本，如初始数据集中不存在的、完全原创的图像或音频,极大地扩展了其功能,拓宽了其在内容创建、数据增强和网络优化策略开发方面的潜在应用。这种能力转变将 GAI 定位为网络功能中的关键工具。GAI 在生成合成数据方面发挥着关键作用,使人类用户和网络系统都能从中受益。它在模拟网络流量和制作测试数据集方面意义重大,尤其是在处理有限的数据量时,其优势尤为突出。GAI 擅长合成描述罕见网络故障和攻击的样本,从而提高异常检测训练的效率。此外,它还能利用历史数据和即将发生的事件,针对网络条件的变化预测将采取的行动。这种前瞻性策略可优化资源分配,缓解潜在的网络拥塞。此外,GAI 还可通过定制用户体验、丰富内容、制定个性化建议及设计符合个人用户偏好的网络界面,来改进面向网络的服务。在具有这些优势的同时,将 GAI 融入网络和技术领域也带来了独特的机遇和挑战。

GAI 的潜力横跨多个领域,有望为各行各业带来重大变革。在由 GAI 推动发展的网络领域,GAI 对网络的方方面面都产生了重大影响。其影响范围从内容交互等基本方面扩展到复杂的网络架构配置。例如,GAI 可促进对实时条件的动态调整,提供有助于明智决策的预测性见解,并引入资源分配策略,以确保最佳网络性能。在过去两年中,出现了许多大规模生成模型,如 ChatGPT 和稳定扩散模型,它们表现出了非凡的能力,如作为多功能问题解答系统或自主生成艺术图像,给许多行业带来了重大转变。这些进步对行业和社会都有巨大影响,有可能改变许多工作的角色。例如,GAI 在创造性地将文本转换为图像、三维渲染图、视频和音频,以及在不同数据类型之间进行转换,甚至生成代码等方面都展示出高效性。

GAI 模型通过重复和迭代训练过程,努力理解和模仿输入数据的固有数据分布。这种全面的理解有助于创建与原始数据分布特征密切相关的新数据。本节将深入探讨 3 种关键的生成模型:GAN、变分自编码器(VAE)、扩散模型。

1. GAN

GAN 结构如图 9-3 所示,生成器 G 接受一个随机噪声向量 z,并生成一个数据实例 x。判别器 D 的任务是评估一个实例是来自真实数据集 x 还是生成器产生的数据 $\tilde{x}$。D 输出一个概率值,指示输入数据是真实的可能性。判别器和生成器在训练过程中相互竞争,生成器不断学习如何制造更逼真的数据来"欺骗"判别器,判别器则努力变得更擅长识别真假数据。这个过程最终会让生成器产生高质量的数据实例。

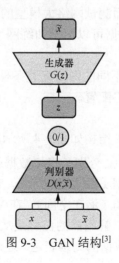

图 9-3　GAN 结构[3]

GAN 由两个基本组件组成。

（1）生成器，负责生成真实的数据实例，为判别器提供负训练样本。

（2）判别器，负责区分生成器生成的合成数据和真实、可靠的数据。通过这种判别，判别器会对生成器产生的难以置信或不切实际的输出结果进行惩罚。

在训练的初始阶段，GAN 中的生成器会生成明显的合成数据，很快就会被判别器识别为虚假数据。随着训练的进行，生成器会不断完善其输出，逐渐接近一个水平，在这个水平上，生成的数据对判别器来说更有说服力。训练成功后，判别器区分真实数据和生成数据的能力就会减弱。因此，它可能会将合成数据误判为真实数据，导致分类准确率下降。

GAN 架构中的生成器和判别器都是神经网络，它们以直接方式相互连接，生成器的输出作为判别器的输入。通过反向传播过程，判别器的分类错误为生成器提供重要反馈，使其能够调整和更新权重，以产生更有说服力的输出。从本质上讲，判别器在 GAN 架构中起着分类器的作用，负责区分真实数据和生成数据。它的架构可以根据被分类数据的性质而变化，从而适应不同的数据类型。

判别器的训练数据有 2 个来源。

（1）真实数据实例，如真实的人物图片。在训练过程中，判别器使用这些实例作为正面示例。

（2）生成器创建的假数据实例。判别器在训练过程中使用这些实例作为反面例子。

GAN 中的生成器负责生成合成数据，并在判别器反馈的影响下进行学习。其目标是生成足够令人信服的输出结果，以欺骗判别器将其归类为真实数据。与判别器所需的训练相比，生成器的训练需要与判别器进行更复杂的整合。

在网络大模型中，GAN 有以下作用。

（1）数据增强：GAN 可以生成新的网络数据实例，这对于数据集不足或难以收集的网络条件尤为有利。通过增加数据多样性，GAN 帮助网络大模型更好地泛化和适应各种网络环境。

（2）模拟和测试：在网络设计和测试阶段，GAN 可以用来生成各种网络场景的数据，用于模拟网络流量或攻击模式，从而测试网络大模型的响应和鲁棒性。

（3）异常检测：GAN 生成的数据可以用于训练网络大模型，以识别异常行为或入侵尝试，提高网络安全性。

（4）优化网络配置：通过生成不同的网络配置条件下的数据，GAN 能够帮助网络大模型学习如何在特定场景下最优化网络配置。

2．VAE

VAE 构成了一个生成模型，VAE 结构如图 9-4 所示，由编码器 $q_\phi(z|x)$ 和解码器 $p_\theta(z|x)$ 组成。这两部分通常由神经网络实现，分别负责将数据编码为潜在表示和从潜在表示中重构数据。编码器的任务是学习输入数据 x 的潜在表示 z。它试图找到数据的压缩表达，捕获其关键特征，并将其映射到一个隐空间（潜在空间）。在 VAE 中，编码器实际上是学习数据的概率分布参数，通常是均值和方差。解码器的任务是从潜在空间中的点 z 重构输入 x。它尝试从潜在表示中解压出数据，重建数据的高维表达。通过解码器，VAE 能够生成新的数据实

例,它们与原始数据在统计特征上相似。这些参数在生成从该空间采样的潜在变量中起着关键作用。随后,解码器利用这些潜在变量作为输入,生成新的数据实例。

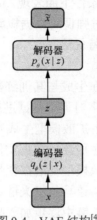

图 9-4　VAE 结构[4]

VAE 是一种包含先验分布和噪声分布的生成模型。传统上,这种性质的模型使用期望最大化算法(如概率 PCA 或稀疏编码)进行训练。这种训练方案优化的是数据似然的下限,这通常是难以实现的,因此需要探索变异后验。这些后验分布通过单独的优化过程为单个数据点设定参数。然而,在 VAE 中,编码器会采用一种摊销方法,对各数据点进行集体优化。编码器将数据点作为输入,在从已知输入空间映射到低维潜在空间的同时,产生变分分布的参数。

解码器是该模型中的第二个神经网络。它的作用是将潜在空间映射回输入空间,通常代表噪声分布的平均值。虽然另一个神经网络映射到方差是可行的,但简单起见,通常会省略。在这种情况下,可以使用梯度下降法对方差进行优化。VAE 与 GAN 的训练方法截然不同。GAN 采用监督学习方法,而 VAE 则依赖无监督学习方法。这种差异体现在它们各自的数据生成过程中:VAE 通过从学习到的分布中采样来生成数据,GAN 则利用生成器来逼近数据分布。

在网络大模型中,VAE 有以下作用。

(1)网络数据插值:利用 VAE 的连续潜在空间特性,可以在已知的网络数据点之间进行插值,生成介于两个数据状态之间的新网络状态。这对于模拟网络状态过渡或网络行为的渐变尤其有用。

(2)网络行为的多样性模拟:VAE 的随机性使其成为模拟网络行为多样性的理想工具,尤其适合在仿真环境中生成各种可能的网络操作场景,有助于设计更具鲁棒性的网络大模型。

(3)网络异常检测的细粒度识别:VAE 的概率特性可以用于网络异常检测,不仅是识别异常本身,还能评估异常发生的概率,为网络安全管理提供更精细的风险评估。

(4)网络用户行为分析:通过分析用户在网络上的行为数据,VAE 可以帮助创建用户行为的概率模型,从而预测用户未来行为或推荐可能感兴趣的网络服务。

(5)优化网络配置:VAE 可以帮助模拟和优化网络配置,例如自动调整网络设备的参数设置,以适应预测的流量变化。

(6)增强网络仿真平台:在网络仿真平台中,VAE 可以生成符合特定统计特性的网络事件,用于测试网络策略或算法在不同条件下的表现。

与 GAN 不同,VAE 在生成数据时强调对数据概率分布的建模,这使它在模拟复杂网络系统的不确定性和变化性方面具有独特优势。

3. 扩散模型

扩散模型被归类为生成模型,旨在生成与其训练数据类似的数据。从本质上讲,这些模型的工作原理是用连续增量的高斯噪声对训练数据进行系统扰动,然后通过反向应用噪声来恢复原始数据。在训练阶段之后,利用扩散模型生成数据就成为一个简单的过程,模型通过获取去噪过程引导随机采样的噪声,生成新的数据实例。这种方法利用模型的学习能力,从噪声引起的表征中重建原始数据。扩散模型是潜在变量模型的一种特殊类型,它通过预定的马尔可夫链将数据映射到潜在空间上。该马尔可夫链系统地将增量噪声引入数据,旨在得出后验分布的近似值。在固定的马尔可夫链中逐步加入噪声,有助于建立数据基本概率分布的近似表示。

在扩散模型中,这一过程的最终结果是将图像渐变为类似纯高斯噪声的状态。在训练过程中,主要目标是掌握逆过程。通过沿着这个链条反向追溯步骤,模型就能获得生成新数据的能力。扩散模型如图 9-5 所示,扩散过程是一个逐步引入噪声的过程,它将数据 x_{i-1} 转化为一个更加随机的状态 x_i。这个过程通常被建模为一个马尔可夫链,其中每一步都向数据添加噪声,使其逐渐接近高斯分布。扩散模型的这一部分通常由 $q(x_i|x_{i-1})$ 表示,意味着给定当前状态 x_{i-1},可以描述下一个状态 x_i 的概率分布。去噪过程则是扩散过程的逆过程,它的目标是从噪声数据中恢复出原始数据。在去噪阶段,模型学习如何逐步移除噪声,从而从噪声数据 x_i 重构数据 x_{i-1}。去噪过程通常由 $p_\theta(x_{i-1}|x_i)$ 表示,满足条件概率分布,说明了给定噪声数据 x_i 时,原始数据 x_{i-1} 的概率。

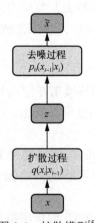

图 9-5 扩散模型[5]

在网络大模型中,扩散模型有以下作用。

(1)网络仿真与增强学习:利用扩散模型生成的网络流量和行为数据,可以增强网络仿真平台的真实性,为基于仿真的增强学习算法提供丰富多变的训练环境。

（2）多步网络事件预测：扩散模型可用于多步网络事件预测，例如预测网络攻击的演变过程或网络故障的传播路径，这有助于提前采取预防或缓解措施。

（3）网络质量的恢复与优化：在网络质量衰退（如信号干扰或数据丢失）的情况下，扩散模型的去噪能力可以被用于重建或优化网络信号，改善通信质量。

（4）生成网络安全训练数据：扩散模型可以生成现实且多样化的网络攻击样本，用于训练网络安全模型，这样可以增强模型对未知攻击的检测能力。

（5）隐私保护的数据生成：在需要保护用户隐私的场景中，扩散模型可以生成去标识化的网络行为数据，用于研究而不泄露用户的个人信息。

（6）网络容量规划：扩散模型可以帮助网络运营商预测在不同时间和条件下的网络流量，从而更好地进行网络容量规划和资源分配。

（7）网络 QoS 管理：通过模拟不同的网络状态和用户行为，扩散模型能够帮助优化 QoS 管理策略，提升用户体验。

（8）网络维护与故障预测：扩散模型的预测能力可以用于网络维护，通过识别可能导致故障的早期信号，帮助提前进行维修或更新设备。

（9）智能化网络配置建议：结合现有的网络状态和历史数据，扩散模型能生成最优或推荐的网络配置，为网络管理员提供决策支持。

扩散模型使用最大似然估计法进行训练，这使其学习范式有别于基于生成器和判别器之间最小博弈的 GAN。这种不同的方法减轻了模式崩溃，避免了其他生成模型中常见的训练不稳定现象。扩散模型的思想来自非平衡热力学原理，其中学习了逆扩散过程。该过程通过协调马尔可夫扩散步骤链，将随机噪声逐步添加到数据中，从而从噪声中重建所需的数据样本。此外，扩散过程还有助于将模型的计算空间从像素空间转换为低维潜在空间。这种转换大大减少了计算开销，加快了训练速度，提高了模型的整体效率。值得注意的是，与 VAE 或基于流量的模型不同，扩散模型遵循固定的学习程序，其隐藏变量保持较高的维度，类似于原始数据。扩散模型相比 GAN 和 VAE 有其独特的优势。

（1）样本质量：扩散模型在生成高质量样本方面有显著优势，尤其是在生成高分辨率图像时，扩散模型能产生更加细致和逼真的细节。GAN 虽然也能生成高质量的图像，但有时会遇到模式坍塌的问题，导致多样性不足。VAE 生成的图像通常较为模糊。

（2）训练稳定性：扩散模型的训练过程通常比 GAN 更加稳定，不容易出现模式坍塌的情况，因为它不依赖对抗过程。GAN 的训练过程需要精心设计，以避免不稳定和训练失败。VAE 的训练过程相对稳定，但它的表现受限于假设的概率分布。

（3）模式覆盖：扩散模型很好地解决了 GAN 的模式缺失问题，因为它可以更全面地覆盖数据空间。VAE 能够较好地覆盖数据空间，但可能不会像扩散模型那样精确。

（4）理论基础：扩散模型建立在坚实的理论基础之上，具有明确的训练目标，这使训练过程易于监控和分析。GAN 的训练过程有时候难以调试，因为它涉及复杂的动态平衡。VAE 则基于变分推断，其性能受限于后验分布的近似精度。

（5）多样性和控制性：扩散模型在生成多样化数据方面表现出色，能够更好地捕捉数据中的细微差别。相比之下，VAE 在生成多样化样本时，可能受限于其概率分布的假设，GAN 可能需要额外的技巧来保证多样性。

（6）条件生成能力：扩散模型可以很自然地进行条件生成，只需在去噪过程中加入条件信息即可，无须对模型架构进行较大的改动。这在 GAN 和 VAE 中通常需要更多的模型调整。

（7）抗噪声能力：扩散模型的生成过程本质上包括了对数据添加和去除噪声的步骤，因此在生成对抗性噪声或进行去噪任务时表现出色。

扩散模型在理论和实践上为生成模型领域提供了一种强有力的替代方案，特别是在要求高质量输出和稳定训练过程的应用中。在网络大模型方面，扩散模型的这些优势为网络数据生成、优化及异常检测等任务提供了新的可能性。

9.2.2　基于扩散模型优化强化学习

最近，扩散模型取得了显著的进步，尤其是在文本到图像的转换和决策任务中。扩散模型在生成新模式方面的巨大潜力促使它被应用于生成资源分配策略。这种应用标志着利用 GAI 促进科学进步的重大转变。扩散模型在优化强化学习（RL）决策过程方面也取得了巨大成功。扩散模型提供了一种新颖的方法，可将设计意图编码为条件信息。这种编码信息可以明确指导生成现实轨迹，包括状态—行动—奖励序列，从而有效地代表复杂的决策过程。值得注意的是，这一决策过程允许灵活组合多个约束条件，从而增强生成轨迹的适应性。尽管网络系统数据集不同于图像像素等归一化数据，但网络优化中的许多挑战能在 RL 的决策框架中找到解决方案。

HUANG 等人[6]介绍了 AIGN，这是一种开创性的网络设计范式，能够自主制定量身定制的解决方案，以适应动态演化的环境。AIGN 以 RL 在网络相关决策挑战中的应用为中心，利用扩散模型与 RL 经过验证的兼容性，将扩散模型作为生成技术的一个重要实例。与传统优化方法不同，AIGN 无须构建全面的网络系统模型，也无须预先识别所有约束条件。通过将扩散模型的生成潜力与 RL 相结合，AIGN 展示了在各种网络设计环境下促进智能决策的广阔前景。AIGN 还可以扩展到卫星—地面网络规划和移动泛在计算等应用领域。值得注意的是，其他生成模型也可能在此背景下得到应用。

一般来说，大规模优化问题由多个子问题组成。具有简单约束条件的特定子问题通常研究得很透彻，而 RL 可以为特定网络环境生成带标签的轨迹数据集。关键的挑战在于如何使 RL 智能体能够智能地相互协作和学习，从而共同生成新的网络资源分配策略。利用基于扩散模型的学习方法，RL 的网络资源分配策略分为两个不同阶段展开。最初，在线 RL 智能体在不同的环境中导航，从而生成带标签的轨迹。随后，离线 RL 阶段与扩散模型相辅相成，产生新颖的设计。值得注意的是，虽然这些策略以扩散模型为显著特征，但其应用范围却超出了这一模型，还能容纳其他生成模型。

在马尔可夫决策过程的表述中，可以找到许多通信和网络挑战的必然结果。这种方法涉及训练一个在线 RL 智能体，让其通过试错互动在环境中导航。在每一步中，智能体都会感知环境的当前状态，并选择将其转换到新状态的行动，同时获得相应的奖励。其主要目标在于使智能体获得一种策略，在一系列状态—行动—奖励序列中使预期累积奖励最大化。通过将操作日志和领域专业知识（如回报、特定约束和优化目标）嵌入这些序列中（类似于标注良好的标准图像数据集），我们创建了适合利用 GAI 技术的标记轨迹。

扩散模型通过马尔可夫链模拟前向噪声过程,系统地向初始数据引入噪声,直到其符合高斯分布。利用扩散模型的离线 RL 将在线 RL 中的标记轨迹作为基础数据分布,在处理复杂的高维状态空间方面展现出了非凡的能力。通过这种方法,可以学习到与预期网络解决方案非常相似的新定制策略。

利用数据采样,反向去噪过程系统地去除噪声,最终创建出符合用户定义规范的数据。为了促进这种迭代去噪机制,由重复卷积残差块组成的神经网络——时态 UNet 需要接受训练。它的主要功能是预测每个去噪步骤中的扰动噪声,为恢复原始数据做出重大贡献。最终,考虑多重约束条件的、高效且有价值的网络资源分配策略将通过扩散模型直接生成。

9.2.3　GAI 赋能 6G 网络

新兴的 GAI 模型范式正在不同领域产生变革性影响,尤其是在自然语言处理领域。凭借庞大的参数规模、广泛的数据集、充足的计算资源和复杂的模型架构,GAI 模型实现了无与伦比的泛化和功能级智能。值得注意的是,单个预训练的 GAI 模型可以适应广泛的下游任务,通过微调、少量学习甚至零学习方法达到最先进的性能。这种出色的适应性不仅能消除不同任务和用例之间的障碍,还能为富有想象力和成本效益的应用提供关键的功能支持。同时,这场变革克服了以往深度神经网络架构固有的泛化能力弱、受限于特定任务的局限性。

机器学习的快速发展与无线通信和信息处理技术的进步密不可分。无线通信领域划分了 3 个技术层级。在第一层,传统的信号处理技术控制着基本的无线传输,包括调制、滤波和解调。进入第二层,深度学习融入无线通信,促进了隐式特征提取和高维表示。这种集成释放了低成本信道反馈、非视距定位和智能波束成形等功能,从而实现了多输入多输出传输和稳健无线定位等高级无线应用。第三层,即网络层,专注于无线网络的整体优化和资源分配,通过机器学习和人工智能技术,实现了网络级别的动态管理、智能资源调度和高效的流量管理。这一层级进一步提高了网络的响应速度、稳定性和适应能力,支持多用户、多任务环境中的高效通信。此外,无线网络 GAI 模型的概念化可能预示着高级无线信息处理技术的新时代。这种进步为设想中的 6G 带来了巨大的希望。它将成为创造无处不在的智能、无缝集成多任务、统一多样化场景和整合综合调度的基础。这种模式转变对于实现前所未有的应用案例(包括集成传感、沉浸式通信和其他突破性应用)至关重要。

深度神经网络卓越的非线性变换能力、决策的鲁棒性和广泛的适应性,为克服无线网络所面临的挑战带来了希望。这种集成了高智能性的技术,将为无线网络开启新机遇。此外,丰富且信息密集的无线数据的广泛可用性,以及嵌入了大量计算资源的无线设备,为其构筑了坚实基础。在无线人工智能领域不断积累的复杂算法,进一步支持了专门为无线网络量身定制的 GAI 模型的开发和生成。

与当前的无线架构相比,基于 GAI 大模型构建的架构力求增强多功能性和可扩展性。其基本属性在于建立一个以预训练为支撑的统一部署范式。目前的无线人工智能框架需要以普及无线智能为特征的 GAI 模型,以解决 6G 中各种预期应用的问题。这里介绍几个典型的智能用例。

(1)人工智能辅助无线传输:通过人工智能辅助优化无线网络传输,仍然是一个关键目标,这需要对用户的无线环境进行精确的评估,并对收发器方案进行自适应配置。例如,在用户具有高度移动性的情况下,确保可靠的传输需要人工智能能够推断用户的运动状态,并根据历史无线信令模式准确预测信道。

(2) 智能调度和管理:调度和管理不可避免地向智能方向发展。在即将到来的 6G 网络中,能对来自众多用户和云边缘数据源的数据协同处理,以及具有自适应决策能力,将成为智能调度和管理的必要条件。具体来说,资源分配方案的创建需要平衡效率和公平性,这就要求协作学习来自多个用户的空间、渠道和其他上下文数据。

(3) 实现协作智能传感:人工智能功能的集成对于促进复杂环境中的精确无线传感至关重要。考虑到单个无线信号的局限性,多模态、多用户和多场景信号的协同处理成为保证高保真传感的必要条件。例如,多个基站之间相互交换信息,可以提高大规模环境重建的传感精度,并有效滤除环境干扰。

(4) 面向语义交际:在交际过程中嵌入用户需求和已建立的信息是实现语义交际的基础。分析用户的无线环境并相应地调整传输或解码方法,在物理层建立语义通信成为不可或缺的功能。为了在广阔的 6G 网络中扩展语义通信,该功能必须跨越不同的用户和场景。此外,为了与各种知识库进行智能集成,无线模型需要足够的信息容量和相当高的智能水平。

然而,目前用于无线人工智能的架构本质上局限于特定的任务和场景,要求以任务为导向的数据收集和基于场景的训练。这种特性阻碍了它们在复杂用例中的有效性,以及它们在高级应用程序的不同任务和场景中自主合并的能力。与每个任务和场景相关的大量数据采集和培训费用也是现有无线人工智能广泛实施面临的可持续性挑战。此外,流行的无线人工智能模型对特定任务和场景的狭隘关注导致其经常与资源冲突和交互约束作斗争。因此,这些流行的无线人工智能架构无法满足 6G 网络对无线智能水平的要求。

GAI 模型与之前的人工智能方法的区别在于,它有可能成为下一代无线网络的基本组成部分。开发一种 GAI 模型,能够熟练地描述高度复杂的无线信道、环境和对象中错综复杂的隐藏属性,并将它们无缝地集成到无线网络中,这有望为解决无线通信中存在的问题提供一种新颖的方法。

9.3 网络支持 GAI

毫无疑问,GAI 大模型为网络提供了崭新的应用前景和优化路径,其潜力不可否认。然而,有效管理这些庞大的 GAI 模型的训练、存储和调用,对于现有的网络体系结构来说,是一个极为重大的挑战。无线网络中丰富的数据和计算资源为构建和应用 GAI 大模型奠定了基础,然而,如何在这些资源上进行综合利用,仍值得进一步探讨。

图 9-6 展示了网络赋能 AIGC 大模型的各个环节,从数据收集、预训练、微调到推理。首先,物联网设备和网络协作收集与 AIGC 相关的重要数据,这些数据通过 AIGC 服务数据和网络管理数据的整合,形成训练数据集。其次,在预训练阶段,网络通过联邦学习支持和 AIGC 模型优化,帮助 AIGC 模型进行高效的去中心化和边缘化训练。再次,网络在微调阶段利用实时用户数据和动态网络适配进行细调,确保模型适应多变的网络环境。最后,在

AIGC 推理过程中，网络通过低时延处理、多设备协作和资源优化支持推理任务的分布式执行，从而减少传输时延和资源消耗。

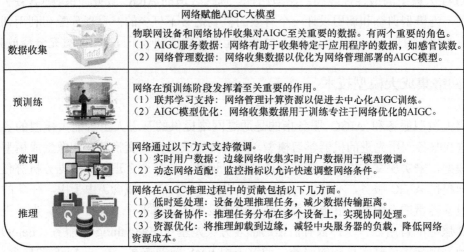

图 9-6　网络赋能 AIGC 大模型

在这一挑战中，我们首先需要解决的是数据孤岛问题。由于传输成本、隐私问题等因素的制约，不同场景下的数据并非都能集中存储在云端。因此，如何有效地在边缘设备之间进行信息交换，使得边缘数据能够参与到模型的训练过程中至关重要。这需要设计出有效的信息共享和传递机制，以克服数据碎片化的障碍，实现数据资源的高效利用。

同时，为了充分发挥边缘设备在广泛计算中的作用，我们还需要设计相应的策略，以确保众多边缘设备能够参与到大模型的计算任务中。建立有效的计算范式至关重要，它不仅需要考虑跨边缘分布的设备之间的协作，还需要在带宽有限的情况下，充分利用小型设备的潜力。这意味着我们需要开发出能够在资源受限的环境下高效运行的计算算法和策略，以确保大模型的计算任务能够顺利地在边缘设备上完成。

此外，对无线通信实时能力的追求仍然是一个优先事项，高时延会导致状态信息过期和传输精度降低。将 GAI 大模型集成到无线系统中会在 RF 组件和模型之间引入额外的推理和信号传递时延，从而导致整体时延增加。优化 GAI 大模型实现快速推理和与 RF 组件的无缝集成，以确保实时通信至关重要。此外，探索 GAI 大模型在时延期间预测和抵消状态变化的潜力可以减轻时延对通信的负面影响。

由于通信资源的限制，用户与基站之间的交互窗口是有限的，通常在一个相干时间内。在这些交互约束条件下最大化有效信息传输和利用是至关重要的。优化编码和解码技术、智能资源分配和紧凑数据表示的策略，对于提高有限交互期间的信息交换效率至关重要。处理无线通信中的干扰、噪声和错误是一个持续的挑战，延伸到无线模型领域。涉及 GAI 大模型的实际应用会遇到各种问题：接收到的信号可能有噪声，传输可能会引入偏置，获取的状态信息可能不准确。解决这些挑战需要关注几个领域的研究，通过有效的结构设计提高模型的去噪能力，通过适当的训练过程增强其对潜在错误的鲁棒性，以及利用模型的智能来估计和自适应地减轻多个用户之间的干扰。

GAI 和网络之间的相互关系强调了它们在彼此进化过程中的相互作用。这种复杂的共生关系体现在 GAI 的整个生命周期中，包括数据收集、预训练、微调和推理等关键阶段。为了确保 GAI 大模型的最佳性能和广泛适用性，选择合适的 AIGC 服务提供者（ASP）至关重要；此外，为模型训练和调用设计一个有效的机制是必不可少的；合理分配和利用训练所需的计算资源同样重要。以上 3 点使 GAI 大模型能够有效地迎合不同的领域，充分释放其潜力。

9.3.1 网络集成大模型技术

网络大模型服务和 AIGC 服务指的是通过网络提供的基于人工智能大模型的各种应用服务。这些服务利用先进的机器学习模型，尤其是生成预训练变换器、图像生成模型和其他专门的模型，来实现文本生成、图像创作、语音识别、自然语言理解、数据分析等任务。为了向用户提供 AIGC 服务，本节引入 AIGC 即服务（AaaS）的概念。由于用户任务的多样性和边缘设备容量的有限性，很难在每个网络边缘设备上部署多个 AIGC 模型。为了进一步提高 AIGC 服务的可用性，一种很有前途的部署方案是基于 Everything 即服务（EaaS），它可以有效地为用户提供基于订阅的服务。通过采用 EaaS 部署方案，有了 AaaS 的概念。

本节讨论 AIGC 在边缘网络中的应用，以及在无线边缘网络中部署 AaaS 所面临的挑战。其中还涉及 ASP 的选择问题。具体而言，ASP 可以在边缘服务器上部署人工智能模型，通过无线网络向用户提供即时服务，提供更方便和可定制的体验。用户可以以低时延和低资源消耗轻松访问和享受 AIGC。此外，本节指出可以使用深度强化学习算法来实现近似最优的 ASP 选择。

1．AIGC 在边缘网络中的应用

下面介绍几类 AIGC 技术及其在边缘网络中的应用，这些技术可以作为未来潜在的研究方向。

（1）文本到文本 AIGC：根据给定的文本输入生成类人的消息作为输出。其中，由 OpenAI 开发的 ChatGPT 模型是最典型的例子。它可以用于自动生成问题的答案、语言翻译和文章摘要等应用，是自然语言处理领域的先进技术之一。在无线边缘网络中，ChatGPT 可作为聊天机器人，为用户提供导航和信息提醒服务，实现智能化应用。

（2）文本到图像 AIGC：文本到图像 AIGC 可以根据书面描述生成图像，或将文本转化为视觉内容。它结合了自然语言处理和计算机视觉技术。这种技术可帮助移动用户执行多种任务，例如，车联网用户可以请求基于视觉的路径规划。此外，文本到图像 AIGC 还能根据用户描述或关键词辅助艺术创作，制作各种风格的图片。

（3）图像到图像 AIGC：图像到图像 AIGC 使用人工智能模型，从源图像生成真实感图像或创建输入图像的风格化版本。例如，当涉及辅助艺术品创作时，图像到图像 AIGC 可以仅根据用户输入的草图生成视觉上令人满意的图片。此外，图像到图像 AIGC 可用于图像编辑服务，用户可以去除一幅图像中的遮挡物或者修复损坏的图像。

（4）音频相关 AIGC：用于分析、分类和操作音频信号，包括语音和音乐。文本到语音模型旨在将文字转换为自然语音。音乐生成模型能够合成多种风格和类型的音乐。视听音乐生成结合了音频和视觉信息，例如音乐视频或相册艺术作品，生成与特定视觉风格或主题相关的音乐。此外，音频相关的 AIGC 还可作为语音助手，回答用户的问题。

2. 在无线边缘网络中部署 AaaS 的挑战

图 9-7 展示了大型人工智能模型、深度学习和信号处理在无线通信系统中的集成应用。该图表明，大型人工智能模型具有表达性、扩展性、多模态、存储能力和复合性等特性，通过无线通信系统支持集成多任务、统一多场景和一体化调度。深度学习在其中发挥特征提取、数据表示和策略决定的作用，进一步支持信道状态信息反馈、非视距定位和智能波束成形等高级功能。信号处理则提供了信号传输和象征性判断的基础，并通过调制、滤波和解调等功能与无线通信系统密切结合，为未来的 6G 和智能通信提供坚实的基础。

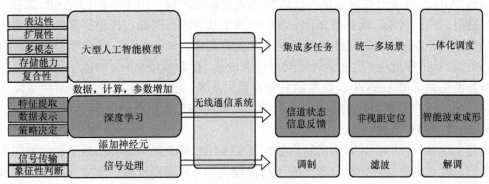

图 9-7 基于无线网络部署 AaaS

AIGC 模型具有强大潜力，但在无线边缘网络中部署 AaaS 面临着多重挑战。目前，AIGC 在移动设备上的可访问性有限，无法支持资源密集型的交互式数据生成服务。预训练的 GPT-3 和 GPT-4 等模型利用了云数据中心强大的计算能力，但用户访问这些基于云的 AIGC 服务可能会面临高时延的问题。

AIGC 模型固有的不稳定性，例如扩散模型的随机性，往往导致生成内容的质量和准确性不同。在无线边缘网络中，生成的不准确内容的传输可能会过度消耗网络资源。此外，基于训练的数据集，AIGC 模型表现出特定任务的适用性[7]。例如，使用人脸数据集训练的 AIGC 模型可以熟练修复损坏的人脸图像。然而，它在校正模糊的风景图像方面有效性有限。这种与任务相关的专业化强调了根据预期任务的具体要求选择正确 AIGC 模型的重要性。这样的方案旨在提高用户生成内容的质量，同时优化 AIGC 服务的速度。用户任务的多样性及边缘设备的限制对在所有网络边缘设备上部署多个 AIGC 模型提出了挑战。为了增强 AIGC 服务的可访问性，一个很有前途的部署策略在于 AaaS 的概念。具体而言，ASP 可以利用边缘服务器部署人工智能模型，允许用户通过无线网络即时访问服务。这种设置承诺提供更方便和量身定制的体验，允许用户轻松参与 AIGC，同时最大限度地减少时延和资源浪费。

选择合适的 ASP 以避免服务过载和网络资源的低效消耗，这对用户至关重要。在无线边缘网络中部署 AIGC 时，需要考虑资源分配问题，并为用户分配合适的 ASP，以提供最佳性能的服务。这样的策略不仅可以满足用户多样化的需求，还可以最大程度地优化网络资源的利用，从而实现 AaaS 的有效部署和运行。

为了在无线边缘网络中部署 AaaS，ASP 首先需要在大型数据集上对 AIGC 模型进行训练。这些 AIGC 模型需要托管在边缘服务器上，并对用户进行访问。为了保持 AIGC 模型的准确性和有效性，需要持续地进行维护和更新，以生成高质量的内容。用户可以提交内容生成请求，并从 ASP 租用的边缘服务器接收生成的内容。尽管在无线边缘网络中部署 AaaS 具有一些优势，但也面临一些挑战：AIGC 消耗了大量的带宽，尤其是对于与高分辨率图像相关的 AaaS，上传和下载过程需要相当大的网络资源确保低时延的服务。由于生成图像的多样性，用户可能会向特定的边缘服务器发出多次重复请求以获取满意的图像。此外，AaaS 的 QoS 受到生成内容的无线传输影响。低信噪比、高中断概率和高误比特率会降低 AIGC 业务的 QoS 和用户满意度。

训练 AIGC 模型的数据集将直接影响生成内容的质量。由于不同的 ASP 具有不同的 AIGC 模型，用户可以分配到合适的 ASP 以满足其需求。例如，使用更多人脸图像训练的 AIGC 模型将比其他数据集训练的模型更适合生成人像。训练好的 AIGC 模型在生成内容时（如微调过程和推理过程）仍会消耗时间和计算资源。扩散模型 AaaS 的输出质量随着推理步数的增加而提高。在 AaaS 中设计激励机制也至关重要，因为它可以激励 ASP 生成高质量的内容，以满足用户的期望。激励机制中的效用函数应该包含用户感知到的 QoS。

3．图像的感知质量评估

面对上述挑战，一个共同的问题是如何评估 AIGC 的性能。虽然已提出许多不同模态的评价指标，但大多数评价指标是基于人工智能模型的，或难以计算，或缺乏数学表达式。为了优化无线网络 AaaS 的设计，基于人工智能的资源分配方案可以考虑用户的主观感受，利用人工智能调整性能指标。然而，传统的数学资源分配方案需要对计算资源消耗之间的关系进行建模，例如扩散模型中推理步数与生成内容质量之间的关系。针对这一问题，本节以图像相关的 AaaS 为例，介绍相关的性能评价指标。

本节专注于图像的感知质量评估，但同样的方法也适用于其他类型的内容。

在图像质量评价指标中我们关注基于图像的度量，尝试通过模拟人类视觉系统的显著生理和精神性视觉特征，或者通过信号保真度度量实现质量预测的一致性。具体来说，在不获取原始图像作为参考的情况下，可以考虑无参考的图像质量评价方法。

（1）全变分（TV）：TV 是图像平滑度的度量。计算 TV 的一种常用方法是取图像中相邻样本间的绝对差之和，这度量了图像的粗糙度或不连续性。

（2）盲/无参考图像空间质量评价器（BRISQUE）：利用局部归一化亮度系数的场景统计来量化失真导致的图像中自然度的可能损失。

图像质量越高，TV 和 BRISQUE 的值越小。对于有参考图像的 AIGC 服务可以使用以下参考图像质量评价方法。

（1）离散余弦变换次频段相似性（DSS）：DSS 通过在离散余弦变换域中测量次频段中结构信息的变化，并加权这些次频段的质量估计来利用人类视觉感知的基本特征。

（2）Haar 小波基感知相似性指数（HaarPSI）：HaarPSI 利用从 Haar 小波分解获得的系数来评估两幅图像之间的局部相似性，以及图像区域的相对重要性。

（3）平均偏离相似性指数（MDSI）：MDSI 是一种可靠的、完整的参考感知图像质量评价模型，它利用了梯度相似性、色度相似性和偏差池化。

（4）视觉信息保真度（VIF）：VIF 是一种与视觉质量密切相关的竞争性保真度度量方式，

它量化了参考图像中的信息及从失真图像中可以提取多少参考信息。

图像质量越高,上述参考图像质量度量指标值越高。接下来讨论最优 ASP 边缘服务器选择问题,我们提出了支持深度强化学习的解决方案,在满足用户需求的同时最大化效用函数。

我们采用 SAC 深度强化学习来解决动态 ASP 选择问题,SAC 算法结构如图 9-8 所示。学习过程在策略评估和策略改进之间交替进行。与传统的行动者—批评者架构不同,SAC 中的策略被训练为最大化期望收益和熵之间的权衡。AIGC 服务环境下的状态、动作和奖励定义如下。

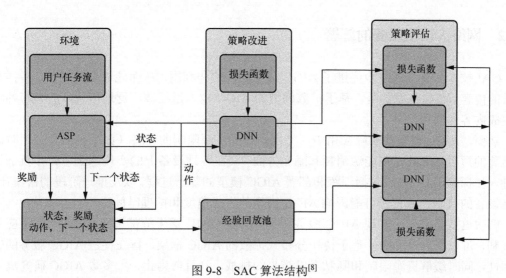

图 9-8　SAC 算法结构[8]

(1)状态。状态由两部分组成,一部分是所有 ASP 在当前状态下的特征向量,即 AIGC 资源对当前用户任务的需求和到达用户任务的预计完成时间;另一部分是特征向量,即第 i 个 ASP 的全部 AIGC 资源和当前可用的第 i 个 ASP 资源。

(2)动作。ASP 选择问题的动作是一个表示所选 ASP 的整数。具体来说,策略改进网络输出一个 20 维的全连接层向量,然后经过 Softmax 算法后处理得到每个 ASP 被选择的概率。最后,SAC 根据每个 ASP 的分配概率选择一个 ASP 来处理当前的用户任务。

(3)奖励。该奖励由两部分组成:生成内容的质量奖励和拥塞惩罚。前者被定义为修复图像的感知质量。此外,任何使 AIGC 模型过载的行为都必须被惩罚。首先,对行为本身应以固定的惩罚价值进行惩罚。考虑到不当行为可能导致 ASP 模型崩溃和任务中断,当前动作也会受到额外惩罚,根据当前任务的进展程度而定。总奖励为质量奖励减去拥塞惩罚。重要的是,较大的惩罚会促使 SAC 更加注意避免使模型崩溃。

4. AIGC 在网络大模型中的发展

在无线网络中部署 AaaS 时,用户请求和 ASP 生成的内容都需要在无线环境中传输。因此,需要研究针对 AIGC 的高级安全技术,例如改进的物理层安全技术,以保护 AIGC 数据的传输。区块链可用于实现去中心化的内容分发,允许内容在用户之间直接共享和访问,不需要中央权威。通过区块链验证 AIGC 的真实性和溯源性,有助于确保其准确可信。在 AIGC 模型的训练过程中,也需确保训练数据的隐私性,特别是对于生物特征数据,如人脸图像。

此外,随着感知技术的快速发展,我们的目标是利用无线感知信号实现无处不在的被动式 AIGC 服务。例如,无线传感器可收集有关环境或用户行为的数据,然后输入 AIGC 模型中,生成相关内容。无线感知辅助的被动式 AIGC 服务也可应用于医疗健康领域,通过物联网设备在无线传感器的帮助下检测用户的活动水平、睡眠模式或心率,AIGC 可生成个性化健身计划等内容。此外,网络设备的移动性主要影响连接链路的吞吐量,值得进一步研究。

尽管目前的 AIGC 模型可通过定制任务满足用户需求,但要实现个性化的 AIGC 服务仍需更多研究。例如,对于文本到图像的 AIGC 服务,一种潜在的解决方案是将用户反馈和偏好融入内容生成过程中,并开发用于评估个性化内容有效性的技术。

9.3.2 网络大模型服务的部署

GAI 技术和算法的进步促进了 AIGC 被广泛采纳和利用,从而能够创建丰富、多样和高质量的内容。值得注意的是,基于扩散模型的 AIGC 技术已经被广泛地应用,成为跨各种模式生成内容的通用工具。

然而,AIGC 模型在实际应用中,特别是在受资源限制的设备(如手机)上应用时,存在显著的短板,尤其是在能源消耗和隐私方面[9]。在各种设备上的实现遇到了许多挑战,值得进一步探索。这些挑战包括训练和部署 AIGC 模型的复杂过程,以及推理阶段的密集计算。这些设备的有限计算资源可能影响 AIGC 模型的生成速度和推理时间。

解决这些挑战对于实现 AIGC 服务在不同环境中的广泛无缝部署至关重要。为了应对这些限制,可以引入一种新的基于协作分布式扩散的 AIGC 框架,旨在促进 AIGC 服务的普遍可用性,同时缓解资源限制和隐私考虑带来的挑战。到目前为止,大多数 AIGC 研究集中在孤立的服务器环境中构建模型,很大程度上忽略了多个设备之间的协作可能带来的潜在优势。因此,通过建立在协作分布式扩散基础上的 AIGC 框架,计算能量节约和提升用户体验是可行的。

在这种分布式计算模式中,设备协同参与共享的去噪步骤。这种共享去噪过程可能发生在单个设备上,如边缘服务器或终端设备。完成后,中间结果被无线传输到其他设备,然后这些设备进行针对任务量身定制的剩余去噪步骤。这种分布式计算方法兼作卸载技术,通过授权用户保留对其内容的控制来解决隐私问题。同时,它优化了整个网络的计算资源。

通过集成中心推理和边缘推理,协作分布式计算方法有效地解决了基于扩散模型的 AIGC 模型固有的计算资源限制问题,为用户提供了高效、可扩展和个性化的体验。

我们先来介绍基于协作分布式扩散模型的 AIGC 系统的不同网络架构,每种架构都有其独特的优势。

第一种架构是边缘到多个设备,该场景涉及边缘服务器与多个用户设备通信。边缘服务器为具有语义相似的任务要求的用户组,执行共享的去噪步骤,并将中间输出传输到相应的用户设备。然后,用户设备独立地完成剩余的任务特定的去噪步骤。此体系结构具有以下优点。

(1)减少时延:通过集中处理共享步骤,该体系结构最大限度地减少了内容生成和处理所需的时间。

(2)高效的资源分配:集中处理允许优化边缘服务器资源的利用率,同时在设备之间分配特定于用户的任务。

(3)跨用户设备进行有效的负载平衡：分配特定于用户的任务可以防止单个设备负载过度。

第二种架构是设备到设备（两个设备）。在这种情况下，两个设备直接相互通信，以执行基于协作分布式扩散的 AIGC 任务。它们首先商定共享的去噪步骤，在一个选定的设备中执行，共享中间输出，然后完成剩余的去噪步骤。该体系结构具有以下优点。

(1)降低能耗：设备之间的直接通信通过避免额外的集中处理，将能耗降至最低。

(2)保护隐私：用户设备在没有中央服务器的情况下独立执行任务，这降低了 AIGC 暴露或泄漏的风险。

第三种架构是在多个设备之间形成集群。用户设备形成集群以协同执行分布式 AIGC 任务，集群可以选择需要或不需要边缘服务器的帮助。当涉及边缘服务器时，它协调聚类过程并执行共享的去噪步骤。在没有边缘服务器的情况下，用户设备根据其任务需求和可用资源自行组织成集群。集群协作执行共享的去噪步骤，并在进行特定任务的去噪之前交换中间输出。该架构具有以下优点。

(1)适应性强：集群允许系统根据设备的需求，组织设备来适应不同的 AIGC 任务要求，例如，一个集群用于生成动物图像，另一个集群则用于生成汽车图像。

(2)可扩展性好：该体系结构可以通过动态调整集群结构来处理越来越多的设备和任务。

(3)高效的资源分配：集群使设备能够共享资源并集体执行 AIGC 任务，从而优化整体系统效率。

针对上述几种不同的网络架构，基于协作分布式扩散的 AIGC 通过在中央服务器上执行共享的去噪步骤，并将剩余步骤卸载到边缘设备，这种方法平衡了计算负载，减少了时延，并确保了高质量的内容生成。基于协作分布式扩散的 AIGC 过程可以通过以下步骤执行。

1．AIGC 模型训练和分发

使用大型数据集训练 AIGC 模型，以确保它们能够根据用户输入生成高质量的内容。这些模型使用强大的计算资源（如 GPU 集群）进行训练，以满足大规模的计算需求。一旦经过训练，模型就会被分发到位于最终用户附近的边缘服务器，从而最大限度地减少时延并增强用户体验。

2．从用户处收集 AIGC 任务要求

系统从用户处采集 AIGC 任务要求，用户提交的请求包含描述所需内容的文本提示。边缘服务器处理和调度这些请求，通过了解每个任务的特定要求，包括计算复杂性和输出质量，确保高效的资源利用率和最佳的系统性能。

3．知识图辅助语义分析与卸载调度

在收集用户需求后，系统通过知识图进行语义分析，以辨别用户提示之间的异同。通过语义关系的结构化表示，允许系统对具有类似任务要求的用户进行分组，并为每组自定义共享的去噪步骤。此外，图形可以增量更新，从而实现高效处理新的任务。

4．共享推理

在共享推理步骤中，在中央服务器上为具有类似任务要求的每个用户组执行共享去噪步骤。在此步骤中，可以使用分组任务中的任何文本提示。执行共享去噪步骤后的中间输出随后会被传输到相应的边缘设备，便于进一步处理。

5. 本地推断

用户设备从中央服务器接收中间输出，并继续完成用户特定的去噪步骤。通过将这些步骤委托给用户设备，该系统使用户能够独立执行任务，节省能源并维护隐私。因此，用户可以根据自己的需求高效地生成所需的内容。

该基于协作分布式扩散的 AIGC 框架能够解决传统 AIGC 系统的挑战和局限性，通过将共享的去噪步骤放在中央服务器上执行，并将剩余步骤卸载到边缘设备，平衡了计算负载，减少了时延，并确保了高质量的内容生成。

基于上述分布式协作框架，可以实现对 AIGC 服务的多重保障。例如，无线网络中的 AIGC 计算任务需要高效完成以确保最佳性能，激励机制可以通过激励用户和设备贡献资源并参与计算过程来提高计算效率和降低成本。尽管激励机制通常适用于各种人工智能服务，但由于其迭代和分布式性质，AIGC 服务面临着独特的挑战，这需要参与设备之间的密切协作和同步。因此，未来的研究应侧重于设计激励机制，考虑 AIGC 任务的具体要求和限制，如时延、同步和资源可用性，并促进资源共享、合作和开发更高效的 AIGC 系统。

此外，通过联合优化基于扩散模型的 AIGC 计算和信道编码，并根据主要信道条件调整调制和编码方案，通信系统可以有效地优化吞吐量和可靠性之间的平衡。这种方法包括设计扩散模型和信道编码，以协调工作，同时考虑 AIGC 的特定特性和信道条件。为了实现这一点，系统可以动态地适应信道质量的变化，结合反馈机制以确保最佳的 AIGC 性能。

隐私保护是包括 AIGC 在内的人工智能服务的一个关键方面。确保敏感数据在分布式 AIGC 计算过程中保持安全是一个很有前途的研究方向。特别是结合基于区块链的技术可以通过确保数据去中心化和防止恶意行为者破坏分布式 AIGC 计算过程来帮助解决这些挑战。例如，使用启用区块链的共识机制，可以在无线传输期间保持设备之间共享的中间 AIGC 结果的完整性和机密性。此外，研究安全有效的传输过程审计和监控方法，如基于机器学习的异常检测或计算的密码证明，可以进一步确保分布式 AIGC 计算过程的正确性和安全性。

9.3.3 可编程数据平面赋能网络大模型

可编程数据平面的引入标志着网络技术的一次革命，它不仅能够实现高度的灵活性和可编程性，更为网络大模型的发展提供了强大的支持。

首先，可编程数据平面的一项主要功能是能够收集细粒度的数据包和流量信息。传统的网络设备通常只能提供有限的数据包分析能力，而可编程数据平面通过灵活的编程机制，使我们能够更加细致地观察和分析每一个数据包的信息。这种细粒度的数据采集为 AIGC 的需求提供了更精准的基础，使 AIGC 系统能够更全面、深入地了解网络中的数据流动情况。

基于可编程数据平面的流量分类成为 AIGC 服务中的一个重要环节。通过在数据平面上进行编程，我们能够根据特定的流量特征对数据进行分类，实现对不同类型数据的精准辨识。这为 AIGC 提供了一个高效而可靠的数据基础，使各类智能应用能够更好地理解和响应不同类型数据的需求。例如，在智能交通系统中，可编程数据平面可以帮助实时识别车辆流、行人流等不同类型的流量数据，为智能交通信号灯的智能控制提供精准的数据支持。

此外，可编程数据平面的异常检测功能也为 AIGC 系统的稳定运行提供了关键支持。通过在数据平面上实现对异常数据流的实时检测和过滤，我们能够迅速发现并处理网络中的异常情况，确保 AIGC 系统能够在一个健康、可靠的网络环境中运行。这对于保障 AIGC 服务的实时性和准确性至关重要，尤其是在对网络攻击和异常流量的应对上，可编程数据平面的灵活性和即时性能够为 AIGC 系统提供强大的安全保障。

可编程数据平面的流量分类和异常检测不仅为 AIGC 服务提供了技术支持，更为网络智能化的发展打开了崭新的局面。通过对数据平面的编程，我们能够实现对网络流量的动态调整和优化，使网络在不同应用场景下能够更好地适应需求变化。这为 AIGC 的应用场景提供了更为灵活和可持续的基础，推动了网络技术与人工智能的深度融合。

未来 AIGC 服务的发展无疑将迎来更多挑战，其中一项重要的考量是对安全性的需求。面临日益复杂的网络环境和不断升级的网络威胁，AIGC 服务可能成为攻击目标。为了保障 AIGC 服务的可靠性和安全性，我们需要采取创新性的防御手段，而基于可编程数据平面部署流量检测模型正是一项具有前瞻性的解决方案。

在可编程数据平面的支持下，流量检测模型能够对 AIGC 服务流经网络的数据流量进行实时监测和分析。这种实时性的监测不仅能够迅速发现任何潜在的异常行为，还能及时响应并采取必要的安全措施。通过将流量检测模型与可编程数据平面相结合，我们能够更加灵活地适应不断变化的网络威胁，从而确保 AIGC 服务的持续可用性。

根据异常检测技术中检测内容的差异，通常将其划分为基于流量特征的异常检测与基于有效负载的异常检测，本节主要从流量特征的角度说明机器学习算法在异常检测技术中的应用。

基于流量特征的异常检测属于基于时间型的入侵检测，是从一段时间内收集到的网络流量中提取特征，并学习正常的网络行为模式。

根据上文的阐述，采用监督学习算法的异常检测系统，算法的性能高度依赖标记正确的训练集。但在真实的网络环境中，由于用户信息的私密性，很难在短时间内获得足够训练量的标记为正常的流量数据。此外，网络环境和系统的服务是不断变化的，对于同一个站点，即便在同一天的不同时段，访问流量也会有较大变化，因此，无监督学习算法在异常检测研究中更受人们青睐。其中，聚类分析算法由于其可伸缩性和高维性的优点，常被用于大型数据库。

考虑可编程数据平面无法进行除法、浮点数等复杂运算，难以直接在数据平面训练机器学习模型。因此，许多工作在控制平面训练机器学习模型，并将模型参数部署至数据平面。此外，受可编程数据平面的限制，难以部署复杂的机器学习模型，而基于决策树的模型分类过程与可编程交换机匹配-动作机制相似，非常适合在可编程交换机的流水线中执行。为了将复杂模型的知识传递给决策树模型，可以在控制平面引入知识蒸馏算法，利用聚类分析算法、神经网络等复杂模型训练流量检测模型，并且将复杂模型的知识传递给决策树模型。

知识蒸馏[10]算法是一种模型压缩技术，旨在通过传递一个大型复杂模型的知识给一个小型简单模型，以实现在模型较小的情况下，仍然保持高性能的目标。在深度学习中，大型复杂的深度神经网络模型通常具有数以百万计的参数，这使它们在资源受限的设备上难以部署。知识蒸馏的概念就是通过将大模型的知识传递给小模型，以在减小模型的同时保持模型性能。其基本思想是通过利用大模型的软标签和硬标签来训练小模型。软标签是对每个类别的概率分布，而硬标签是独热编码形式的真实标签。通过使用软标签，知识蒸馏算法能够传递更多关于类别之间关系的信息，从而提高小模型的泛化性能。

在知识蒸馏中，通常包括两个阶段。首先，使用大模型对原始数据进行训练，生成软标签；然后，使用这些软标签和原始数据对小模型进行训练。在这个过程中，目标是最小化小模型的预测概率与大模型的软标签之间的交叉熵。此外，还可以引入温度参数来控制软标签的软度，从而平衡模型的精确性和泛化性。知识蒸馏能够在不牺牲太多性能的情况下，显著减小模型，提高在资源有限设备上的运行效率。

控制平面训练好决策树分类模型后，需要将模型参数映射为在可编程数据平面部署的匹配-动作表项，实现一个轻量级的决策树模型，从而能够直接在数据平面进行流量检测。

可编程数据平面的引入不仅提高了网络的可编程性和灵活性，更为 AIGC 的发展提供了强大的技术支持。通过细粒度的数据包和流量信息采集、流量分类和异常检测等工作，可编程数据平面为 AIGC 系统提供了高效可靠的服务基础，同时也为网络智能化的发展带来了新的机遇和挑战。在未来，随着可编程数据平面技术的不断完善和创新，我们有望见证更多新颖、智能的 AIGC 应用在各个领域中蓬勃发展。

9.4 总结

9.4.1 问题与挑战

随着网络大模型的发展，仍存在以下问题和挑战。

（1）高性能计算资源对于训练大型网络模型至关重要，但这些资源往往昂贵且不易获得，特别是对于小型企业和研究机构。此外，大规模模型推理的能耗也是需要考虑的因素，尤其是在部署到端设备时。网络大模型在训练数据集上可能表现优异，但在现实世界的多变环境中可能遇到困难，这种过度拟合训练数据的问题会限制模型在实际应用中的有效性。

（2）在收集、存储和处理数据时必须确保用户的隐私得到保护，遵守相关的法规，隐私泄露不仅会损害个人和企业的利益，还可能导致严重的法律后果。

（3）模型的决策过程缺乏透明性，为网络管理员带来了理解和信任模型输出的难题。这在关键网络操作中尤其重要，因为需要能够解释和验证模型的决策。

（4）网络环境是动态变化的，网络大模型需要能够适应这些变化，例如流量波动、攻击模式的变化和网络拓扑的更新。网络应用往往要求高实时性，模型需要能够快速响应，以支持实时监控和决策。

9.4.2 网络大模型的发展趋势

（1）轻量化模型：在资源受限的环境下，例如边缘计算设备或移动设备，轻量化模型可以有效降低对计算能力的需求。研究人员正在探索模型压缩技术，如知识蒸馏、参数剪枝和量化，以减少模型大小，同时尽量保持性能。这些技术的发展将使网络大模型能够在 IoT 设

第9章 网络大模型

备上本地运行，而无须依赖云端计算资源。

（2）隐私保护技术：为了加强网络数据的隐私保护，一些技术（如联邦学习）可以使模型能在本地设备上训练，只共享模型更新而不是原始数据，从而保护用户隐私。差分隐私技术通过添加噪声来匿名化数据，进一步确保个人信息的隐私不被泄露。这些技术的应用有助于在满足隐私法规要求的同时，实现数据的有效利用。

（3）多模态学习：多模态学习致力于整合和分析多种类型的数据，例如结合视觉、文本和音频信号来提供更准确的网络行为分析。这样的方法可以捕捉到单一数据源可能无法揭示的复杂模式和规律，特别是在网络安全和用户行为分析领域。

（4）自动化模型优化：为了简化网络大模型的设计和实施过程，自动化机器学习技术被用于自动化寻找最优的模型架构和超参数。这减轻了工程师的负担，使非专家也能利用强大的网络大模型来解决问题。此外，自动化机器学习能够探索比传统手动方法更广泛的模型配置空间，可能发现之前未被考虑过的高效模型结构。

本章主要讲述了网络大模型的发展，首先介绍了何为网络大模型，并说明了其技术实现的基本原理，阐述了网络大模型的能力与其应用领域。接着概述了 GAI 方法，并说明了其技术实现原理，阐述了 GAI 如何赋能网络大模型。随后，调研并说明了网络体系结构如何有效地管理这些 GAI 大模型的训练、存储和调用。最后对网络大模型的发展问题与趋势进行总结梳理。

参考文献

[1] ZHAO W X, ZHOU K, LI J Y, et al. A survey of large language models[EB]. 2023.

[2] 王惠茹, 李秀红, 李哲, 等. 多模态预训练模型综述[J]. 计算机应用, 2023, 43(4): 991-1004.

[3] GOODFELLOW I, POUGET-ABADIE J, MIRZA M, et al. Generative adversarial networks[J]. Communications of the ACM, 2020, 63(11): 139-144.

[4] KUSNER M J, PAIGE B, HERNÁNDEZ-LOBATO J M. Grammar variational autoencoder[C]//International Conference on Machine Learning. 2022.

[5] CROITORU F A, HONDRU V, IONESCU R T, et al. Diffusion models in vision: a survey[J]. IEEE Transactions on Pattern Analysis and Machine Intelligence, 2023, 45(9): 10850-10869.

[6] HUANG Y D, XU M R, ZHANG X Y, et al. AI-generated network design: a diffusion model-based learning approach[J]. IEEE Network, 2024, 38(3): 202-209.

[7] DU H Y, LI Z H, NIYATO D, et al. Enabling AI-generated content services in wireless edge networks[J]. IEEE Wireless Communications, 2024, 31(3): 226-234.

[8] HAARNOJA T, ZHOU A, ABBEEL P, et al. Soft actor-critic: off-policy maximum entropy deep reinforcement learning with a stochastic actor[J]. ArXiv e-Prints, 2018: arXiv: 1801.01290.

[9] DU H Y, ZHANG R C, NIYATO D, et al. Exploring collaborative distributed diffusion-based AI-generated content (AIGC) in wireless networks[J]. IEEE Network: the Magazine of Global Internetworking, 2023, 38(3): 178-186.

[10] GOU J P, YU B S, MAYBANK S J, et al. Knowledge distillation: a survey[J]. International Journal of Computer Vision, 2021, 129(6): 1789-1819.

第 10 章 总　结

近年来，在网络中应用人工智能受到了学术界和产业界的广泛关注。与传统的基于人工预设策略相比，人工智能技术在网络领域中展现出了巨大的优势。与此同时，新兴的网络技术发展也为人工智能在网络中的部署提供了技术支持。在本书中，我们从网络路由、拥塞控制、QoS/QoE 管理、故障管理、网络安全等几个方面入手，分别介绍了人工智能在网络不同领域中的应用。

在第 2 章中，我们介绍了支撑网络智能化发展的相关技术：新型网络技术、网络感知技术、大数据。对于新型网络技术，主要介绍了 SDN、NFV 及可编程数据平面。由于具有更有效降低设备负载、更好控制基础设施，从而降低运营成本的能力，SDN 技术成为极具有发展潜力的网络技术之一。网络功能变为虚拟化，使硬件架构不再是网络的约束，将网络节点阶层的功能分成多个区块，以软件的方式进行操作。NFV 也将进一步推进 SDN 的发展。可编程数据平面打破硬件对数据平面的限制，用户可以通过编程自由地定义流表的内容、匹配的方式、动作的类型实现数据包的解析和转发。在网络感知技术中我们介绍了 sFlow、INT、DPI。sFlow 能够对设备的端口进行采样，从而实时监控流量的状况。INT 是一种不需要网络控制平面干预、网络数据平面收集和报告网络状态的框架。相比传统的检查技术，DPI 技术不仅检查 OSI 4 层以下的内容，同时也检查上 3 层的数据。网络大数据处理平台我们详细介绍了 PNDA，至此，我们讲述了支撑智能网络的相关技术。

在第 3 章中，我们介绍了智能网络中需要使用的工具——机器学习算法，机器学习作为人工智能领域的重要组成部分，是使网络具有智能化的根本途径。现阶段，机器学习算法主要被划分为监督学习、无监督学习、强化学习，我们分别展开介绍了一些较为典型的算法。在监督学习中，主要介绍了线性回归、逻辑回归、神经网络和 SVM。其中神经网络在监督学习中十分重要，到今天为止神经网络已经演变出了多种结构，例如 RBF、SOM、CNN、RNN 等。但它也经历了"三起两落"，其中 1995—2006 年，由于计算机无法支撑大规模的神经网络训练，从而衍生出更为简单方便的 SVM。SVM 仅需要少量的训练样本就可以达到较好的效果。随着 GPU 和并行计算的反攻，神经网络又迎来了它的第 3 次高潮。无论是神经网络还是 SVM，它们都需要带有标签的训练数据，但是很多时候我们并没有标签，或者我们仅仅想发现数据中的规律，这时候无监督学习就是首选工具。显而易见，对于数据量较

第 10 章 总结

大的场景，无监督学习可以极大地减少人工工作量。我们对无监督学习算法主要介绍了聚类和降维，聚类的思想是把具有相似特征的样本划分为一类，而降维主要是消除数据信息冗余造成的计算复杂问题。之后我们又介绍了强化学习中的 Q-learning、Sarsa、DQN 和策略梯度。强化学习是一种基于奖励机制的无监督学习，它在智能路由中应用十分广泛，关于智能路由我们在第 4 章进行了详细讲述。至此，我们已经介绍了支撑智能网络的相关技术及网络智能化的工具——机器学习。

在第 4 章中，我们针对网络路由问题进行了详细讲解。首先对路由算法概念进行了简单介绍，随后给出了 3 种常见的传统路由协议。在这一章中，我们分别从分布式和集中式的方法介绍了几个经典的智能路由算法。Q-learning 是路由应用中最常见的算法，最直接的路由算法就是 Q-routing，并且在此基础上演变出了很多复杂模型。例如，d-AdaptOR 是一种无模型的基于 Q-learning 分布式路由机制。AdaR 以一种集中式的方法，实现了基于无模型 LSPI 的路由机制。最后介绍的算法通过多层体系架构将网络层和传输层结合在一起，这样得到的路由算法可以最大程度地提高用户综合效用。

在第 5 章中，我们介绍了机器学习是如何解决网络拥塞控制中存在的问题的。这一章是以 TCP 作为背景的，按照前面的章节结构，我们先对 TCP 拥塞控制状态机和拥塞控制算法等网络拥塞控制基础知识进行讲述。之后针对丢包分类、队列管理、CWND 更新、拥塞诊断问题进行具体讲解。在丢包分类问题中，介绍了基于朴素贝叶斯算法的丢包分类方法和隐马尔可夫模型的丢包分类方法。在队列管理问题中，首先介绍了 RED 和 BLUE 两种传统队列管理的方法，之后又介绍了基于模糊神经网络的队列管理方法和一种基于模糊 Q-learning 的队列管理算法。关于 CWND 更新问题，主要讲了强化学习在 CWND 更新上的应用和如何正确地选取合适的策略。针对拥塞诊断问题，主要介绍了拥塞控制中吞吐量和时延的预测方法。从中不难看出，智能算法已经在网络拥塞控制中发挥了十分重要的作用。

在第 6 章中，我们主要讨论机器学习算法在 QoS/QoE 管理问题中的应用。网络通信的目标应该以如何达到最优用户 QoE 为标准，用户 QoS 是达到最优用户 QoE 的基础。在这一章中我们首先介绍了 QoS/QoE 相关概念。然后介绍了如何用机器学习算法解决 QoS/QoE 预测问题、QoS/QoE 评估问题。针对 QoS/QoE 预测问题讲述了基于用户聚类算法和回归算法的 QoS 预测方法、基于 ANN 的 QoE 预测方法。针对 QoS/QoE 评估问题讲述了基于 SVM 的 QoS 评估方法、基于 KNN 的 QoE 评估方法。最后讨论了 QoS/QoE 的相关性问题，互联网新兴应用的出现对于 QoS/QoE 管理会造成怎样的影响，随着新兴网络框架 SDN 的提出，QoS/QoE 管理又将面临怎样的问题与挑战，这都是值得我们深思的地方。

在第 7 章中，我们针对故障管理问题，首先介绍了什么是故障管理，之后在概述中对比了原始故障管理和新型故障管理的区别。然后从故障预测、故障检测、根因定位、自动缓解 4 个方面讲述了机器学习算法是如何解决这些问题的。首先是故障预测，我们介绍了在蜂窝网络下采用的几种机器学习算法及一种基于流形学习技术的故障预测方法；然后，在故障检测中我们介绍了两种模型，分别是基于聚类的网络故障检测性分析算法和基于循环神经网络的故障检测机制；之后，针对根因定位分别介绍了基于决策树学习方法的算法和基于离散状态空间粒子滤波算法的根因定位技术；最后关于自动缓解，我们讲述了基于主动故障预测的自动缓解机制和基于被动故障预测的自动缓解机制。

在第 8 章中，针对网络安全问题，我们首先概述了目前主流的网络安全技术并说明了其中存在的防御漏洞。然后分别从基于误用的入侵检测、基于异常的入侵检测、机器学习在入侵检测中的综合应用 3 方面进行论述。在基于误用的入侵检测中介绍了基于神经网络的误用检测和基于决策树的误用检测两种方法。而对基于异常的入侵检测是从基于流量特征的异常检测和基于有效负载的异常检测两方面进行介绍的。在这之后分别介绍了集成学习、深度学习、强化学习在入侵检测中的应用。我们首先介绍了入侵检测系统的功能与工作过程，从而依据检测方法把它划分成误用检测和异常检测两大类。接着探讨了机器学习算法在误用检测系统的典型应用。最后对入侵检测进行了总结，并研究了入侵检测的发展趋势。

在第 9 章中，针对网络发展趋势，我们首先对网络大模型的概念进行了说明，基于此阐述了网络大模型的生命周期管理，包括预训练、微调、缓存、推理。接着，我们对目前主流的 GAI 方法做出概述，深入探讨了 3 种关键的生成模型：GAN、VAE 和扩散模型，由于扩散模型在生成新模式方面的巨大潜力，我们进一步介绍了扩散模型优化现有强化学习方法管理网络。接着，我们讨论了网络在支撑大模型与 GAI 服务中的架构需求与演进方式，我们概述了 GAI 服务在无线网络中的应用，以及在无线网络中部署计算密集型与数据密集型的服务所面临的挑战，并讨论了基于新型网络技术可编程数据平面如何部署与支持 GAI 服务。最后，我们对网络大模型进行了总结，并研究了网络大模型的发展趋势。

为了便于读者理解，我们在第 2 章和第 3 章中对支撑网络智能化所需要的技术和工具进行了细述，在这之后的章节通过网络中现存的各种问题实例，来介绍支撑网络智能化发展的相关技术和机器学习是如何实现网络智能化的。我们希望读者可以通过这本书了解当前智能网络的概貌，将智能网络的概念进行普及。目前人工智能带给我们太多的惊喜，例如 ChatGPT 的震撼出世，在惊叹之余，其实更加令我们期待的应该是人工智能和各行各业结合产生的价值收益可以为我们的生活带来怎样的改变，智能网络已经成为当今时代的大势所趋。我们希望能带给读者智能网络领域的全面介绍，但智能网络领域日新月异，新的模型和方法如雨后春笋般出现，尤其是新技术的结合势必会产生新的问题。虽然我们不能对每一方面都进行全面而详细的介绍，但希望读者可以通过这本书找到自己感兴趣的方向进行深入研究，这也是我们完成这本书、为大家科普智能网络的初心。所谓万变不离其宗，只要我们理解智能网络的核心思想，就可以在智能网络领域方法和知识的快速迭代更新中处变不惊。